国防科技工业无损检测人员资格鉴定与认证培训教材

超 声 检 测

《国防科技工业无损检测人员资格鉴定与认证培训教材》编审委员会　编

主　编　史亦韦

主　审　何双起　林猷文

机 械 工 业 出 版 社

"国防科技工业无损检测人员资格鉴定与认证培训教材"共 11 册，《超声检测》是其中之一。编写原则是：紧密围绕认证考试大纲，强调解决实际问题。

本书共分 9 章：第 1 章讲述基本原理；第 2 章讲述检测仪器、探头、试块、耦合剂的基础知识；第 3 章讲述检测技术的分类，各检测技术的原理、特点和适用性；第 4 章讲述超声检测中的通用技术；第 5～8 章讲述锻件、铸件、粉末冶金件，管、棒、板材，焊接接头，复合材料及胶接材料的超声检测；第 9 章讲述超声检测标准、规程与质量控制。

本书可作为 II、III 级无损检测人员认证考试的培训教材使用。

图书在版编目（CIP）数据

超声检测/《国防科技工业无损检测人员资格鉴定与认证培训教材》编审委员会编 . 一北京：机械工业出版社，2005.7（2024.4 重印）
国防科技工业无损检测人员资格鉴定与认证培训教材
ISBN 978-7-111-17034-1

Ⅰ. 超... Ⅱ. 国... Ⅲ. 超声检测—技术培训—教材
Ⅳ. TP553

中国版本图书馆 CIP 数据核字（2005）第 082981 号

机械工业出版社（北京市百万庄大街 22 号　邮政编码 100037）
责任编辑：吕德齐　郑　铉
责任印制：郜　敏
三河市国英印务有限公司印刷
2024 年 4 月第 1 版第 16 次印刷
184mm×260mm　·15.5 印张·362 千字
标准书号：ISBN 978-7-111-17034-1
定价：39.00 元

电话服务　　　　　　　网络服务
客服电话：010-88361066　机　工　官　网：www.cmpbook.com
　　　　　010-88379833　机　工　官　博：weibo.com/cmp1952
　　　　　010-68326294　金　书　　网：www.golden-book.com
封底无防伪标均为盗版　机工教育服务网：www.cmpedu.com

编审委员会

主　任　马恒儒

副主任　陶春虎　郑　鹏

成　员　（以姓氏笔画为序）

王自明　王任达　王跃辉　史亦韦　叶云长　叶代平　付　洋

任学冬　吴东流　吴孝俭　何双起　苏李广　杨明纬　林猷文

郑世才　徐可北　钱其林　郭广平　章引平

审定委员会

主　任　吴伟仁

副主任　徐思伟　耿荣生

成　员　（以姓氏笔画为序）

于　岗　王海岭　王晓雷　王　琳　史正乐　任吉林　朱宏斌

朱春元　孙殿寿　刘战捷　吕　杰　花家宏　宋志哲　张京麒

张　鹏　李劲松　李荣生　庞海涛　范岳明　赵起良　柯　松

宫润理　徐国珍　徐春广　倪培君　贾慧明　景文信

编委会办公室

主　任　郭广平

成　员　（以姓氏笔画为序）

任学冬　朱军辉　李劲松　苏李广　徐可北　钱其林

序　言

无损检测技术是产品质量控制中不可缺少的基础技术。随着产品复杂程度的增加和对安全性保证的严格要求，无损检测技术在产品质量控制中发挥着越来越重要的作用，已成为保证军工产品质量的有力手段。无损检测应用的正确性和有效性，一方面取决于所采用的技术和设备的水平，另一方面在很大程度上取决于无损检测人员的经验和能力。无损检测人员的资格鉴定是指对报考人员正确履行特定级别无损检测任务所需知识、技能、培训和实践经历所作的验证；认证则是对报考人员能胜任某种无损检测方法的某一级别资格的批准并作出书面证明的程序。对无损检测人员进行资格鉴定是国际通行做法。美国、欧洲等发达国家都建立了有关无损检测人员资格鉴定与认证标准，国际标准化组织1992年5月制定了国际标准ISO 9712，规定了人员取得级别资格与所能从事工作的对应关系，通过人员资格鉴定与认证对其能力进行确认。无损检测人员资格鉴定与认证对确保产品质量的重要性日益突出。

改革开放以来，船舶、核能、航天、航空、兵器、化工、煤炭、冶金、铁道等行业先后开展了无损检测人员资格鉴定与认证工作，对提高无损检测人员素质，确保产品质量发挥了重要作用。随着社会主义市场经济体制不断完善，国防科技工业管理体制改革逐步深化，技术进步日新月异，特别是高新技术武器装备科研生产对质量工作提出的新的更高要求，现有的无损检测人员资格鉴定与认证工作已经不能适应形势发展的要求。未来十年是国防科技工业实现跨越发展的重要时期，做好无损检测人员资格鉴定与认证工作对确保高新技术武器装备研制生产的质量具有极为重要的意义。

为进一步提高国防科技工业无损检测技术保障水平和能力，国防科工委《关于加强国防科技工业技术基础工作的若干意见》提出了要研究并建立与国际惯例接轨，适应新时期发展需要的国防科技工业合格评定制度。2002年国防科技工业无损检测人员的资格鉴定与认证工作全面启动，各项工作稳步推进，2002年11月正式颁布GJB 9712—2002《无损检测人员的资格鉴定与认证》；2003年8月出版了《国防科技工业无损检测人员资格鉴定与认证考试大纲》；2003年9月国防科工委批准成立国防科技工业无损检测人员资格鉴定与认证委员会，授权其统一管理和实施承担武器装备科研生产的无损检测人员资格鉴定与认证工作，标志着国防科技工业合格评定制度的建立开始迈出了重要的第一步。鉴于国内尚无一套能满足GJB 9712和《国防科技工业无损检测人员资格鉴定与认证考试大纲》要求的教材，为了做好国防科技工业无损检测人员资格鉴定与认证考核工作，国防科工委科技与质量司组织有关专家编写了这套国防科技工业无损检测人员资格鉴定与认证培训教材。

本套教材比较全面、系统地体现了GJB 9712—2002《无损检测人员的资格鉴定与认证》和《国防科技工业无损检测人员资格鉴定与认证考试大纲》的要求，包括了对无损检测Ⅰ、Ⅱ、Ⅲ级人员的培训内容，以Ⅱ级要求内容为主体，注重体现Ⅲ级所要求的深度和广度，强调实际应用；同时教材体现了国防科技工业无损检测工作的特色，增加了典型应用实例、典型产品及事故案例的介绍，并力图反映无损检测专业技术发展的最新动态。全套教材共11册，包括《无损检测综合知识》、《涡流检测》、《渗透检测》、《磁粉检测》、《射线检测》、《超声检测》、《声发射检测》、《计算机层析成像检测》、《全息和散斑检测》、《泄漏检测》和《目视检测》。

由于无损检测技术涉及的基础科学知识及应用领域十分广泛，而且计算机、电子、信息等新技术在无损检测中的应用发展十分迅速，教材编写难度较大。加之成书比较仓促，难免存在疏漏和不足之处，恳请培训教师和学员以及读者不吝指正。愿本套教材能够为国防科技工业无损检测人员水平的提高和促进无损检测专业的发展起到积极的推动作用。

本套教材参考了国内同类教材和培训资料，编写过程中得到许多国内同行专家的指导和支持，谨此致谢。

"国防科技工业无损检测人员资格鉴定与认证培训教材"编审委员会

前　言

　　根据国防科技工业无损检测人员资格鉴定与认证考试培训教材编辑委员会 2003 年 4 月召开的"国防科技工业无损检测人员培训教材"编写工作会议和培训教材编写大纲审定会议确定分工，我们承担了《超声检测》教材编写，编写中的主要原则：一是紧密围绕考试大纲，强调解决实际问题；二是注重体现国防科技工作无损检测工作特色。

　　本教材共 9 章。

　　前四章是超声检测技术的基本内容。第 1 章超声检测的物理基础，讲述学习超声检测技术所需的超声学物理概念和物理原理，为理解后几章关于设备器材和检测技术的基本原理提供一个理论基础；第 2 章超声检测设备与器材，描述超声检测仪器、探头、试块、耦合剂等的组成或结构、原理、特性、性能检测等内容，为学员正确使用超声检测器材并进行必要的性能校验，提供一个知识基础；第 3 章超声检测技术分类与特点，叙述超声检测技术的分类，各检测技术的原理、特点与适用性，以使学员能够根据检测对象的特点，确定适当的超声检测技术；第 4 章超声检测通用技术，首先就主要超声检测技术实施过程中的共性技术问题进行了讨论，包括器材选用、检测面选择、记录与报告等内容，之后详细讲述了纵波、横波与瑞利波检测过程各步骤的具体实施方法，包括仪器调整、扫查方法、缺陷评定等。

　　第 5～8 章，针对国防工业中涉及的各种形式产品检测的特殊问题，包括工艺特点与常见缺陷、常用检测技术、检测技术应用中的特殊技术问题等，分别就锻件、铸件、粉末冶金制件的超声检测，管、棒、板材的超声检测，焊接接头的超声检测和复合材料与胶接结构的超声检测进行了介绍，是超声检测技术的应用部分。

　　第 9 章超声检测标准、规程与质量控制，一方面是关于现行的各类标准的分析、列举，以及检测规程的编写要求，使相关人员能够熟悉常用标准及其相互关系，正确地理解、运用有关标准，并为Ⅱ、Ⅲ级人员编制超声检测规程、工艺卡，提供参考知识；另一方面，针对Ⅲ级人员在保证检测质量和进行超声检测过程管理方面的职责，使其了解影响检测质量的各方面因素，并掌握质量控制要点。

　　书中带有 * 号的章节（有些小节未在目录中体现）是仅要求Ⅲ级人员学习的内容，可以不要求Ⅱ级人员掌握，授课教师可根据Ⅱ、Ⅲ级人员职责及考试大纲要求在教学中作适当安排。

　　本教材的主要特点，一是在教材中根据目前超声检测技术应用水平的发展，增添了一些对数字式仪器、自动检测系统的介绍；二是在应用方面，结合国防工业超声检测的特点，增加了粉末冶金制件、复合材料与胶接结构检测的章节；三是教材从Ⅲ级人员选择检测技术、制订检验规程的要求出发，将超声检测技术的分类与选用列为单独一章，同时，作为知识的扩充，也介绍了几种常规技术以外的和较新的超声检测技术。

　　本教材在编写中，除了参考国内外公开出版的一些文献外，还特别参考了无损检测学会编写的培训教材及航空、航天、兵器、航舶、核工业等内部培训教材，编写组对有关作者表示衷心感谢。此外，教材也写入了编写组成员多年从事超声检测工作积累的经验和在培训教学中的一些体会。

　　本教材第 1～4、7～9 章由史亦韦编写，第 5～6 章由梁菁编写，全书由史亦韦整理定稿，何双起、林猷文担任主审，李泽、王海岭、邵建华、吴东流、王自明、苏李广、钱其林、花家宏等参加了审查。此外，本教材初稿征求意见过程中，王芝筠等许多教师与学员提出了有益的意见和建议，在此表示真诚的感谢。

　　限于编者水平，错误和疏漏恐在所难免，热诚欢迎培训教师、培训学员、读者提出宝贵意见。

《超声检测》编写组

目　录

绪　　论

超声检测是应用最广泛的无损检测方法之一。超声检测方法利用进入被检材料的超声波对材料表面与内部缺陷进行检测。利用超声波进行材料厚度的测量也是常规超声检测的一个重要方面。此外，作为超声检测技术的特殊应用，超声波还用于材料内部组织和特性的表征以及应力的测量。

0.1　超声检测发展简史

利用超声波来进行无损检测始于 20 世纪 30 年代。1929 年，前苏联 Sokolov 首先提出了用超声波探查金属物体内部缺陷的建议。几年以后，在 1935 年，他又发表了用穿透法进行试验的一些结果，并申请了关于材料中缺陷检测的专利。根据 Sokolov 的试验装置的原理制成的第一种穿透法检测仪器，是在第二次大战后出现在市场上的。由于这种设备是利用穿过物体的透射声能进行检测，因此需要把发射和接收换能器置于试件相对两侧并始终保持其对应关系，同时，对缺陷检测灵敏度也较低，使其应用范围受到极大的限制。不久，这种仪器就被淘汰了。

超声检测技术得以广泛应用，应归功于脉冲回波式超声检测仪的出现。20 世纪 40 年代，美国的 Firestone 首次介绍了脉冲回波式超声检测仪，并申请了该仪器的专利。利用该技术，超声波可从物体的一面发射并接收，且能够检测小缺陷，较准确地确定其位置及深度，评定其尺寸。随后，由美国和英国开发出了 A 型脉冲回波式超声检测仪，并逐步用于锻钢和厚钢板的探伤。20 世纪 60 年代，超声检测仪在灵敏度、分辨力和放大器线性等主要性能上取得了突破性进展，焊缝探伤问题得到了很好的解决。脉冲回波技术至今仍是通用性最好、使用最广泛的一种超声检测技术。在此基础上，超声检测发展为一个有效而可靠的无损检测手段，并得到了广泛的工业应用。

随着工业生产对检测效率和检测可靠性要求的不断提高，人们要求超声检测更加快速，缺陷的显示更加直观，对缺陷的描述更加准确。因此，原有的以 A 型显示手工操作为主的检测方式不再能够满足要求。20 世纪 80 年代以来，对于规则的板、棒类等大批量生产的产品，逐渐发展了自动检测系统，配备了自动报警、记录等装置，发展了 B 型显示和 C 型显示。与此同时，对缺陷的定性定量评价的研究得到了较大的进展，利用超声波技术进行材料特性评价也成为了重要的研究方向。

随着电子技术和计算机技术的发展，超声检测设备不断向小型化、智能化方向改进，形成了适应不同用途的多种超声检测仪器，并于 20 世纪 80 年代末出现了数字式超声仪器。目前，数字式仪器已日益成熟，正逐渐取代模拟式仪器成为主流产品。

0.2 超声检测原理

利用超声波对材料中的宏观缺陷进行探测，依据的是超声波在材料中传播时的一些特性，如：声波在通过材料时能量会有损失，在遇到两种介质的分界面时，会发生反射等等，常用的频率为 0.5～25MHz。其主要过程由这样几部分组成：

① 用某种方式向被检测的试件中引入或激励超声波；

② 超声波在试件中传播并与试件材料和其中的物体相互作用，使其传播方向或特征被改变；

③ 改变后的超声波又通过检测设备被检测到，并可对其进行处理与分析；

④ 根据接收的超声波的特征，评估试件本身及其内部存在的缺陷的特性。

以脉冲反射技术为例，由声源产生的脉冲波被引入被检测的试件中后，若材料是均质的，则声波沿一定的方向，以恒定的速度向前传播。当遇到两侧声阻抗有差异的界面时，则部分声能被反射。这种界面可能是材料中某种缺陷（不连续），如裂纹、分层、孔洞等，也可能是试件的外表面与空气或水的界面。反射的程度取决于界面两侧声阻抗差异的大小，在金属与气体的界面上几乎全部反射。通过检测和分析反射脉冲信号的幅度、位置等信息，可以确定缺陷的存在，评估其大小、位置。通过测量入射声波和接收声波之间声传播的时间可以得知反射点距入射点的距离。

通常用以发现缺陷并对缺陷进行评估的基本信息为：

① 来自材料内部各种不连续的反射信号的存在及其幅度；

② 入射信号与接收信号之间的声传播时间；

③ 声波通过材料以后能量的衰减。

0.3 超声检测的优点与局限性

1. 优点

与其它无损检测方法相比，超声检测方法的主要优点有：

① 适用于金属、非金属、复合材料等多种材料制件的无损评价；

② 穿透能力强，可对较大厚度范围的试件内部缺陷进行检测，可进行整个试件体积的扫查。如对金属材料，可检测厚度 1～2mm 的薄壁管材和板材，也可检测几米长的钢锻件；

③ 灵敏度高，可检测材料内部尺寸很小的缺陷；

④ 可较准确地测定缺陷的深度位置，这在许多情况下是十分需要的；

⑤ 对大多数超声技术的应用来说，仅需从一侧接近试件；

⑥ 设备轻便，对人体及环境无害，可作现场检测。

2. 局限性

超声检测的主要局限性是：

① 由于纵波脉冲反射法存在的盲区，和缺陷取向对检测灵敏度的影响，对位于表面

和非常近表面的某些缺陷常常难于检测；

　　② 试件形状的复杂性，如小尺寸、不规则形状、粗糙表面、小曲率半径等，对超声检测的可实施性有较大影响；

　　③ 材料的某些内部结构，如晶粒度、相组成、非均匀性、非致密性等，会使缺陷检测的灵敏度和信噪比变差；

　　④ 对材料及制件中的缺陷作定性、定量表征，常常是不准确的，需要检验者丰富的经验；

　　⑤ 以常用的压电换能器为声源时，为使超声波有效地进入试件，一般需要有耦合剂。

0.4　超声检测的适用范围

　　超声检测的适用范围非常广，从检测对象的材料来说，可用于各种金属材料和非金属材料；从检测对象的制造工艺来说，可以是锻件、铸件、焊接件、胶接件、复合材料构件等；从检测对象的形状来说，可以是板材、棒材、管材等；从检测对象的尺寸来说，厚度可小至 1mm，也可大至几米；从缺陷的特点来说，既可以是表面缺陷，也可以是内部缺陷。

　　在国防工业各领域中，超声检测均为常用的无损检测手段。超声检测在国防工业各行业中的典型应用见下表。

超声检测在国防工业各行业中的典型应用

行　业	典　型　应　用
航空	发动机中的涡轮盘、压气机盘、涡轮轴、环形锻件的缺陷检测；飞机结构用模锻件的缺陷检测；高温合金、钛合金、铝合金及钢的棒材、管材、板材的缺陷检测；空心涡轮叶片壁厚的测量；碳纤维或玻璃纤维增强复合材料构件的缺陷检测；蜂窝胶接结构胶接质量的检测等
航天	液体发动机金属构件缺陷的检测；固体发动机质量的检测；碳纤维或玻璃纤维增强复合材料构件的缺陷检测；蜂窝胶接结构胶接质量的检测；防热等功能复合材料构件的检测等
兵器	火炮身管、弹体缺陷的检测，坦克、战车等运载装备的结构件检测等
船舶	大型钢锻件的缺陷检测；钢板、钢焊缝的缺陷检测；复合板材结合质量的检测；各种传输轴、螺旋桨的缺陷检测等
核工业	大厚度奥氏体焊缝的缺陷检测；小直径管材的缺陷检测等

第1章 超声检测的物理基础

超声波是一种机械波，是机械振动在介质中的传播。了解超声波本身的性质，及其在传播过程中、在与物质相互作用中的行为特征，对于正确应用超声检测技术，保证检测目的的实现，解释检测结果是十分必要的。本章将针对与超声检测技术相关的物理概念、物理原理进行阐述，以作为学习超声检测技术的理论基础。

1.1 机械振动与机械波

1.1.1 机械振动

1. 机械振动与谐振动

了解超声波首先要从机械振动开始。所谓机械振动，是指质点在平衡位置附近作往复的运动。日常生活中常见的钟摆的摆动，汽缸中活塞的运动，走在铁索桥上时桥的颤动，都是机械振动的例子。

图 1-1 所示为质点-弹簧系统的机械振动过程。当质点受到向下的拉力而离开其平衡位置以后，放开质点，则质点受到弹簧给予的向平衡位置回复的拉力而向平衡位置运动，这个力的大小与质点离开平衡位置的距离（位移）成正比，方向指向平衡位置。到达平衡位置以后，其已具有的速度使其继续向上运动，同时，由于受到弹簧所给的指向平衡位置的力而使速度减慢直至速度为零而位置到达最高点。此时，质点又在弹簧恢复力的作用下，向下作上述相同的运动直至到达最低点。如此，质点回到了其初始状态，又将重复上述的整个运动过程。质点的这种运动即为典型的机械振动。

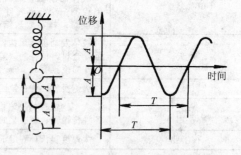

图1-1 质点-弹簧系统的机械振动

周期和频率是描述振动的重要的物理量。振动质点完成一次围绕平衡位置往复运动的过程所需要的时间称为周期，以 T 表示（见图 1-1），单位为 s（秒）或 μs（微秒）。而单位时间内振动的次数（周期数）则称为频率，以 f 表示，常用单位为 Hz（赫兹）。显然，周期与频率存在如下的关系：

$$T = \frac{1}{f} \tag{1-1}$$

描述一个振动仅以周期和频率两个概念是不够的，通常，还需要给出位移随时间的变化规律。如图 1-1 所示，当忽略空气阻力时，质点和弹簧系统自由振动的位移随时间的变化满足余弦规律，其数学表达式为：

$$y = A\cos(\omega t + \varphi) \tag{1-2}$$

式中　y —— 任意时刻的位移；

　　A —— 振幅，y 的最大值；

　　t —— 时间；

$(\omega t + \varphi)$ —— 相位角，其中 ω 为角频率，φ 为初始相位角（$t=0$ 时的相位）。

人们将位移随时间的变化符合余弦规律的振动形式称为谐振动。谐振动的振幅和频率始终保持不变，因而是最简单最基本的一种振动。在上述质点和弹簧系统中，谐振动的频率为振动系统的固有频率，是由质点的质量和弹簧的弹性系数决定的。任何复杂的振动都可以视为多个谐振动的合成。研究谐振动的规律，可以帮助人们分析和理解各种复杂的振动。

*2. 阻尼振动和受迫振动

谐振动是一种理想状态下的振动。实际存在的振动形式，更多的是阻尼振动与受迫振动。

阻尼振动是一种振幅和能量随时间不断减少的振动形式。还以加载弹簧为例，在振动过程中，不可避免地会受到空气的阻力，为了克服阻力，质点振动的能量会不断地减少。其位移与时间的关系如图 1-2 所示。在超声波探头中，为了使晶片振动尽快停止，减小超声脉冲的宽度，通常在晶片后粘贴阻尼块以增大振动阻力。

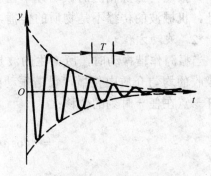

图1-2　阻尼振动

受迫振动是在周期性外力作用下物体所产生的振动。与物体的自由振动不同，受迫振动的频率取决于外力作用的频率，外力的频率与物体的固有频率越接近，振动的幅度越大，两者相等时，振幅达到最大值，这种现象称为共振。

超声波探头中压电晶片在发射与接收超声波时，既经历了受迫振动又经历了阻尼振动。在发射超声波时，首先在高频电脉冲作用下产生受迫振动，同时，又在阻尼块的影响下作阻尼振动。而在接收超声波时，也是这样，既在回波作用下产生受迫振动，同时也产生阻尼振动。高频电脉冲和回波的频率与晶片固有频率越接近，则电声和声电转换效率就越高。由此，可以看出，超声检测仪的发射脉冲频谱，探头晶片的固有频率，探头的阻尼特性，均会对发射超声波的能量、频谱特性，以及接收的回波的特性产生影响。

1.1.2　机械波

1. 机械波

机械波是机械振动在弹性介质中的传播。产生机械波的首要条件是要有一个产生机械振动的波源，也就是说，要提供一个力使质点在其平衡位置附近作往复运动；第二个条件是，要有能传播振动的弹性介质。

所谓弹性介质可以用图 1-3 所示的简化模型来表示，将其看作由以弹性力保持平衡的各质点所构成的点阵。当弹性介质中的质点在外力作用下离开其平衡位置时，由于组成物体的各质点间弹性力的作用，使其受到向其平衡位置回复的力，这种力使质点作围绕其平衡位置的振动。同时，该质点向其周围相邻质点施加相反的力，使其离开平衡位置作相同的运动，以这样的方式，振动由振源不断向远处传播，形成机械波。

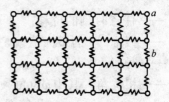

图1-3　弹性介质的模型

a—质点　b—表示弹性的弹簧

液体和气体不能以上述弹性力的模型来描述。液体和气体介质中的弹性波是由液体和气体受到压力时的体积的收缩和膨胀产生的。

在波的传播过程中，介质中的质点并不随波前进，它们在相邻质点所施加的力的作用下，按照与振源相同的振动频率在原来的位置上振动，并将能量传递给周围的质点。因此，机械波的传播不是物质的传播，而是能量的传播。

*2. 波动方程

当振源作谐振动时，所产生的波是最简单最基本的波。假设振动是在各向同性的、无吸收的均匀介质中传播，设谐振动的初始相位角 $\varphi=0$，可用下列波动方程来描述介质中任一点在任一时刻的位移：

$$y = A\cos\omega\left(t - \frac{x}{c}\right) = A\cos(\omega t - Kx) \tag{1-3}$$

式中　y —— 介质中任一点在任一时刻的位移；

　　　A —— 振幅，y 的最大值；

　　　ω —— 角频率；

　　　c —— 波速；

　　　K —— 波数，$K = \dfrac{\omega}{c} = \dfrac{2\pi f}{c}$；

　　　x —— 任一点距波源的距离。

上式中 $\dfrac{x}{c}$ 代表了波传播到 x 距离时，质点起始振动时间相对于波源的延迟，Kx 相当于距离 x 的质点相对于波源振动相位的延迟。其中包含的波速 c，是波传播的速度，也就是单位时间内同一振动相位传播的距离，因此，波速 c 也称为相位速度。

3. 机械波的主要特征量

描述机械波的主要特征量有周期、频率、波长和波速。

机械波的周期和频率即波动经过的介质质点产生机械振动的周期和频率。机械波在传播过程中，其周期和频率始终是不变的。

波长是指波经历一个完整周期所传播的距离。设想介质中的一个质点 A 完成一个周期的振动的同时，波也沿传播方向行进了一定距离，到达质点 B。这时，质点 B 的运动状态将与质点 A 在一个周期前的运动状态相同。质点 B 完成一个周期的振动之后，波又向前传播了相同的距离到达质点 C。如此继续下去，间隔相同距离的质点 A、质点 B、质点 C 其振幅总是同时处于极大值与极小值。因此，波的传播方向上相隔波长的整数倍的质点振动相位总是相同的。波长常用希腊字母 λ 表示，如图 1-4 所示。

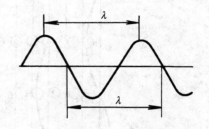

图1-4　波长示意图

　　波速为单位时间内波所传播的距离，常用字母 c 表示，单位为 m/s（米/秒）。对于无限大均匀介质中传播的波来说，对于特定类型的波，波速 c 是材料的固有参数，仅由材料的性质决定。

　　波长 λ 与波速 c、频率 f、周期 T 之间的关系为：

$$\lambda = \frac{c}{f} = cT \tag{1-4}$$

　　其中频率和周期则主要是由波源决定的，在给定的材料中，波的频率越高，波长越短。

1.2　超声波

1.2.1　超声波的定义

　　人们所感觉到的声音是机械波传到人耳引起耳膜振动的反应，能引起听觉的机械波其频率范围为 20Hz～20kHz。超声波是频率大于 20kHz 的机械波。

　　在通常的超声检测系统中，用电脉冲激励超声探头的压电晶片，使其产生机械振动，这种振动在与其接触的介质中传播，形成超声波。

1.2.2　超声波的分类

1. 超声波的波型

　　根据波动中质点振动方向与波的传播方向的不同关系，可将波动分为多种波型，在超声检测中主要应用的波型有纵波、横波、表面波（瑞利波）和兰姆波。

　　纵波是质点振动方向平行于波的传播方向的一种波型（见图 1-5）。当弹性介质受到交替变化的拉应力或压应力时，可产生交替变化的伸缩形变或体积变化，这种变化又会产生弹性恢复力，从而产生振动并在介质中传播。以这种模式传播的波型，如果考虑介质在某一瞬间的状态，沿声传播方向质点密集区和疏松区是交替存在的。纵波是超声检测中应用最普遍的一种波型，也是唯一在液体、气体和固体中均可传播的波型。由于纵波的发射与接收较容易实现，在应用其他波型时，常采用纵波声源经波型转换后得到所需的波型。

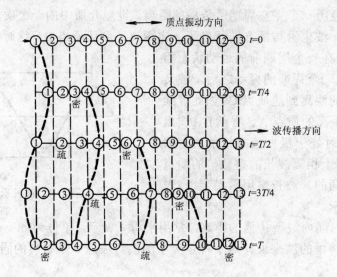

图1-5　纵波示意图

　　横波是质点振动方向垂直于波的传播方向的一种波型（见图 1-6），是介质受到交变的剪切力的作用时，发生剪切形变而产生的。由于气体和液体中不能传播剪切力，因此，横波只能在固体中传播，不能在气体和液体中传播。横波速度通常约为纵波声速的一半，因此，相同频率时横波波长约为纵波波长的一半。实际检测中常应用横波的主要原因是，通过波型转换，很容易在材料中得到一个传播方向与表面有一定倾角的单一波型，以对不平行于表面的缺陷进行检测。

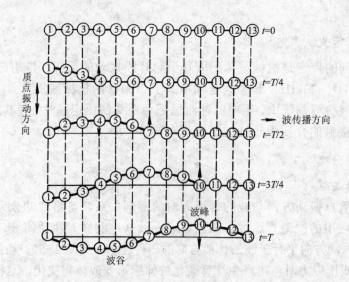

图1-6　横波示意图

　　表面波是仅在半无限大固体介质的表面或与其他介质的界面及其附近传播而不深入到固体内部传播的波型的总称。瑞利波是表面波的一种，是在半无限大固体介质与气体或液体介质的交界面上产生，并沿界面传播的一种波型，是瑞利于 1887 年首先研究并证实其存在的。瑞利波传播时，质点沿椭圆轨迹振动（见图 1-7），是纵向振动（平行于传播方向）和横向振动（垂直于传播方向）的合成，椭圆的长轴垂直于波的传播方向，短轴平行于波的传播方向。与横波一样，瑞利波也不能在液体和气体中传播。

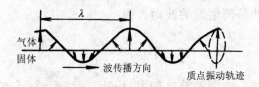

图1-7　表面波（瑞利波）示意图

瑞利波传播时随着穿透深度增加，质点振动能量下降很快。通常认为瑞利波的穿透深度约为一个波长，因此，它只能用来检测表面和近表面缺陷。瑞利波可以沿圆滑曲面传播而没有反射，对表面裂纹具有很高的灵敏度。

超声检测中应用的表面波主要为瑞利波，因此，通常所说的表面波就是指瑞利波。

兰姆波是由倾斜入射到薄板中的声波产生的沿薄板延伸方向传播的一种波型。与表面波不同，兰姆波传播时整个板厚内的质点均产生振动，质点振动的方式为纵向振动与横向振动的合成，在不同深度层面上质点振动幅度和方向是变化的。兰姆波有两种基本形式，质点相对于板的中间层作对称型运动的称为对称型（S 型），质点相对于板的中间层作反对称型运动的称为反对称型（A 型），如图 1-8 所示。

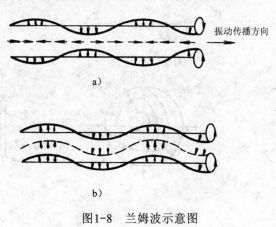

图1-8　兰姆波示意图
a）对称型（S 型）　b）反对称型（A 型）

*2. 超声波的波形

超声波由声源向周围传播扩散的过程可用波阵面进行描述。如图 1-9 所示，在无限大且各向同性的介质中，振动向各方向传播，人们用波线表示传播的方向；将同一时刻介质中振动相位相同的所有质点所连成的面称为波阵面；某一时刻振动传播到达的距声源最远的各点所连成的面称为波前。可见，在各向同性介质中波线垂直于波阵面。在任何时刻，波前正是距声源最远的一个波阵面，波前只有一个而波阵面可以有任意多个。

根据波阵面的形状（波形），可将波动分为平面波、柱面波和球面波等。

平面波即波阵面为相互平行平面的波（如图 1-9a）。一个作谐振动的无限大平面在各向同性的弹性介质中传播的波是平面波。如不考虑介质所吸收的波的能量，质点振动幅度不随距声源的距离而变化，在传播过程中是恒定的。理想的平面波是不存在的，但如果声源平面的二维尺寸远大于声波波长，该声源发出的波可近似地看作平面波。

平面波的波动方程就是简谐波的波动方程：

$$y = A\cos\omega\left(t - \frac{x}{c}\right) \tag{1-5}$$

球面波即波阵面为同心球面的波（如图 1-9b）。当声源是一个点状球体时，在各向同性介质中的波阵面为以声源为中心的球面。球面波向四面八方扩散，即使不考虑介质对声波能量的吸收，单位面积上的能量也会随着波阵面的扩大而减小，可以证明，球面波中质点的振动幅度与距声源的距离成反比。当声源的尺寸远小于测量点距声源的距离时，可以把声波看成是球面波。

球面波的波动方程为：

$$y = \frac{A}{x}\cos\omega\left(t - \frac{x}{c}\right) \tag{1-6}$$

柱面波即波阵面为同轴圆柱面的波（如图 1-9c）。其声源是一无限长的线状直柱，柱面波各质点的振幅与距柱状声源的距离的平方根成反比。

柱面波的波动方程为：

$$y = \frac{A}{\sqrt{x}}\cos\omega\left(t - \frac{x}{c}\right) \tag{1-7}$$

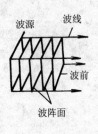

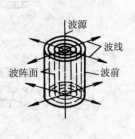

a）   b）   c）

图1-9　波线、波前与波阵面

a）平面波　b）球面波　c）柱面波

在超声检测实际应用中，声源常常是有限尺寸的平面，产生的波形既不是单纯的平面波，也不是单纯的球面波，而被认为是活塞波。理论上假定产生活塞波的声源是一个有限尺寸的平面，声源上各质点作相同频率、相位和振幅的谐振动。在离声源较近处，由于干涉的原因，波阵面形状较复杂；距声源足够远处，波阵面类似于球面。活塞波中质点位移随时间和距离的变化规律难以用简单的数学关系表达，但在距声源足够远处，可近似用球面波的波动方程来表达，这是超声检测中应用计算法进行仪器灵敏度调整和缺陷尺寸评定的基础。在本章关于声场的理论分析中，将对活塞波声场的特征进行讲解。

*3. 连续波与脉冲波

连续波是介质中各质点振动时间为无穷时的波，如图 1-10a 所示。脉冲波是质点振动时间很短的波，如图 1-10b 所示。超声检测中最常用的是脉冲波。

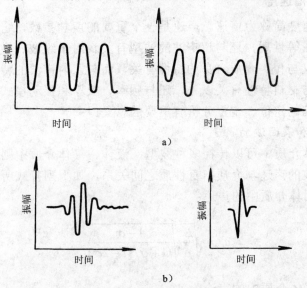

图1-10　连续波与脉冲波

a）连续波　b）脉冲波

一个脉冲波可以分解为多个不同频率的谐振波的叠加。将复杂振动分解为谐振动的方法，称为频谱分析。一个电脉冲的频谱可用专门的频谱分析仪来进行显示。图 1-11 为频谱分析结果的示意图。其中人们关心的频谱特征量主要有峰值频率、频带宽度和中心频率。

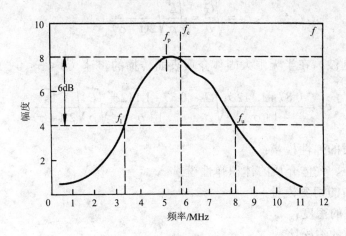

图1-11　频谱分析示意图

峰值频率为幅度峰值所对应的频率值，以符号 f_p 表示。

频带宽度为峰值两侧幅度下降为峰值的一半时的两点频率值f_l和f_u之间的频率范围，简称为带宽或-6dB 带宽。有时f_l和f_u也取幅度比峰值低 3dB 时的频率值，则带宽称为-3dB 带宽。脉冲越短，则频带越宽。

中心频率为f_l和f_u的算术平均值，以符号f_c表示。

1.2.3　超声波的传播速度

超声波的传播速度简称为声速。声速是一个重要的声学参数，它依赖于传声介质自身的密度、弹性模量等性质，还与超声波的波型有关。对于纵波、横波和表面波来说，每种波型的声速值仅与传声介质自身的特性有关，而与入射声波的特性无关。兰姆波的声速较为复杂，除与材料特性有关以外，还与频率、板厚和振动模式有关。了解受检材料的声速，对于缺陷的定位、定量分析有重要的意义。

1. 纵波、横波和表面波的声速

我们知道，固体介质中可以传播多种波型，液体、气体介质中则只能有纵波存在。纵波、横波和表面波的声速与介质自身性质之间关系，如下列各式所示：

纵波在无限大固体介质中的声速：

$$c_L = \sqrt{\frac{E}{\rho}\sqrt{\frac{1-\sigma}{(1+\sigma)(1-2\sigma)}}} \tag{1-8}$$

纵波在液体和气体介质中的声速：

$$c = \sqrt{\frac{B}{\rho}} \tag{1-9}$$

横波在无限大固体介质中的声速：

$$c_S = \sqrt{\frac{G}{\rho}} = \sqrt{\frac{E}{\rho}\sqrt{\frac{1}{2(1+\sigma)}}} \tag{1-10}$$

表面波（瑞利波）在半无限大固体介质表面传播的声速（$0 < \sigma < 0.5$）：

$$c_R = \frac{0.87+1.112\sigma}{1+\sigma}\sqrt{\frac{G}{\rho}} = \frac{0.87+1.112\sigma}{1+\sigma}\sqrt{\frac{E}{\rho}\sqrt{\frac{1}{2(1+\sigma)}}} \tag{1-11}$$

式中　　E —— 介质的弹性模量；

　　　　B —— 液体、气体介质的体积弹性模量；

　　　　G —— 介质的切变模量；

　　　　ρ —— 介质的密度；

　　　　σ —— 介质的泊松比。

由上述各式可以看出，声速主要是由介质的弹性性质、密度和泊松比决定的。不同材料声速值有较大的差异，表 1-1 中所列为几种常用材料的密度、声速和波长数值。其中物质状态的差异，引起声速的变化非常明显，典型的有，水中声速为 1500 m/s，空气中声速为 340 m/s，钢中纵波声速约 5900m/s，有机玻璃纵波声速约 2700 m/s。除兰姆波等特殊情况以外，通常声速不随超声波的频率而变化。因此，在给定的材料中，频率越高，波长越短。

同一固体介质中，纵波声速大于横波声速，横波声速又大于瑞利波声速，即 $c_L > c_S > c_R$。对于钢材，σ 约为 0.28，则 $c_L \approx 1.8c_S$，$c_R \approx 0.9c_S$。

表 1-1　几种材料的密度、声速和 5MHz 时的波长（取易于记忆的数值）

材　料	密　度 / (g/cm^3)	纵　波		横　波	
		c_L/（m/s）	λ/mm	c_S/（m/s）	λ/mm
铝	2.69	6300	1.3	3130	0.63
钢	7.8	5900	1.2	3200	0.64
有机玻璃	1.18	2700	0.54	1120	0.22
甘油	1.26	1900	0.38	—	—
水（20℃）	1.0	1500	0.30	—	—
机油	0.92	1400	0.28	—	—
空气	0.0012	340	0.07	—	—

*2. 兰姆波的声速

兰姆波的声速与无限介质中的其他波型不同，由于薄板上下界面的作用，所形成的沿板材延伸方向传播的波的传播特性与给定的频率和板厚条件有关。对于特定的频率和板厚组合，还可有多个对称型和反对称型的振动模式，每个模式具有不同的波速，即不同的相速度。这里所说的相速度是振动相位传播的速度，是对于连续谐振波定义的传播速度。对于脉冲波来说，其速度的定义要复杂一些，尤其是对于兰姆波这样相速度随频率变化而变化的情况。速度随频率变化而变化的现象被称为频散。

当用脉冲波激发兰姆波时，由于脉冲波包含有多个不同频率的谐振波成分，形成的兰姆波相当于一组具有多个相位传播速度的波，因此，必须引入群速度的概念。当一组速度稍有差异的波同时在一个介质中沿同一方向传播时，介质中质点的振动将是各个波振动的合成。合成振动形成的最大幅度的传播速度，不同于各单个波的传播速度，称为群速度。因此，所谓群速度，就是质点合成振动的最大幅度的传播速度。群速度也是能量传播的速度。

脉冲波的速度可用群速度来代表。对于无限大均匀介质中传播的纵波与横波来说，相速度不随频率而变化，因此，脉冲波的群速度就等于相速度，因此，对于纵波和横波的声速不再区分相速度和群速度。

兰姆波的相速度和群速度均是随频率、板厚、和兰姆波模式三个因素而变化的，具体的量化关系可根据材料中的纵波速度和横波速度，利用兰姆波的频率方程计算得到。关于兰姆波声速的一般规律的更详细的讲解，参照本书第 6 章相关内容。

*3. 引起声速变化的因素

前面讲到，声速是介质的一个重要声学参数。对于各向同性均匀介质，对应于特定材料、特定波型，声速值可为一个常数。但是，当介质本身存在不均匀性，以及介质发生温度、应力等变化时，介质的密度、弹性性质会有相应的变化，从而会引起声速的改变。

较为重要的是固体与液体温度的改变对声速的影响。通常情况下，固体、液体温度的升高，都会引起声速降低。图 1-12a 是有机玻璃、聚乙烯中声速与温度的关系。可以看到，这两种材料声速随温度的变化是比较明显的。由于这些材料常被用作探头斜楔，声速变化会引起折射角的变化，这在精确测量和定位时是需要引起注意的。

声速随温度变化规律的一个特例是水（如图 1-12b 所示）。表 1-2 为不同温度下水中的声速值。水的温度在 74℃ 左右时，声速为最大值，当温度低于 74℃ 时，声速随温度升高而增加；当温度高于 74℃ 时，声速随温度升高而降低。水中声速随温度变化的规律可用下式表达：

$$c_L = 1557 - 0.0245(74-t)^2 \tag{1-12}$$

式中　t —— 水的温度（℃）。

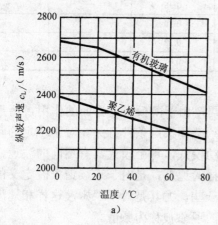

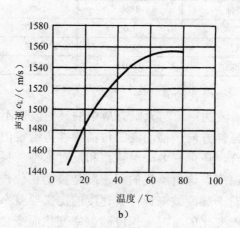

a)

b)

图1-12　有机玻璃、聚乙烯和水中声速与温度的关系

a）有机玻璃、聚乙烯中声速与温度的关系　b）水中声速与温度的关系

表1-2　不同温度下水中声速

温度/℃	10	20	25	30	40	50	60	70	80
声速/（m/s）	1448	1483	1497	1510	1530	1544	1552	1555	1554

材料的非均匀性引起的声速变化是需要引起注意的另一个问题。如：奥氏体不锈钢粗晶材料的检测，由于声束在穿过各向异性的粗大晶粒的晶界时，声速的变化可使声束方向偏离原方向，从而使检测结果受到影响。又如树脂基复合材料的检测，由于材料本身可能是非均质的，在进行缺陷检测，特别是超声测厚时，声速的非均匀性是不可忽视的。材料非均匀性引起的声速变化，也使声速测量技术可以作为材料评价的一种手段。

1.2.4　超声波的声压、声强和声阻抗

介质中有超声波存在的区域称为超声场，声压和声强是描述声场的物理量。声阻抗则是与声波在界面上的行为相关的一个重要参数。

1．声压

声压的定义为：在声波传播的介质中，某一点在某一时刻所具有的压强与没有声波存在时该点的静压强之差。声压单位是 Pa（帕斯卡），用 p 表示。超声场中，每一点的声压是一个随时间和距离变化的量，可以证明，对于无衰减的平面余弦波来说，p 可用下式表达：

$$p = -\rho c A \omega \sin \omega \left(t - \frac{x}{c} \right) = \rho c u \qquad (1-13)$$

式中　ρ ——介质的密度；

c ——介质的声速；

A ——质点位移振幅；

ω ——角频率；

u ——质点振动速度。

上式中，$\rho c A \omega$ 是声压的振幅。在实用上，比较二个超声波并不需要对每个时刻 t 的声压进行比较，真正代表超声波强弱的是声压幅度。因此，通常就把声压幅度简称声压，也用符号 p 表示，$p = \rho c A \omega$。超声检测仪荧光屏上脉冲的高度与声压成正比，因此，通常读出的信号幅度的比等于声压比。

2．声强

声强的定义是：在垂直于声波传播方向的平面上，单位面积上单位时间内所通过的声能量。因此，声强也称为声的能流密度。对于谐振波，常将一周期中能流密度的平均值作为声强，并用符号 I 表示。

$$I = \frac{p^2}{2\rho c} \qquad (1-14)$$

此处 p 是声压幅度。

3．声阻抗

声阻抗以字母 Z 表示。由 $p = \rho c u$ 可知，在同一声压 p 的情况下，ρc 越大，质点振动速度 u 越小；反之，ρc 越小，质点振动速度 u 越大，所以把 ρc 称为介质的声阻抗。

声阻抗能直接表示介质的声学性质，在超声检测领域所采用的许多方程式中经常出现的是介质密度与声速的乘积而不是其中某一个值，因此常将 ρc 作为一个独立的概念来理解。在研究超声波通过界面时的行为时，声阻抗决定着超声波在通过不同介质的界面时能量的分配。

1.2.5　幅度的分贝表示

在研究声音的强度时，人们发现声强的数量级相差极大，如引起听觉的声强范围为 $10^{-16} \sim 10^{-4} \mathrm{W/cm^2}$（瓦/厘米^2），最大值与最小值相差 12 个数量级。这样，采用通常的数字来表示和进行运算是非常不方便的，于是，人们对声强的比值取对数来进行比较计算并表示其相互关系。

通常规定引起听觉的最弱声强 $I_1=10^{-16}$ W/cm^2 作为声强的标准，另一声强 I_2 与标准声强 I_1 之比的常用对数为声强级，单位为贝尔（BeL）。

$$\Delta = \lg \frac{I_2}{I_1} \quad (\text{BeL}) \tag{1-15}$$

在实际应用中，贝尔太大，故常取 1/10 贝尔即分贝（dB）来作单位。

$$\Delta = 10\lg \frac{I_2}{I_1} = 20\lg \frac{p_2}{p_1} \quad (\text{dB}) \tag{1-16}$$

通常说某处的噪声为多少分贝，就是以 10^{-16} W/cm^2 为标准利用上式计算而得到的。

在超声检测中，当超声检测仪的垂直线性较好时，仪器显示屏上的信号幅度与声压成正比。这时有：

$$\Delta = 20\lg \frac{p_2}{p_1} = 20\lg \frac{H_2}{H_1} \quad (\text{dB}) \tag{1-17}$$

这里声压基准 p_1 或幅度基准 H_1 可以任意选取。常用声压比（波高比）对应的 dB 值列于表 1-3。其中可以看到，当幅度比为 1 时，$\Delta=0$dB，表明两信号幅度相等时，分贝差为零；当 $H_2/H_1=2$ 时，$\Delta=6$dB，称 H_2 比 H_1 高 6dB；当 $H_2/H_1=1/2$ 时，$\Delta=-6$dB，称 H_2 比 H_1 低 6dB。

表 1-3 常用声压比对应的分贝值

p_2/p_1 或 H_2/H_1	10	4	2	1	1/2	1/4	1/10
dB	20	12	6	0	−6	−12	−20

在超声检测时，分贝值用处非常广泛，如：调整检测灵敏度时，可用分贝值表示可检测信号幅度与试块中人工伤反射幅度的关系；进行缺陷评定时，可用分贝值将缺陷显示幅度与人工伤反射幅度进行比较，表示缺陷显示幅度的大小。

1.3 超声波的传播

1.3.1 超声波的波动特性

1. 波的叠加

当几列波同时在一个介质中传播时，如果在某些点相遇，则相遇处质点的振动是各列波所引起的振动的合成，合成声场的声压等于每列声波声压的矢量和，这就是声波的叠加原理。相遇后各列声波仍保持各自原有的频率、波长、幅度、传播方向等特性不变继续前进，好像在各自的传播过程中没有遇到其他波一样。

2. 波的干涉

当两列由频率相同、振动方向相同、相位相同或相位差恒定的波源发出的波相遇时，声波的叠加会出现一种特殊的现象，即：合成声波的频率与两列波相同；合成声压幅度在空间中不同位置随两列波的波程差呈周期性变化，某些位置振动始终加强，而另一些位置振动始终减弱；合成声压的最大幅度等于两列波声压幅度之和，最小幅度等于两列波声压幅度之差。这种现象称为波的干涉现象。因此，称两列频率相同、振动方向相同、相位相同或相位差恒定的波为相干波，其波源为相干波源。

在超声检测中，用于产生超声波的有限尺寸平面声源所发射的声波在声源附近产生干涉，使该区域声压出现极大值和极小值点。

*3. 驻波与共振

两列振幅相同的相干波在同一直线上沿相反方向彼此相向传播时叠加而成的波称为驻波。它是干涉现象的特例。图 1-13 为驻波示意图。设有两列振幅相同的相干波，在同一直线上，一个向右传播，一个向左传播。设 $t=0$ 时，两波正好重叠，各点位移相加为单列波的两倍。经过四分之一周期，两波分别在其本身的传播方向上，向左和向右移动了四分之一波长，此时两波叠加直线上所有点位移为 0。再经过四分之一周期时，两波又相互叠加，但位移方向与 $t=0$ 时相反。观察图 1-13 可以看出，由上述两列波叠加而成的波，波线上某些点始终静止不动，另一些点则振幅总为最大值，看上去似乎是一列未向前行进的波，因而称为驻波。驻波中振幅最大值的点称为波腹，振幅为零的点称为波节，相邻波腹或相邻波节间的距离为波长的一半。

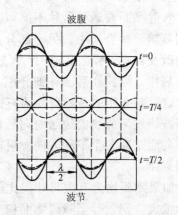

图1-13　驻波示意图

驻波出现的典型情况是，当连续波垂直入射于界面时，入射波与反射波相互叠加形成成驻波。假若物体有两个相互平行的表面，则垂直入射于表面的声波将在两表面间多次反射，若两个表面间的距离等于半波长的整数倍，则多次反射波之间的相位差与振动周期有一定的倍数关系。叠加结果，使波峰和波谷进一步得到加强而形成强烈的驻波，此时，称该物体发生了共振。利用共振物体厚度与波长的关系，可进行厚度测量。另外，超声波探头中压电晶片厚度与频率的关系，也是基于共振的原理。当晶片厚度等于半波长的整数倍时，该波长对应的频率是该晶片的固有频率，该频率下晶片振动的幅度最强。

*4. 惠更斯原理

惠更斯原理是由荷兰物理学家惠更斯于 1690 年提出的一项理论，它的基本思想是：介质中波动传播到的任一点都可以看作是新的波源向前发射球面子波，在其后任一时刻，这些子波的包迹就是新的波阵面。

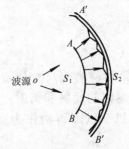

利用惠更斯原理，可以确定波前的几何形状和波的传播方向。如图 1-14 所示，从波源 o 点向四周

图1-14　惠更斯原理示意图

发出的球面波，在某一时刻到达波阵面 S_1（AB）。将 S_1 上的各点看作新的子波源各自发

出球面波，在下一时刻，波阵面的新位置就是与各子波波阵面相切的包迹面 S_2（$A'B'$）。垂直于波阵面的波线就是波的传播方向。

惠更斯原理与波的叠加原理相结合，可以方便地计算特定声源声波在空间中的声压分布以及遇到障碍物后的变化情况。

*5. 超声波的散射和衍射

在未遇到介质特性改变的情况下，平面波在均匀且各向同性的弹性介质中是沿直线传播的。在传播过程中，如果遇到一个障碍物（声阻抗与周围介质不同的物体），就可能产生若干现象，这些现象与障碍物的大小有关。

入射平面波遇到两种不同声特性的介质的大平界面时，一部分声波会在界面处反射而回到第一种介质中，另一部分声波则会透过界面进入第二种介质，同时，声束方向会发生改变。假设界面足够大，入射声束不会遇到任何"边"，则可以按直线传播的方式分析其规律，这将在后面详细介绍。

这里要介绍的是障碍物为有限尺寸时，发生的衍射和散射现象。所谓衍射现象，是指声波绕过障碍物的边缘而向后传播的现象。散射则通常指声波遇到障碍物后不再向特定方向而是向各个不同方向发射声波的现象。这两种现象中的声波传播均不符合直线传播的规律。

如果障碍物为有限尺寸但比超声波的波长大得多时，且障碍物的声阻抗与周围介质差异很大，则入射至障碍物面积上的声波几乎全部被反射，从而在障碍物后面形成一个声影区。但是，声影区的大小并不是被障碍物遮挡的全部区域，当平面波遇到反射界面的边缘时，如靠近疲劳裂纹的末端，则可以将边缘看作一直线声源，从边角处发出柱面波。这样，声波可以绕过障碍物的边缘向它的后面传播，这种现象就是衍射现象，是波动的特性之一（图 1-15）。衍射是一些基本概念的基础，其概念如探头发出的声束的扩散（指向性），受波长限制的缺陷检测灵敏度等，并且衍射还是使用双探头方法（裂纹尖端衍射）来确定裂纹高度的原理。

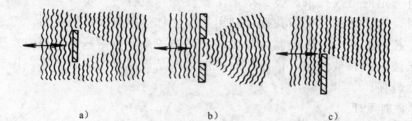

a)   b)   c)

图1-15 波的衍射

如果障碍物的尺寸与超声波的波长近似，超声波将不能按几何规律被反射，而将发生不规则的反射和衍射；至障碍物的尺寸小于超声波的波长，则波到达障碍物后的现象类似于以障碍物作为点状声源将向四周发射声波，这些现象均被认为是波的散射。

如果障碍物的尺寸比超声波的波长小很多，则他们对超声波的传播几乎没有影响。

1.3.2　超声波垂直入射到平界面上时的反射和透射

本小节和以下几小节将讨论超声波在遇到界面时的行为。为了简化问题，以平面连续波为代表，利用其直线传播的性质，与几何光学原理类比，讨论超声波入射至平滑的无限大异质界面上的反射波和折射波的传播方向，同时，对超声波在界面两侧的能量分配进行介绍。

当超声波垂直入射到两种介质的界面时，如图 1-16 所示，一部分能量透过界面进入第二种介质，成为透射波（声强为 I_t），波的传播方向不变；另一部分能量则被界面反射回来，沿与入射波相反的方向传播，成为反射波（声强为 I_r）。声波的这一性质是超声波检测缺陷的物理基础。这里关心的是反射波能量与透射波能量的比例。

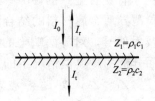

图1-16　超声波垂直入射
于大平界面时的反射与透射

I_0—入射声强，I_r—反射声强，I_t—透射声强

通常将反射波声压与入射波声压的比值称为声压反射率 r，将透射波声压和入射波声压的比值称为声压透射率 t，其数学表达式为：

$$r = \frac{p_r}{p_0} = \frac{Z_2 - Z_1}{Z_2 + Z_1} \tag{1-18}$$

$$t = \frac{p_t}{p_0} = \frac{2Z_2}{Z_2 + Z_1} \tag{1-19}$$

式中　p_r——反射波声压；

　　　p_t——透射波声压；

　　　p_0——入射波声压；

　　　Z_2——第二种介质的声阻抗；

　　　Z_1——第一种介质的声阻抗。

为了研究反射波和透射波的能量关系，引入声强反射率 R 和声强透射率 T 两个概念。声强反射率为反射波声强（I_r）和入射波声强（I_0）之比；声强透射率为透射波声强（I_t）和入射波声强（I_0）之比。

由声压和声强的关系式（1-14）和式（1-18）、式（1-19），可以得到以下两式：

$$R = \frac{I_r}{I_0} = r^2 = (\frac{Z_2 - Z_1}{Z_2 + Z_1})^2 \tag{1-20}$$

$$T = \frac{I_t}{I_0} = \frac{Z_1 p_t^2}{Z_2 p_0^2} = \frac{4Z_1 Z_2}{(Z_2 + Z_1)^2} \tag{1-21}$$

根据能量守恒定律，$I_0 = I_t + I_r$。由式（1-20）和式（1-21）也可以得出，$R + T = 1$。

由上述各式可以看到，界面两侧介质声阻抗的差异决定着反射能量和透射能量的比例。差异越大，反射声能越大，透射声能越小。如在钢与空气的界面，空气的声阻抗几乎可以忽略，因此，几乎没有透射声能，只有反射声能。这一点在检测具有空气隙的缺陷（如裂纹、分层）时是一个有利因素，因为缺陷反射率很高。但它带来的不利情况是，很难通过空气耦合使声波进入固体材料，这是超声检测中通常要使用耦合剂的主要原因。

相反的情况是，当界面两侧介质的声阻抗非常接近时，反射率几乎为 0，声波接近于完全透射，这是造成一些声阻抗接近于基体材料的缺陷不易被检出的原因。这些缺陷的典型例子有钛合金中的硬 α 夹杂物，钛合金和高温合金材料中的偏析等。

在检测异质金属材料的结合面质量时，两侧材料声阻抗的差异，会使界面处总产生一定的反射信号，对界面缺陷的检测灵敏度有一定的影响。

下面分析两种典型情况下的反射、透射关系：

① 当 $Z_1 \gg Z_2$，如超声波从钢中射向水的情况。此时 $Z_1 = 45 \times 10^6 \mathrm{kg/m^2 \cdot s}$，$Z_2 = 1.5 \times 10^6 \mathrm{kg/m^2 \cdot s}$，从而

$$r = \frac{1.5 - 45}{1.5 + 45} = -0.935$$

$$t = \frac{2 \times 1.5}{1.5 + 45} = 0.065$$

反射率中的负号表示反射波相位与入射波相位相反，如图 1-17 所示。

② 当 $Z_2 \gg Z_1$，以超声纵波从水射向钢的情况为例，如图 1-18 所示。

$$r = \frac{45 - 1.5}{45 + 1.5} = 0.935$$

$$t = \frac{2 \times 45}{1.5 + 45} = 1.935$$

此时反射率为正值，入射波和反射波相位相同。值得注意的是透射率大于 1，透射波声压甚至比入射波声压还大。但从能量分配来说，显然反射声能占了绝大部分。此处的原因在于，由式（1-14）可知，声强不仅与声压的平方成正比，还与声阻抗成反比，钢中声压大，声阻抗也远大于水，因此，透射声强仍是比反射声强小很多。

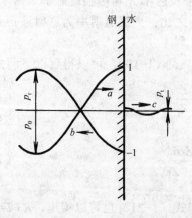

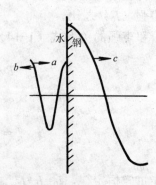

图1-17　纵波在钢-水界面上的反射与透射　　　图1-18　纵波在水-钢界面上的反射与透射

　　　a—入射波　b—反射波　c—透射波　　　　　　a—入射波　b—反射波　c—透射波

对于脉冲反射技术来说，还有一个有意义的量是声压往返透过率，如图 1-19 所示。通常入射声压经过两种介质的界面透射到试件中后，均需经过相反的路径再次穿过界面回到第一介质中才被探头所接收。两次穿透界面时透射率的大小，决定着接收信号的强弱。因此，将声压沿相反方向两次穿过界面时总的透射率称为声压往返透过率（T_p），其数值等于两次穿透界面的透射率的乘积，可得：

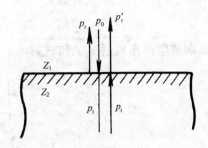

图1-19　声压往返透过率

$$T_p = t_1 \cdot t_2 = \frac{4Z_1 Z_2}{(Z_1 + Z_2)^2} \tag{1-22}$$

*1.3.3　超声波垂直入射到多层平界面上时的反射和透射

前面讨论的是超声波垂直入射到单一平界面时的反射与透射。在超声检测中经常遇到的，还有超声波进入第二种介质后，穿过第二种介质再进入第三种介质的情况。如图 1-20 所示，当超声波从介质 1 中垂直入射到介质 1 和介质 2 的界面上时，一部分声能被反射，另一部分声能透射到介质 2 中；当透射的声波到达介质 2 和介质 3 的界面时，再一次发生反射与透射，其反射波部分在介质 2 中传播至介质 2 与介质 1 的界面，则又会

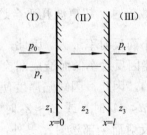

图1-20　在两个界面上的反射和透射

发生同样的过程，如此不断继续下去，则在两个界面的两侧，产生一系列的反射波与透射波。

如果声波是脉冲波，其持续时间小于声波在中间层中往返一次的时间，则各反射波之间相互独立，互不干涉，在介质 1 中可接收到一系列反射脉冲。水浸法检测板材时，类似于这种情况。

若声波是连续波，或脉冲波持续时间相对于中间层厚度较长，使得多次反射波和透射波互相重叠，则会产生干涉，这时，介质 1 中收到的是各反射、透射波发生干涉叠加后形成的反射回波，介质 3 中的透射声波也将是产生干涉叠加后的透射波。这种情况，就相当于探头发出的超声波经过耦合剂层进入试件，以及超声波在试件中遇到薄缝隙的缺陷（如裂纹或分层）时的反射与透射。本节重点研究的，就是超声波遇到这种薄层界面时总的反射率与透射率的关系。

根据实际检测中所关心的典型问题，讨论以下两种情况：

1. 均匀介质中的异质薄层（$z_1 = z_3 \neq z_2$）

与这种情况相对应的是材料中存在的平面状缺陷，如：裂纹、分层、夹杂等。设薄层的厚度为 d，介质 2 中的波长为 λ_2，并以 m 表示两种介质声阻抗之比：

$$m = \frac{z_1}{z_2}$$

则薄层声压反射率 r 和透射率 t 为：

$$r = \sqrt{\frac{\frac{1}{4}(m-\frac{1}{m})^2 \sin^2 \frac{2\pi d}{\lambda_2}}{1+\frac{1}{4}(m-\frac{1}{m})^2 \sin^2 \frac{2\pi d}{\lambda_2}}} \qquad (1-23)$$

$$t = \sqrt{\frac{1}{1+\frac{1}{4}(m-\frac{1}{m})^2 \sin^2 \frac{2\pi d}{\lambda_2}}} \qquad (1-24)$$

由以上公式可知：

① 当 $d = n\frac{\lambda_2}{2}$ （ $n=1、2、3\cdots$ ）时， $r \approx 0$ ， $t \approx 1$ 。即均匀介质中薄层厚度为薄层中半波长的整数倍时，超声波几乎全透射而无反射。当 $d = (2n-1)\frac{\lambda_2}{4}$ （ $n=1、2、3\cdots$ ）时，透射率最小而反射率最大。因此，当材料中存在均匀薄层状缺陷，且缺陷厚度恰为半波长时，则可能因反射率低而造成漏检。但实际缺陷往往不是完全平行的，且实际超声波不是单一频率的，因此，因缺陷厚度使其对超声波的反射率为 0 的情况是极少出现的。

② 当 $d \ll \lambda_2$ 时，或 $Z_1 \approx Z_2$ 时， $r \approx 0$ ， $t \approx 1$ 。这说明当薄层厚度非常小时，超声波也是几乎不反射而全部透射；另外，当两种介质声阻抗很接近时，声波也几乎全部透射。这种情况可由图 1-21 和图 1-22 进行分析。

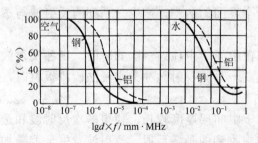

图1-21　钢和铝中空气隙、水隙的透射率

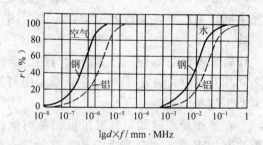

图1-22　钢和铝中空气隙、水隙的反射率

图 1-21 和图 1-22 分别表示在钢中和铝中的一个充满空气或水的间隙的透射率和反射率，图中曲线由式（1-23）和（1-24）得到。图中横坐标为间隙厚度 d 和频率 f 乘积的对数坐标，所显示的范围为 $d \times f$ 值 $10^{-8} \sim 1\text{mm} \cdot \text{MHz}$ ，这一范围内 $d < \frac{\lambda}{4}$ 。

从图中可以看出，当 $d \times f$ 值大于 $10^{-5} \sim 10^{-4}$ 时，透射率接近于 0，而反射率为 100%，也就是说，对于钢和铝来说，1MHz 的超声波，间隙厚度为 $10^{-5} \sim 10^{-4}\text{mm}$ 的空气隙即有 100% 的反射率，因此，对于内部为空气的裂纹型缺陷，超声波是很容易检测的。随着 $d \times f$ 值的减小，反射率逐渐下降到接近于 0。因此，对一定频率的超声波，间隙厚度过小的缺陷可能得不到反射波，此时，提高频率可以提高微小间隙缺陷的检测能力。

2. 薄层两侧介质不同（$Z_1 \neq Z_3 \neq Z_2$）

薄层和两侧介质均不相同，与探头晶片与试件间存在保护膜或耦合剂的情况相当。这时，薄层的声强透射率以下式表达：

$$T = \frac{4Z_1Z_3}{(Z_1 + Z_3)^2 \cos^2 \dfrac{2\pi d}{\lambda_2} + (Z_2 + \dfrac{Z_1Z_3}{Z_2})^2 \sin^2 \dfrac{2\pi d}{\lambda_2}} \tag{1-25}$$

由上式可知：

① $d = n\dfrac{\lambda_2}{2}$（$n=1$、2、3、…）时，$T = \dfrac{4Z_1Z_3}{(Z_3 + Z_1)^2}$，即超声波垂直到两侧介质不同的薄层时，若薄层的厚度为半波长的整数倍，则透过薄层的声强透过率与薄层的性质无关。

② 当 $d = (2n-1)\dfrac{\lambda_2}{4}$（$n=1$、2、3、…），且 $Z_2 = \sqrt{Z_1 \cdot Z_3}$ 时，则有 $T=1$，即超声波完全透射。这一结果，可用于直探头保护膜材料的选择及厚度的设计。

③ 当 $d \ll \lambda_2$ 时，同样有 $T = \dfrac{4Z_1Z_3}{(Z_3 + Z_1)^2}$，即透射声强与薄层性质无关，而仅与薄层两侧介质的声阻抗相关。因此，在超声检测时，若试件表面较为平整，则应尽量少涂耦合剂，并施加一定的压力，使耦合剂层厚度很薄，以保证信号幅度的稳定性。

1.3.4　超声波倾斜入射到平界面上时的反射、折射和波型转换

当超声波以相对于界面入射点法线一定的角度，倾斜入射到两种不同介质的界面时，在界面上会产生反射、折射和波型转换现象（见图 1-23）。

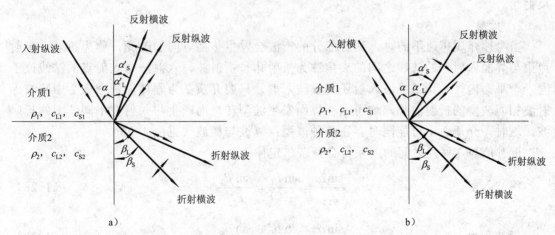

图1-23　超声波倾斜入射到界面上的行为示意图

a）纵波入射　b）横波入射

入射声波与入射点法线之间的夹角 α 称为入射角。

1. 反射

如图 1-23a 所示，当纵波以入射角 α 倾斜入射到异质界面时，将会在入射波所在的

介质 1 中，在界面入射点法线的另一侧，产生与法线成一定的夹角 α'_L 的反射纵波。反射波与入射点法线之间的夹角称为反射角。

入射纵波与反射纵波之间的关系符合几何光学的反射定律：

① 入射声束、反射声束和入射点的法线位于同一个平面内。

② 入射角 α 等于反射角 α'_L。

与光的反射不同的是，当介质 1 为固体时，界面上既产生反射纵波，同时又发生波型转换产生反射横波，即反射后同时产生纵波与横波两种波型。这时，横波反射角与纵波入射角之间的关系与光学中的斯奈尔定律相同：

$$\frac{\sin \alpha}{c_{L1}} = \frac{\sin \alpha'_S}{c_{S1}} \tag{1-26}$$

式中　α —— 入射角；

$\quad\ \alpha'_S$ —— 横波反射角；

$\quad\ c_{L1}$ —— 纵波在介质 1 中的声速；

$\quad\ c_{S1}$ —— 横波在介质 1 中的声速。

若入射声波为横波，也会产生同样的现象（见图 1-23b），这时横波入射角 α 与横波反射角 α'_S 相等。介质 1 为固体时纵波反射角与横波入射角之间的关系：

$$\frac{\sin \alpha}{c_{S1}} = \frac{\sin \alpha'_L}{c_{L1}} \tag{1-27}$$

由于固体中纵波声速总是大于横波声速，因此，无论是纵波入射还是横波入射，均有 $\alpha'_L > \alpha'_S$。当介质 1 为液体或气体时，则入射波和反射波只能是纵波，且入射角等于反射角。

2. 折射

当两种介质声速不同时，透射部分的声波会发生传播方向的改变，称为折射。折射声束与界面入射点的法线之间的夹角称为折射角。折射波、入射波与入射点的法线位于同一个平面内。不论是纵波入射还是横波入射，只要介质 2 为固体，则介质 2 中除与入射波相同波型的折射波外，均可因在界面发生波型转换而产生与入射波不同波型的折射波。这时，介质 2 中可能同时存在两种波型：纵波与横波（见图 1-23）。

折射角与入射角之间的关系符合斯奈尔定律：

纵波入射，　　　$$\frac{\sin \alpha}{c_{L1}} = \frac{\sin \beta_L}{c_{L2}} = \frac{\sin \beta_S}{c_{S2}} \tag{1-28}$$

横波入射，　　　$$\frac{\sin \alpha}{c_{L1}} = \frac{\sin \beta_L}{c_{L2}} = \frac{\sin \beta_S}{c_{S2}} \tag{1-29}$$

式中　β_L —— 纵波折射角；

$\quad\ \beta_S$ —— 横波折射角；

$\quad\ c_{L2}$ —— 纵波在介质 2 中的声速；

$\quad\ c_{S2}$ —— 横波在介质 2 中的声速。

折射角相对于入射角的大小和折射波声速与入射波声速的比率有关。同时，由于纵波声速总是大于横波声速，因此 $\beta_L > \beta_S$。

3. 临界角

由式（1-28）和式（1-29）可知，当第二种介质中的折射波型的声速比第一种介质中入射波型的声速大时，折射角大于入射角。此时，存在一个临界入射角度，在这个角度下，折射角等于 90°。大于这一角度时，第二种介质中不再有相应波型的折射波。以有机玻璃与钢的界面为例，纵波入射角为 27.6° 时，纵波折射角为 90°。继续增大入射角，则钢中仅有折射横波；纵波入射角再增大至 57.8° 时，横波折射角为 90°。继续增大入射角，折射横波也不再存在。

（1）第一临界角 当入射波为纵波，且 $c_{L2} > c_{L1}$ 时，纵波折射角大于入射角。随着入射角的增大，折射角也相应增大。当纵波折射角为 90° 时，就出现了一个临界角度。我们将纵波入射且纵波折射角大于纵波入射角时，使纵波折射角达到 90° 的纵波入射角称为第一临界角，用符号 α_I 表示。大于第一临界角，第二介质中不再有折射纵波，α_I 用下式求出：

$$\alpha_I = \sin^{-1} \frac{c_{L1}}{c_{L2}} \tag{1-30}$$

（2）第二临界角 当入射波为纵波，第二介质为固体，且 $c_{S2} > c_{L1}$ 时，横波折射角也大于入射角。当入射角增大至横波折射角为 90° 时，出现了第二个临界角度。我们称纵波入射且横波折射角大于纵波入射角时，使横波折射角达到 90° 的纵波入射角为第二临界角，用符号 α_{II} 表示。

$$\alpha_{II} = \sin^{-1} \frac{c_{L1}}{c_{S2}} \tag{1-31}$$

通常在超声检测中，临界角的主要应用是在第二介质为固体，而第一介质为固体或液体的情况。这种情况下，可利用入射角在第一临界角和第二临界角之间的范围，在固体中产生一定角度范围内的纯横波，对试件进行检测。如：利用有机玻璃斜楔制作斜探头使纵波倾斜入射至有机玻璃和钢的界面，在钢中产生一定角度的纯横波；或采用水浸法，使纵波以适当角度倾斜入射至水和钢的界面，在钢中产生折射横波。

（3）第三临界角 第三临界角，是在固体介质与另一种介质的界面上，用横波作为入射波时产生的。这种情况下，固体介质 1 中同时存在反射横波与反射纵波，其中横波反射角等于入射角，而纵波反射角大于入射角。当入射角增大到某一数值，将使纵波反射角为 90°。如此，定义第三临界角为横波入射时，使纵波反射角达到 90° 时的横波入射角，用 α_{III} 表示。

$$\alpha_{III} = \sin^{-1} \frac{c_{S1}}{c_{L1}} \tag{1-32}$$

横波入射角大于第三临界角时，反射波中只有横波，而不再有纵波。对于钢来说，$\alpha_{III} = 33.2°$，因此，横波斜入射至钢与其他介质的界面上的入射角大于 33.2° 时，则不再产生反射纵波。这对于横波斜入射检测是十分有利的，因为横波检测声束路径上常常要在试件的上下底面间经过一次或多次反射。

*4. 斜入射时的反射率与透射率

斜入射时反射波与透射波的声压关系较为复杂，无法用简单的公式来计算。不论入射角多大，产生的各种反射、折射波能量如何分配，各反射波能量和透射波能量之和是相同的，均等于入射声波的能量。斜入射的反射率和透射率与两种介质的声阻抗、入射波与反射波或折射波的声速、入射角等参数有关。

在超声检测中，关心的是斜入射的反射率和透射率随入射角度的变化，对脉冲反射法，更关心的是声压往返透过率随入射角度的变化。下面就超声检测中常遇到的情况，简单介绍几种相关的理论计算结果。

（1）纵波斜入射至水/铝界面时的声压往返透过率　图 1-24 是纵波斜入射至水/铝界面时的声压往返透过率。图中 T_{LL} 和 T_{LS} 代表铝中折射波为纵波和横波时的声压往返透过率，β_L 和 β_S 为纵波与横波的折射角，α 为水中纵波入射角。

图中可见，纵波入射角从 $0°$ 增加到 $13.56°$ 时，纵波的声压往返透过率由 30% 逐渐减小至 0，同时，横波声压往返透过率始终较小（约 10%）。入射角 $13.56°$ 为第一临界角，此时横波折射角约为 $29°$。继续增大入射角，折射纵波消失，折射横波迅速增强为接近 50%。纵波入射角为 $29.2°$ 时，横波折射角为 $90°$，达到第二临界角。在第一临界角与第二临界角之间，折射波中只有横波。大于第二临界角，则铝中没有折射波，水中纵波反射率为 100%。

上述为纵波由液体射入固体材料的典型例子。在水浸检测时，这种情况是常见的。有时，为了检测取向不平行于表面的缺陷，需要采用小角度纵波或横波进行检验。此时，就需要考虑折射波的能量大小与角度的关系。图 1-24 表明，在第一临界角以内，横波折射角在 $30°$ 以内，折射横波是很弱的，因此，需采用小角度检测时常采用折射纵波。需要采用较大角度检测时，则由于横波波型单一，折射波声压也较强，而采用横波检测。

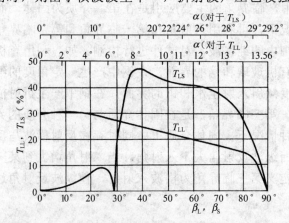

图1-24　纵波斜入射至水/铝界面时的声压往复透射率

（2）纵波斜入射至有机玻璃/钢界面时的声压往返透过率　在超声检测中常采用有机玻璃斜楔制作接触式斜探头，利用斜入射纵波在界面处的波型转换在钢中产生横波或小角度纵波。在这种情况下，更关心的是声波透过界面的声压往返透过率。图 1-25 为纵波斜入射至有机玻璃/钢界面时的声压往返透过率。可以看到，入射角在 0°～27.6° 之间，纵波往返透过率大于横波往返透过率；在第一临界角 27.6° 与第二临界角 57.8° 之间，也就是折射波为纯横波的角度范围内，横波往返透过率是比较高的，最大值约 30%。

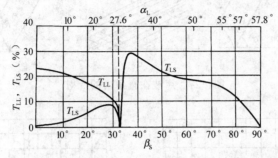

图1-25　纵波斜入射至有机玻璃/钢界面时的声压往返透过率

（3）纵波及横波斜入射至钢/空气界面时的情况　在接触法检测金属材料时，常遇到钢/空气界面的反射问题，如横波一次波检测时底面的反射。图 1-26 是纵波与横波在钢/空气界面斜入射的反射率。其中，R_{ll} 为纵波入射时的纵波反射率，R_{lt} 为纵波入射时横波的反射率，R_{tl} 为横波入射时纵波的反射率，R_{tt} 为横波入射时横波的反射率。图中横坐标 α_t 代表纵波入射时的横波反射角或横波入射时横波入射角和反射角，α_l 代表纵波入射时的纵波入射角和反射角或横波入射时纵波反射角。

从图中可以看出，反射率随角度的变化是非常剧烈的。值得注意的是，纵波入射角在 60°～70° 时，纵波反射率很低，而此时产生的反射角约 30° 的横波则具有较高的反射率。横波入射时，则在 30° 左右反射率最低，此时纵波反射率高于横波；横波入射角为 33° 以上时，反射纵波不再存在，横波反射率为 100%。

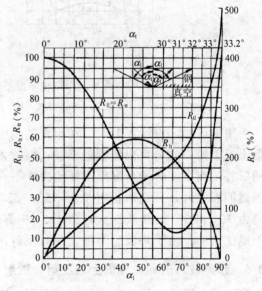

图1-26　纵波、横波在钢/空气界面斜入射的反射率

1.3.5　端角反射

在超声检测中，常遇到声波在两个相互垂直的平面构成的直角内的反射，如图 1-27 所示。超声束入射到直角内，若未发生波形转换，则声波被两个平面反射后仍平行于入射声束反射回来，如图 1-27a 和图 1-27b 所示。如此而言，反射声波应非常强烈。然而，对超声波来说，不可避免地会出现波形转换，如图 1-27c 所示，在两次反射时均可能分离出其他波型，这些转换后的波反射角不等于入射角，经两个直角面反射后不能与原方向平行而回到探头，从而带来能量损失。

将回波声压与入射声压之比作为端角反射率，理论计算得到的钢/空气界面端角反射率随入射角度的变化关系如图 1-28 所示。

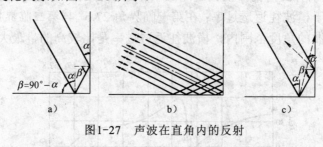

图1-27　声波在直角内的反射

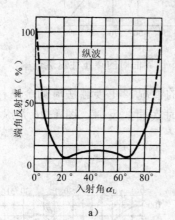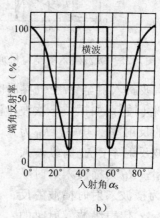

图1-28　钢中纵波与横波的端角反射率

a）纵波入射　b）横波入射

由图中可知，纵波入射时，在很大的角度范围内反射率均很低，这是因为纵波在两个面上反射时，均分离出较强的横波；横波入射时，在 30°和 60°附近，存在两个反射率的低谷，而中间一段角度范围（约为 35°～55°），反射率非常强。因此，在检测垂直于表面的裂纹时，应选用折射角为 35°～55°的横波探头，而避免选用纵波斜探头或折射角为 30°和 60°的横波探头。图 1-28 中靠近 0°和 90°的高反射率区域在实际检测中是不能使用的，由于声波的干涉，此时反射声压实际上很低。

1.3.6　超声波入射到曲界面上的反射、透射

前面所介绍的都是超声波入射到平面上的行为。当超声波入射到球面或圆柱面上时，与光入射到曲面上的情况相似，也会发生聚焦和发散等现象。而且，由于超声波在界面上会发生波型转换，情况比光学中还要复杂。但为了简化问题，在本节中暂不考虑波型转换的存在。超声波在遇到曲面时的发散与聚焦，与入射声波的波形，曲面两侧的声速比等因素有关，存在多种可能性。下面就超声检测中常遇到的情况，作简单的介绍。

1.　平面波入射到曲界面上的反射

平面波入射到曲界面上时的情况如图 1-29 所示。平面波束与曲面上各入射点的法线成不同的夹角：入射角为 0 的声线沿原方向返回，称为声轴；其余声线的反射则随着距声轴距离的增大，反射角逐渐增大。当曲面是球面时，反射线汇聚于一个焦点上；反射

面为圆柱面时，反射线汇聚于一条焦线上。此时，焦距 F 为：

$$F = \frac{r}{2} \qquad\qquad (1-33)$$

式中　r —— 曲面的曲率半径。

如图 1-29 所示，当曲面为凹面时，反射波发生聚焦，焦点为实焦点；曲面为凸面时，反射波则向四周发散，焦点为发散声束的反向汇聚点，为虚焦点。

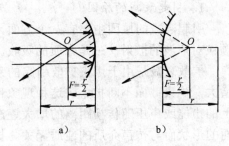

图1-29　平面波入射至曲面时的反射
a) 聚焦　b) 发散

2. 平面波在曲面上的折射

平面波入射到曲面上时，其折射波也将发生聚焦或发散，如图 1-30 所示。这时折射波的聚焦或发散不仅与曲面的凹凸有关，而且与界面两侧介质的声速有关，对于凹面，$c_1 < c_2$ 时聚焦，$c_1 > c_2$ 时发散；对于凸面，$c_1 > c_2$ 时聚焦，$c_1 < c_2$ 时发散。

折射后聚焦的焦距 F 为：

$$F = \frac{r}{1 - \dfrac{c_2}{c_1}} \qquad\qquad (1-34)$$

此式是设计水浸聚焦探头声透镜的依据。取 c_1 为透镜材料的声速，c_2 为水的声速，则可利用上式求出所需焦距对应的透镜曲率半径。

由图 1-30d 可以得知，当超声波由水中入射到钢圆棒中时，棒中声束会发散，从而使能量不集中，检测能力降低。因此棒材检测多采用适当焦距的聚焦探头，以减少透射声波的发散程度。

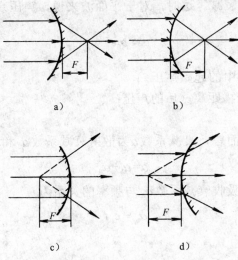

图1-30　平面波在曲面上的折射
a) $c_1 < c_2$　b) $c_1 > c_2$　c) $c_1 > c_2$　d) $c_1 < c_2$

1.3.7 超声波的传播衰减

超声波的传播衰减指的是超声波在通过材料传播时，声压或声能随距离的增大逐渐减小的现象。

1. 引起衰减的原因

引起衰减的原因主要有三个方面，一是声束的扩散；二是材料中的晶粒或其他微小颗粒对声波的散射；三是介质的吸收。

扩散衰减是由于声束扩散引起的衰减。在一些特定波形的声场中，随着传播距离的增大，声束截面不断扩大，这种现象称为声束扩散。由于声束截面的增大，使单位面积上的声能或声压随传播距离的增大逐渐减弱，这就是扩散衰减。扩散衰减仅取决于波阵面的形状而与传声介质的性质无关。扩散衰减的规律可用声场的规律来描述。如：在远离声源的声场中，球面波的声压与至声源的距离成反比，柱面波的声压则与距声源距离的平方根成反比。平面波声压不随距离变化，不存在扩散衰减。

散射衰减是超声波在传播过程中，由于材料的不均匀性造成多处声阻抗不同的微小界面引起声的散射，从而造成的声压或声能减弱。这种不均匀性可能是多晶材料的晶界、不同相成分的界面、外来杂质等。被散射的超声波在介质中沿着复杂的路径传播下去，一部分可能最终变为热能，另一部分也可能最终传播到探头，形成显示屏上的草状回波（或称噪声）。典型的是粗晶金属材料，一方面是声能衰减造成回波信号降低，另一方面是散射噪声的增加，从而使检测信噪比严重下降。

吸收衰减的发生，一方面是超声波在介质中传播时，由于介质的粘滞性造成质点之间的内摩擦，从而使一部分声能转变成热能；另一方面是由于介质的热传导，介质的稠密部分和稀疏部分之间进行热交换，从而导致声能的损耗。

2. 衰减的规律和衰减系数

在超声检测实际工作中，谈到超声波在材料中的衰减时，通常关心的是散射衰减和吸收衰减，而不包括扩散衰减。这时，对于平面波来说，声压衰减规律可用下式表示：

$$p = p_0 e^{-\alpha x} \tag{1-35}$$

式中　p_0 —— 入射到材料中的起始声压；

　　　p —— 在材料中传播距离 x 后的声压；

　　　α —— 衰减系数。

对于金属等固体介质而言，衰减系数 α 为散射衰减系数 α_s 和吸收衰减系数 α_a 之和：

$$\alpha = \alpha_s + \alpha_a$$

根据理论研究结果，吸收衰减系数 α_a 与频率的关系为

$$\alpha_a = c_1 f \tag{1-36}$$

式中　f —— 超声波频率；

　　　c_1 —— 常数。

散射衰减系数 α_s 按照介质的晶粒直径 d 和波长 λ 之间的关系，分为三种情况：

$d<<\lambda$时，$\qquad\qquad\qquad\qquad \alpha_s=c_2Fd^3f^4 \qquad\qquad\qquad\qquad$ （1-37a）

$d\approx\lambda$时，$\qquad\qquad\qquad\qquad \alpha_s=c_3Fdf^2 \qquad\qquad\qquad\qquad$ （1-37b）

$d>>\lambda$时，$\qquad\qquad\qquad\qquad \alpha_s=c_4F\dfrac{1}{d} \qquad\qquad\qquad\qquad$ （1-37c）

式中　c_2、c_3、c_4——常数；

$\qquad$ F——各向异性系数。

上述各式表明，介质中超声波的衰减与超声波的频率关系密切，通常情况下，衰减随频率的增高而增大。另一方面，由于晶粒直径大多小于超声波的波长，散射衰减随材料晶粒直径的增大而增大，这是粗晶材料衰减大的原因。因此，通常情况下，为了增大声波在材料中的穿透能力，应选用频率较低的探头。同时，为了避免高衰减与高噪声，可尽量选择零件制造过程中晶粒较细的热处理状态进行超声波检验。

超声波在液体介质中的衰减主要来源于吸收衰减。衰减系数α有如下关系式：

$$\alpha=\dfrac{8\pi^2f^2\eta}{3\rho c^3} \qquad\qquad\qquad（1-38）$$

式中　η——介质的粘滞系数；

$\qquad$ ρ——介质的密度；

$\qquad$ c——介质中的声速。

由上式可知，频率高时，超声波在液体中的衰减会明显增大，液体的粘滞系数较大时，衰减也会增加。在采用液浸检测技术进行高频超声检测（10MHz以上）时，特别要注意衰减的问题，有时在液体中传播距离较远时，会使探头频谱中高频成分大大衰减，而使声波的中心频率降低。

3. 衰减系数的表达方式

将式（1-35）取对数可转换为以下关系式：

$$\alpha=\dfrac{1}{x}\ln\dfrac{p_0}{p}$$

此时，α的单位为Np/mm（奈培/毫米）。

在超声检测中，直接可测量的量是两个声压比值的分贝数。因此，实用上常采用dB/mm（分贝/毫米）为单位的衰减系数：

$$\alpha=\dfrac{1}{x}20\lg\dfrac{p_0}{p}=\dfrac{1}{x}20\lg e\ln\dfrac{p_0}{p}=8.68\dfrac{1}{x}\ln\dfrac{p_0}{p} \quad（\text{dB/mm}）$$

因此，1Np/mm=8.68 dB/mm。需注意的是，将测得的以 dB/mm 为单位的衰减系数代入式（1-35）中计算时，应换算为 Np/mm 为单位的值。

衰减系数可通过超声波穿过一定厚度（Δx）材料后声压衰减的分贝数进行测量，将衰减量（ΔdB）除以厚度即为衰减系数α。在用衰减系数α计算超声波穿过一定厚度的声压衰减量时，可直接将衰减系数与超声波通过距离相乘得到衰减的分贝数，即：

$$\Delta\text{dB}=\alpha\Delta x$$

1.4　声　场

　　超声检测时的声源通常是有限尺寸的探头晶片，晶片发射的声波形成一个沿有限范围向一定方向传播的超声束。研究声场，了解声压在空间的分布规律，对于探头的正确选用，检测技术的正确实施，以及检测结果的正确评定都是十分重要的。本节首先就超声检测应用中最常用的圆形晶片（圆盘声源）声场进行讨论，之后，再介绍横波斜探头的声场和聚焦声场。

1.4.1　圆盘声源的声场

　　圆盘声源，也就是最常见的圆形晶片，是研究声源最典型的一个例子。理想的圆盘声源是指圆形平面的声振动源，当它沿平面法线方向振动时，其面上各点的振动速度的幅值和相位都是相同的，发射的波为活塞波。

　　如果仅以直线传播的方式来看待圆盘声源发射的波，似乎声场应是与圆盘面积相等向前直线传播的一个圆柱形直声束，但是，由于声源尺寸有限，必然在其边缘发生衍射效应使声束向周围空间扩散，形成一个随距离增大面积不断扩大的一个扩散声束。另一方面，声源又是有一定尺寸的，声源上各点发出的声波相互干涉又使得声压的空间分布不是随距离单调变化的。因此，对圆盘声源声场中声压分布的描述非常复杂。

　　从圆盘声源的对称性来分析,通过圆盘中心且垂直于盘面的直线应是声场的对称轴，称为圆盘声源轴线。讨论圆盘声源的声场将从声压沿轴线的分布，以及声束扩散的特性着手。

　　1. 圆盘声源轴线上的声压分布

　　根据叠加原理，圆盘声源轴线上任何一点处的声压等于声源上各点辐射的声压在该点的叠加。如果声源发出的波为连续简谐波，并假定介质为无衰减的液体介质，则可推出声源轴上的声压幅度分布符合下列表达式：

$$p = 2p_0 \sin\left[\frac{\pi}{\lambda}\left(\sqrt{\frac{D^2}{4} + x^2} - x\right)\right] \tag{1-39}$$

式中　p_0 —— 声源的起始声压；

　　　D —— 圆盘声源的直径；

　　　λ —— 传声介质中声波的波长

　　　x —— 圆盘声源轴线上某一点距声源的距离。

　　由上式可绘制出圆盘声源轴线上的声压分布曲线，如图 1-31 所示。可以看到，图中曲线有一个特征点 N，它代表的距离，是声源轴线上最后一个声压极大值点距声源的距离，称为近场长度。

　　声场中距离小于 N 的区域称为近场区，又称菲涅尔区，声束扩散不明显，但由于干涉的作用声压与距离的关系较复杂，存在多个极大值点与极小值点；大于近场长度的声场区称为远场区，又称夫琅和费区，声束以一定的角度扩散，声压随距离的增大单调下降。在远场区，由于声压以一定规律单调下降，可以将超声反射波的幅度与反射体的尺寸相关联。因此，只要可能，应尽量使用远场区进行缺陷的评定。

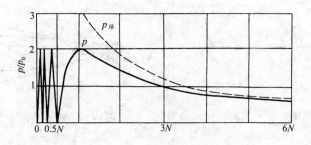

图1-31　圆盘声源声轴上的声压分布

由式（1-39），经数学推导，可以得到最后一个声压极大值点的表达式：

$$N = \frac{D^2}{4\lambda} - \frac{\lambda}{4}$$

当 $D \gg \lambda$ 时，$\lambda/4$ 可以忽略，因而得到近场长度的简化计算公式，用于实际工作中近场长度的计算：

$$N = \frac{D^2}{4\lambda} \qquad (1-40)$$

由上式可知，近场长度与声源的面积成正比，与波长成反比。

再看图中远场区部分的特点，图中虚线为球面波声压随距离的变化曲线，可以看出，距离大于 $3N$ 以后，圆盘声源声轴上的声压变化与球面波的曲线非常接近。这一结论也可通过式（1-39）导出。

当 $x > D$ 时，式（1-39）可简化为：

$$p = 2p_0 \sin(\frac{\pi}{2} \frac{D^2}{4\lambda x})$$

当 $4\lambda x/D^2 > 3$，也就是 $x > 3N$ 时，有 $\sin(\frac{\pi}{2} \frac{D^2}{4\lambda x}) \approx \frac{\pi}{2} \frac{D^2}{4\lambda x}$，上述表达式可简化为：

$$p = 2p_0 \frac{\pi}{2} \frac{D^2}{4\lambda x} = p_0 \frac{\pi D^2}{4\lambda x} = p_0 \frac{S}{\lambda x} \qquad (1-41)$$

式中　S —— 圆盘声源的面积。

声压与距声源的距离成反比，正是球面波的声压变化规律。

2. 指向性与扩散角

现在，考虑声束在空间扩散的规律。同样根据叠加原理，可将在空间中距声源有一定距离的任一点的声压，看作是声源上各点的辐射声压的叠加（见图 1-32），得到的声场内的声压分布可以形象地用图 1-33 来说明。

超声场中超声波的能量主要集中于以声轴为中心的某一角度范围内，这一范围称为主声束。这种声束集中向一个方向辐射的性质叫做声场的指向性。在主声束角度范围以外，还存在一些能量很低的、只存在于声源附近的副瓣声束。

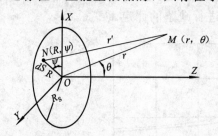

图1-32　圆盘声源远场中任一点的声压推导图

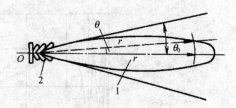

图1-33　圆盘声源声场指向性示意图
1—主声束　2—副瓣声束

主声束所包含的角度范围可由计算得到的距声源充分远处的声压分布进行分析。

设 R_s 为圆形声源的半径，r 为空间任一点到声源中心的距离，θ 为空间任一点与声源中心的连线与声源轴线的夹角。

当满足条件 $r > 3R_s/\lambda$，也就是 $r > 3N$ 时，可得声压幅值的表达式：

$$p(r,\ \theta) = \frac{p_0 S}{\lambda r}\left[\frac{2J_1(kR_s\sin\theta)}{kR_s\sin\theta}\right] \tag{1-42}$$

式中　J_1——第一类第一阶贝塞尔函数；

S——声源面积。

根据上式，距声源充分远处的任一横截面上，以声源轴线上的声压为最高。这是超声检测中对缺陷定位的依据。同时，存在偏离轴线的若干个角度 θ，声压的幅值为零。将远场中第一个声压为零的角度，称为指向角或半扩散角，以 θ_0 表示，可得：

$$\sin\theta_0 = 1.22\frac{\lambda}{D} \tag{1-43}$$

指向角是代表主声束范围的角度，反映了声束的定向集中程度，也反映了声束随距离扩散的快慢。指向角越大，则声束指向性越差，声束扩散越快。由式（1-43）可明显看出，声源的直径越大，波长越短，则声束指向角越小，指向性越好。

当 $\lambda \ll D$ 时，式（1-43）可简化为：

$$\theta_0 \approx 1.22\frac{\lambda}{D}(\text{rad}) \approx 70\frac{\lambda}{D}(°) \tag{1-44}$$

上式中 1.22 这个系数对应的是理论上的声压为零的角度。对于声压相对于声轴上的声压为-20 分贝的点（峰值的 10%）该系数为 1.08；对于-10 分贝点（峰值的 32%）该系数为 0.88；对于-6 分贝点（峰值的 50%）该系数为 0.7。

由于超声能量集中于主声束，对于圆形晶片，可以认为在距声源一定距离内，超声能量未逸出以晶片直径所约束的范围，声束直径小于晶片直径。这一距离之内就称为非扩散区，如图 1-34 所示。非扩散区之外，则称为扩散区。按几何关系，可得到非扩散区长度 b 为：

$$b \approx 1.64N \tag{1-45}$$

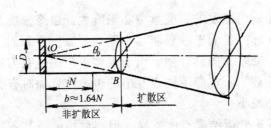

图1-34　圆盘声源非扩散区示意图

3. 横截面上的声压分布

图 1-35 是圆盘声源近场和远场中横截面上声压分布的典型情况。从中可以看到，距声源不同距离处横截面上的声压分布是不同的。在 N 点以内的近场区，存在中心轴上声压为 0 的截面，这时，声压最大值位于偏离轴线的某一角度上。因此，在检测近场区的缺陷时，有时幅度最大时缺陷并不在探头的正下方。在远场区内，则中心轴上的声压总是最高的。

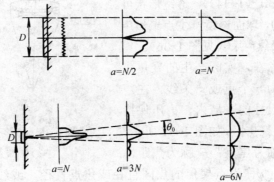

图1-35　圆盘声源近场和远场中横截面上声压分布

*4. 实际声源的声场

上面所讨论的所有声场特性，都是在简化条件下进行理论计算得出的结果，使人们能够认识掌握超声探头所发射的声场的变化规律。但是，实际检测中的声源条件和介质条件与假定条件是不同的，理论计算时假定声源是均匀、连续激发的，而实际探头多是非均匀激发的脉冲波源；理论计算时假定介质是液体介质，实际检测对象多为固体介质。

人们对实际声场的研究结果，认为实际声场与简化计算结果的差别主要在于近场区的声压分布。理论计算结果，近场区声压变化剧烈，可有多处极大值和极小值。而实际声场近场区声压分布比较均匀，幅度变化小，极值点的数量也明显减少。

造成这种差异的原因主要有以下几方面：

（1）近场区声压的极值点主要是由干涉造成的。由于实际声场是脉冲波，持续时间很短，声源上各点发出的脉冲波不一定能同时到达声场中的某一点，使得该点不产生干涉或产生不完全的干涉。

（2）脉冲波可看作是由多个不同频率的简谐波组成，每种频率的波在空间中的干涉形成不同的极值点，相互叠加后使总声压趋于均匀。

（3）实际声源是非均匀激发的，圆盘中心幅度大，边缘幅度小。由于干涉主要受声源边缘的影响，使得实际产生的干涉要明显小于均匀激发声源的干涉。

（4）实际检测的介质多为固体介质。由于固体中声压是有方向性的，不能按液体中声压叠加方式进行线性叠加，声源不同点发出的声波在叠加时有些成分因方向相反而抵消，使干涉后声压变化减小。

尽管实际声场与理论分析结果有所差异，但在远场区是基本符合的。因此，可以应用理论推导得出的结果，进行实际检测中的近似计算。

*1.4.2 聚焦声源的声场

由上一节的分析可以看到,圆形晶片发射的声束总是具有一定直径并随距离扩散的。为了进一步提高检测灵敏度，人们仿照光学中的聚焦技术，使声束汇聚，以得到局部的高能声束。

实现聚焦声束最常用的方法是利用声透镜（原理参考图 1-30b 及式（1-34））。透镜形状可以是球面的或圆柱面的，球面透镜产生点聚焦声束，柱面透镜产生线聚焦声束（见图 1-36）。

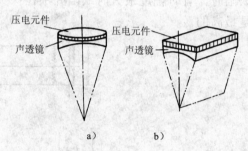

图1-36 点聚焦与线聚焦示意图
a）点聚焦 b）线聚焦

由于干涉现象的存在，实际产生的聚焦声束并不是严格地汇聚为一个点或一条线，在声压最大值处附近一定尺寸的区域内，声压保持一定的幅度,形成一个聚焦区，如图 1-37 所示。其中，声压最大值点称为焦点；F 称为焦距，是焦点距声源的距离；ϕ 称为点聚焦的焦区直径或焦点直径，或线聚焦的焦区宽度，是焦点处横截面上声压保持为最大声压的一定比例之上的声束宽度范围；L 称为焦区长度，是声轴上焦点附近声压保持为最大声压的一定比例之上的声束长度范围。

利用透镜制作水浸聚焦探头时，水中焦距 F 可表示为：

$$F = \frac{R}{1 - \dfrac{c_{水}}{c_{透}}} \tag{1-46}$$

式中　R ——透镜的曲率半径；

　　$c_{水}$ ——水中声速；

　　$c_{透}$ ——透镜中声速。

当 L 和 ϕ 分别表示焦点附近声压与焦点处声压之比不小于-6dB 的声束范围时，则可得到下列两式：

$$L = L_{-6dB} \approx 4\lambda \left(\frac{F}{D}\right)^2 \tag{1-47}$$

$$\phi = \phi_{-6dB} \approx \lambda \frac{F}{D} \tag{1-48}$$

式中　D ——晶片直径。

L 和 ϕ 反映了聚焦探头聚焦区的大小，是可利用的主要声束范围。在该范围中，检测灵敏度和信噪比均可明显高于非聚焦探头，但在该范围之外，检测灵敏度下降很快，检测效果甚至可能不如非聚焦探头。

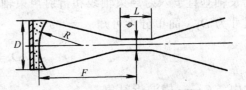

图1-37　水浸点聚焦探头声束参数示意图

聚焦声场轴线上的声压分布可以反映出聚焦探头的聚焦效果。当焦距大于声源直径时，对于距声源充分远的声场区域，轴线上的声压 p 可近似以下式给出：

$$p = \dfrac{2p_0 \sin\left[\dfrac{\pi}{2} \cdot B \cdot \dfrac{F}{x}\left(1-\dfrac{x}{F}\right)\right]}{1-\dfrac{x}{F}} \tag{1-49}$$

式中　x——声源轴线上某点距声源的距离；

　　　F——焦距；

　　　B——参数 $B=N/F$，N 为近场长度。

当 $x=F$ 时，也就是在焦点位置，

$$p=p_0\pi B \tag{1-50}$$

上式表明，如果不考虑透镜带来的声能损失，焦点的声压相对于初始声压以大约 $3N/F$ 的倍数增长。图 1-38 是计算得到的焦点附近声源轴线上的声压分布。从中可以看出 B 值对聚焦效果影响很大，B 值大时，焦点处声压提高的倍数大，焦区短；B 值小时，焦点处声压提高的倍数小，焦区长。要达到声能在焦点附近明显集中，B 值至少为 3～4。因此，为了制作长焦距的探头，要求近场长度也应足够大，因而，必须加大探头晶片的直径。

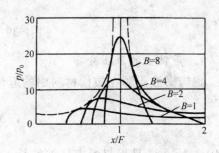

图1-38　聚焦声源轴线上的声压分布图

*1.4.3　斜探头发射的横波声场

本节讨论的是斜探头中晶片所发射的纵波倾斜入射到斜楔与试件的界面上，进而在试件中形成的折射横波声场。由于界面上声束的折射，斜楔内原纵波声源的轴线折射后不再垂直于声源平面，因此，无法再以声源轴线作为声束中心线。在此，引入声束轴线的概念，定义声束轴线为远场中声压极大值点的连线。在实际探头中，由于晶片和探头制作工艺控制的偏差，声束轴线和探头的几何轴线可能是不重合的。

为了了解斜射横波检测时，试件中横波声场的情况，常将直径为 D 的实际纵波声源转换为声束轴线与被检试件中折射横波的声束轴线重合、发射的声束全部在被检材料中传播的虚构横波声源，如图 1-39 所示。从几何投影关系可知，虚构的横波源是一个椭圆，

其长轴垂直于入射声束轴线和折射声束轴线构成的平面,尺寸为 D,短轴在上述平面内,尺寸为 D_1。简单分析可知:

$$D_1 = D \frac{\cos \beta}{\cos \alpha} \qquad (1-51)$$

式中　β —— 横波折射角;

　　　α —— 纵波入射角。

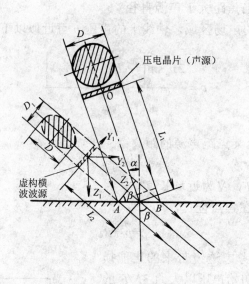

图1-39　斜探头横波声场分析

1. 声轴上的声压分布

虚构横波声源在被检材料中的近场长度 N_t 可近似表示为:

$$N_t = \frac{D^2}{4\lambda_{t2}} \frac{\cos \beta}{\cos \alpha} \qquad (1-52)$$

式中　λ_{t2} —— 被检材料中横波波长。

实际应用中,所关心的是除去斜楔中所传播的距离以外的试件中的声场部分。设实际纵波声源在斜楔中声程为 L_1,近场长度为 $N = \frac{D^2}{4\lambda_1}$($\lambda_1$ 为斜楔中的波长),折算为虚构横波声源在斜楔中的声程为 L_2,则有

$$\frac{L_1}{N} = \frac{L_2}{N_t} \quad 即 \quad \frac{L_2}{L_1} = \frac{\lambda_1}{\lambda_{t2}} \frac{\cos \beta}{\cos \alpha}$$

而根据折射定律,又有 $\dfrac{\lambda_1}{\lambda_{t2}} = \dfrac{\sin \alpha}{\sin \beta}$,因此,

$$L_2 = L_1 \frac{\tan \alpha}{\tan \beta} \qquad (1-53)$$

由此可得,斜探头在试件中的部分近场长度为

$$N'_t = N_t - L_2 = \frac{D^2}{4\lambda_{t2}} \frac{\cos\beta}{\cos\alpha} - L_1 \frac{\tan\alpha}{\tan\beta} \qquad （1-54）$$

斜探头横波声场的计算较为复杂，将纵波声场公式，经坐标变换与波长和声速折算，可近似得到横波声场远场中声轴上的声压分布：

$$p = \frac{KD^2}{\lambda_{t2}x} \frac{\cos\beta}{\cos\alpha} \qquad （1-55）$$

式中 　x —— 声轴上任一点距虚拟横波声源的距离；

　　 K —— 与斜楔的弹性性能、声阻抗、超声频率、声源激发强度以及超声波透过界面时的透射率有关的常数。

可以看出，横波声场声轴上的声压分布规律与纵波声场是相似的。

2. 指向性

由入射纵波经折射产生的横波声场，与纵波声场的指向性具有相似性，但又有所不同。在图 1-36 所示的 XZ_2 平面内，声束对称于轴线，指向角 θ_0 为：

$$\theta_0 = \arcsin(1.22\frac{\lambda_{t2}}{D}) \quad （rad） \qquad （1-56）$$

在 Y_1Z_1 平面内，声束不再对称于轴线，如图 1-40 所示，上指向角 θ_2 大于下指向角 θ_1。θ_1 和 θ_2 可用以下各式求得：

$$\theta_1 = \beta - \beta_1 \qquad （1-57）$$

$$\theta_2 = \beta_2 - \beta \qquad （1-58）$$

$$\sin\beta_1 = \sin\beta\sqrt{1-(\frac{1.22\lambda_1}{D})^2} - \frac{1.22\lambda_1 c_{t2}}{Dc_1}\cos\alpha \qquad （1-59）$$

$$\sin\beta_2 = \sin\beta\sqrt{1-(\frac{1.22\lambda_1}{D})^2} + \frac{1.22\lambda_1 c_{t2}}{Dc_1}\cos\alpha \qquad （1-60）$$

式中 　λ_1 —— 斜楔中纵波波长；

　　 c_1 —— 斜楔中纵波声速。

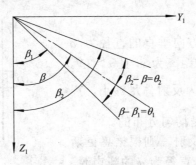

图1-40　横波声束的指向性

1.5 规则反射体回波声压

超声检测用于发现材料中缺陷的最常用的技术是脉冲反射法，是根据接收到的反射波的位置、幅度等信息判断材料内部存在缺陷的情况。因此，研究声场中存在反射界面时反射波的声压对于缺陷的检出和缺陷的评价是十分重要的。前面已经在界面尺寸为无限大的前提下，讨论了声波在异质界面上的反射、折射方向与能量分配，涉及的主要是界面两侧介质特性对声波的影响。下面结合圆盘声源声场规律，讨论在圆盘声场远场中，假设介质衰减可以忽略且界面声压反射率为 1 时，不同形状反射体反射声压的变化规律。

由于实际缺陷形状是各种各样的，甚至可能是不规则的，在进行理论分析时，采用几种简化的规则形状模型来进行计算。有些形状可在试样上人工制作，从而可作为人工模拟反射体，用于仪器的调整和缺陷的评价。本节要讨论的规则形状反射体包括大平面、圆形或方形平面、球形反射体和圆柱形反射体。

1.5.1 规则反射体回波声压简化公式

1. 大平面

大平面又常称为大平底，指的是垂直于声波前进方向、面积远远大于该处超声场截面积的平底反射体。在超声检测中，与入射面相对的试件的另一个平行表面就是一个典型的大平面。

若大平面距声源的距离为 x，则超声束在大平面上完全反射后向相反方向传播，回到探头时的回波声压就相当于距声源的距离为 $2x$ 处的入射声压。如图 1-41 所示。当 $x>3N$ 时，按远场中的声压公式：

图1-41 大平底的回波

$$p = p_0 \frac{\pi D^2}{4\lambda x} = p_0 \frac{S}{\lambda x}$$

则大平底的回波声压 p 为：

$$p = p_0 \frac{\pi D^2}{4\lambda x} \cdot \frac{1}{2} = p_0 \frac{S}{2\lambda x} \tag{1-61}$$

上式表明，大平底的回波声压与距声源的距离成反比。

2. 圆形平面和方形平面

假设有一个与声波前进方向垂直的直径为 d 的圆形平面反射体，距声源的距离为 x，且 $x>3N$。直径 d 满足 $d<\dfrac{0.4\lambda x}{D}$ 时，认为反射体足够小，声压在反射体面积上可以看作是均匀分布的。

假设超声波在平面上全反射，则根据惠更斯原理，可把反射体看作是一个直径为 d 的新声源，

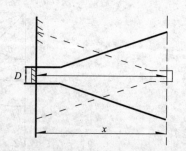

图1-42 圆形平面反射体对超声波的反射

新声源的起始声压等于声源发出的声波到达反射面处的声压：

$$p = p_0 \frac{\pi D^2}{4\lambda x} = p_0 \frac{S}{\lambda x}$$

那么，到达声源的回波声压 p 为：

$$p = p_0 \frac{\pi D^2}{4\lambda x} \frac{\pi d^2}{4\lambda x} = p_0 \frac{SS'}{\lambda^2 x^2} \tag{1-62}$$

式中　S —— 声源的面积；

　　　S' —— 圆形平面反射体的面积。

因此，圆形平面反射体的回波声压与其面积成正比，与距声源距离的平方成反比。此式对方形平面反射体也适用。

圆形平面反射体是超声检测中最具代表性的反射体。实际检测中，通常在试块底面加工平底圆孔，称为平底孔。平底孔的孔底即为圆形平面反射体的反射面。由于反射声压与平底孔直径的平方存在正比关系，而声压与超声检测仪屏幕上的回波幅度成正比，因此，不同直径的平底孔其反射回波幅度有固定的关系。在评价缺陷的大小时，通过与已知尺寸平底孔回波幅度进行比较，可以计算与缺陷反射幅度相等的平底孔的直径，作为缺陷大小的评估指标，称为缺陷的平底孔当量，此时认为缺陷面积相当于相应直径平底孔的面积。

3. 圆柱形反射体

这里考虑圆柱形反射体的反射声压，是指超声波垂直入射到圆柱侧面时的小直径圆柱形反射体的反射声压。在实际应用中，在试块中制作轴线平行于入射面的人工钻孔，用侧面做反射体，称为横孔。根据横孔的长度与入射声束截面尺寸的关系，横孔分为长横孔和短横孔。

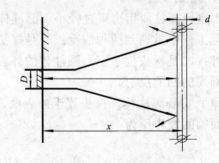

图1-43　长横孔的反射

（1）长横孔　长度大于入射声束截面尺寸的横孔称为长横孔。如图 1-43 所示。当距声源的距离 $x > 3N$、直径 $d < \dfrac{0.4\lambda x}{D}$ 时，长横孔的反射回波声压近似地以下式表示：

$$p = p_0 \frac{\pi D^2}{4\lambda x} \sqrt{\frac{d}{8x}} = p_0 \frac{S}{\lambda x} \sqrt{\frac{d}{8x}} \tag{1-63}$$

（2）短横孔　长度小于入射声束截面尺寸的横孔称为短横孔。如图 1-44 所示。

当距声源的距离 $x > 3N$、直径 $d < \dfrac{0.4\lambda x}{D}$ 时，短横孔的反射回波声压近似为：

$$p = p_0 \frac{\pi D^2}{4\lambda x} \frac{1}{2x} \sqrt{\frac{d}{\lambda}} = p_0 \frac{Sl}{2\lambda x^2} \sqrt{\frac{d}{\lambda}} \tag{1-64}$$

式中　d —— 横孔孔径；

l —— 横孔长度。

4. 球形反射体

这里的球形反射体，也是指球的直径 $d < \dfrac{0.4\lambda x}{D}$ 的小尺寸反射体。超声波入射到球面上时，会向各个方向反射，因此，回到声源处的回波很少，如图 1-45 所示。

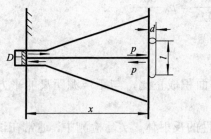　　　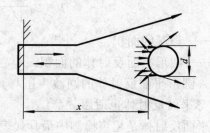

图1-44　短横孔的反射　　　　　　图1-45　球形反射体的反射

在远场（$x > 3N$）中，回波声压可近似地用下式计算：

$$p = p_0 \frac{\pi D^2}{4\lambda x} \frac{d}{4x} = p_0 \frac{Sd}{4\lambda x^2} \tag{1-65}$$

5. 大直径圆柱面

大直径圆柱面指声束直径小于圆柱体直径，且声束沿径向入射到圆柱面时的反射面。在实际工作中常遇到两种情况：一是探头置于实心圆柱体外表面时，来自圆柱体凹底面的回波；二是探头位于空心圆柱体的外表面或内表面时，来自于内孔的凸面反射和来自于外圆周的凹面反射。

（1）实心圆柱体　探头置于外表面，声束沿径向入射时，若圆柱体直径 $\phi > 3N$，则凹曲面的回波声压为：

$$p = p_0 \frac{S}{2\lambda\phi} \tag{1-66}$$

将此式与式（1-61）进行比较，可以发现，实心圆柱体底面回波声压公式与大平底回波声压公式恰好相同。

（2）空心圆柱体　如图 1-46 所示，直探头沿径向检测大直径空心圆柱体有两种可能，即探头置于外圆周或置于内壁。

当探头置于外圆周，且圆柱体壁厚 $x > 3N$，则圆柱体内壁的反射声压为：

$$p = p_0 \frac{S}{2\lambda x} \sqrt{\frac{d}{D}} \tag{1-67}$$

式中　d —— 空心圆柱体内径；

$\quad\quad D$ —— 空心圆柱体外径；

$\quad\quad S$ —— 声源的面积。

当探头置于圆柱体内壁，则圆柱体外壁的反射回波声压为：

$$p = p_0 \frac{S}{2\lambda x} \sqrt{\frac{D}{d}}$$

（1-68）

比较上述公式，可以看出：探头置于外壁时，底面回波声压小于大平底反射声压，因声波入射至凸面使反射声波发散；探头置于内壁时，底面回波声压大于大平底反射声压，因声波入射至凹面使反射声波汇聚。

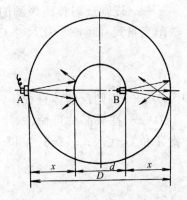

图1-46　空心圆柱体的反射

1.5.2　AVG 曲线

所谓 AVG 曲线，是描述规则反射体距声源的距离（A）、回波高度（V）、当量尺寸（G）三者之间关系的曲线。A、V、G 是德文距离、增益和大小三词的字头。英文中称 AVG 曲线为 DGS 曲线。利用 AVG 曲线，可以进行缺陷当量的评定。

AVG 曲线有多种类型。有纵波 AVG 曲线和横波 AVG 曲线，平底孔 AVG 曲线和横孔 AVG 曲线，通用 AVG 曲线和实用 AVG 曲线等。下面重点介绍纵波平底孔 AVG 曲线的制作。

1. 通用 AVG 曲线及其制作

通用 AVG 曲线对规则反射体距声源的距离和缺陷的当量尺寸进行了归一化，从而能够适用于不同规格的探头。

通用 AVG 曲线制作的理论依据是圆盘声源轴线上远场（$x > 3N$）中的声压公式，和规则反射体反射回波的声压公式。

在 $x > 3N$ 的远场区，设平底孔直径为 D_f，则：

大平底的回波声压：$p_B = p_0 \dfrac{\pi D^2}{4\lambda x} \dfrac{1}{2}$

平底孔的回波声压：$p_f = p_0 \dfrac{\pi D^2}{4\lambda x} \dfrac{\pi D_f^2}{4\lambda x}$

对于 A 型脉冲反射式检测仪，荧光屏上的波高与声压成正比，则有

大平底：

$$\frac{H_B}{H_0} = \frac{p_B}{p_0} = \frac{\pi D^2}{4\lambda x} \frac{1}{2}$$

（1-69）

平底孔：

$$\frac{H_f}{H_0} = \frac{p_f}{p_0} = \frac{\pi D^2}{4\lambda x} \frac{\pi D_f^2}{4\lambda x}$$

（1-70）

式中　H_B ——大平底的回波高度；

　　　H_f ——平底孔的回波高度；

　　　H_0 ——声源初始声压 p_0 所对应的波高。

将距离 x 用归一化距离 A 表示：

$$A = \frac{x}{N} = \frac{4\lambda x}{D^2} \qquad (1\text{-}71)$$

式中　N——近场长度，$N = \frac{D^2}{4\lambda}$；

　　　　x——规则反射体距声源的距离。

缺陷当量尺寸用归一化尺寸 G 表示，即：

$$G = \frac{D_f}{D} \qquad (1\text{-}72)$$

式中　D_f——规则反射体直径；

　　　　D——探头晶片直径。

将 A 和 G 代入式（1-69）和（1-70），则可得到：

$$\frac{H_B}{H_0} = \frac{\pi}{2A} \qquad (1\text{-}73)$$

$$\frac{H_f}{H_0} = \frac{\pi^2 G^2}{A^2} \qquad (1\text{-}74)$$

用分贝 dB 表示相对波高，则有：

$$V_1 = 20\lg \frac{H_B}{H_0} = 20\lg \frac{\pi}{2} - 20\lg A \qquad (1\text{-}75)$$

$$V_2 = 20\lg \frac{H_f}{H_0} = 40\lg \frac{\pi G}{A} = 40\lg \pi + 40\lg G - 40\lg A \qquad (1\text{-}76)$$

式中　V_1——大平底回波高度与初始波高度的 dB 差；

　　　　V_2——平底孔回波高度与初始波高度的 dB 差。

用横坐标表示归一化距离 A，用纵坐标表示相对波高 V_1，由式（1-75）就可得出大平底回波高度与距离之间的关系曲线，即图 1-47 中的 B（$G=\infty$）曲线。同时，纵坐标表示相对波高 V_2，由式（1-76）就可以得出一组对应不同 G 值的平底孔回波高度与距离之间的关系曲线，即图 1-47 中除 B 曲线外的其他曲线。由于在 $A<3$ 的区域内，理论公式不适用，因此，该区域的曲线是由实测得到的。

2. 实用 AVG 曲线及其制作

通用 AVG 曲线由于采用了归一化的距离和缺陷大小，通用性好，可以用于不同规格的探头，但是，在使用时要反复进行归一化的距离与声程、归一化缺陷大小与当量大小之间的换算，很不方便。因此，人们又采用一种以声程（mm）为横坐标，以平底孔直径（mm）标注各当量曲线的实用 AVG 曲线。但这种 AVG 曲线只适用于特定材料和特定尺寸和频率的探头。

实用 AVG 曲线与通用 AVG 曲线的绘制在基本原理上是一样的，也是依据圆盘声源轴线上远场（$x>3N$）中的声压公式，和规则反射体反射回波的声压公式。所不同的是计算时在公式中代入特定探头的参数，由于是针对特定材料的，还可引入材料的衰减系数。除了采用理论计算的方法以外，实用 AVG 曲线还可在特定材料的含有不同埋深平底孔的试块中，通过测定每种孔径的距离-反射波高关系得到。在 $x<3N$ 的区域，理论公式不适用，只有通过实测才能得到。

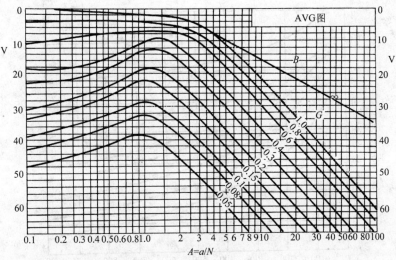

图1-47　纵波平底孔通用 AVG 曲线

　　下面以晶片直径 $D=20\text{mm}$，频率 $f=2.5\text{MHz}$ 的纵波探头在钢中的 AVG 曲线（图 1-48）为例，介绍纵波平底孔实用 AVG 曲线的制作。

　　首先要确定一个统一的基准，例如，图 1-48 确定的基准为：平底孔的孔径=2mm，距离 $x=750\text{mm}$ 时，回波高度为 0dB。

　　（1）计算同孔径不同距离的平底孔的回波 dB 差

　　同孔径不同距离的平底孔的回波 dB 差公式为：

$$\Delta=40\lg\frac{x_2}{x_1} \tag{1-77}$$

　　考虑介质衰减时，设衰减系数为 α，可得到下式：

$$\Delta = 40\lg\frac{x_2}{x_1} + \alpha(x_2 - x_1) \tag{1-78}$$

　　代入 $x_2=750\text{mm}$，以相对波高的分贝数为纵坐标，x_1 为横坐标画曲线，即得到图 1-48 中 $\phi2\text{mm}$ 平底孔的距离幅度曲线。

　　（2）计算同距离不同孔径的平底孔的回波 dB 差

　　需用公式为：

$$\Delta = 40\lg\frac{D_{f2}}{D_{f1}} \tag{1-79}$$

　　将 $D_{f1}=2\text{mm}$ 代入上式，即可算出不同 D_{f2} 所对应的分贝差值。将 $\phi2\text{mm}$ 平底孔曲线分别向上平移相应的 dB 值，就得到了图中 $\phi3$、$\phi4\cdots\cdots\phi16$ 的一组距离幅度曲线。

　　（3）计算 $\phi2\text{mm}$ 平底孔回波与同距离大平底回波的 dB 差

$$\Delta = 20\lg\frac{H_B}{H_f} = 20\lg\frac{2\lambda x}{\pi D_f^2} = 20\lg\frac{2\times\dfrac{5.9}{2.5}}{3.14\times 2^2} + 20\lg x = -8.5 + 20\lg x$$

计算出不同 x 值对应的 dB 差值，将 ϕ 2mm 平底孔曲线上各 x 值对应的点分别向上移相应的 dB 值，即得到图 1-48 中的曲线 B。

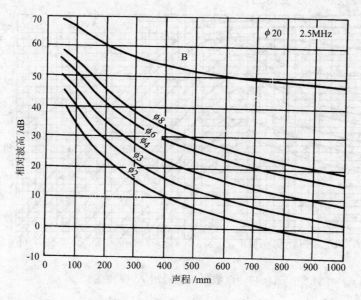

图1-48　纵波平底孔实用 AVG 曲线

上面介绍的是利用理论公式计算得到的实用 AVG 曲线，对于垂直线性良好的仪器，回波高度与声压成正比，可以采用含人工平底孔的试块实测 AVG 曲线。可以将实测的 AVG 曲线绘制在刻度板上，制成所谓的 AVG 曲线面板，检测时，把面板镶在仪器荧光屏上，可以直接从 AVG 面板上读出缺陷的当量大小。

通用 AVG 曲线和实用 AVG 曲线都可以用于调整检测灵敏度和对缺陷进行定量。具体使用方法将在第四章中详细介绍。

复 习 题

1．什么是机械振动？什么是机械波？两者有何关系？

2．声波是什么性质的波？产生超声波的两个必要条件是什么？

3．什么是谐振动、阻尼振动和受迫振动？超声波探头中晶片在发射和接收超声波时经历何种振动？

4．超声波的波长、频率与声速的相互关系是怎样的？

5．超声波的频率是由什么决定的？

6．超声波的声速是由那些因素决定的？不同波型的声速之间有什么关系？

7．声阻抗的表达式是什么？对超声波的哪些行为有影响？

8．纵波、横波、表面波、兰姆波的各有什么特点？

9．比较声压的分贝表达式是什么？

10．什么是波的干涉和衍射？干涉和衍射现象对超声检测有什么影响？

11．超声波垂直入射到两种介质的界面时，反射波能量与透射波能量的比率与那些参数有关？

12．什么是声压往返透过率？

13．斯奈尔定律的数学表达式是怎样的？

14．什么是第一临界角、第二临界角和第三临界角？在实际应用中有什么意义？

15．利用端角反射检测钢中垂直于底面的裂纹，应采用何种波型和角度？

16．平面波入射到凹、凸面上时，其反射波和折射波在什么情况下聚焦？什么情况下发散？

17．引起超声波在材料中衰减的原因主要有哪些？散射衰减系数与哪些参数有关？

18．什么是近场区和远场区？近场长度的表达式是什么？

19．圆盘声源远场区声压公式及其物理意义是什么？公式的适用条件是什么？

20．什么是波束指向性？半扩散角与哪些因素有关？

21．实际声源的声场与理论计算的声场有什么不同？

22．聚焦声场的焦区直径和长度与哪些因素有关？如何计算？

23．什么是缺陷的当量尺寸？在超声检测中建立当量尺寸的概念有什么意义？

24．大平底、平底孔、长横孔、短横孔和球孔的反射回波声压公式的主要差别是什么？

25．什么是 AVG 曲线？通用 AVG 曲线和实用 AVG 曲线的主要差别是什么？

第 2 章　超声检测设备与器材

超声检测用设备和器材包括超声检测仪、探头、试块、耦合剂和机械扫查装置等。仪器和探头对超声检测系统的能力起着关键性的作用，是产生超声波并对经材料中传播后的超声波信号进行接收、处理、显示的部分。本节将介绍常用的超声检测仪器的原理、组成和功能，常用探头的分类、结构和特点，常用试块的类型和用途等。

2.1　超声检测设备

2.1.1　超声检测仪的分类

1. 超声检测仪的类型

超声检测仪是专门用于超声检测的一种电子仪器，它的作用是产生电脉冲并施加于探头使其发射超声波，同时接收来自探头的电信号，并将其放大处理后显示在荧光屏上。

超声检测仪器按照其指示的参量可以分为三类：

第一类指示声的穿透能量，称为穿透式检测仪。这类仪器发射单一频率的连续波信号，根据透过试件的超声波强度来判断试件中有无缺陷及缺陷的大小，是最初发明的超声检测仪的形式。由于这种仪器对缺陷检测的灵敏度较低，且可操作性也受到限制，目前已很少使用。

第二类指示频率可变的超声连续波在试件中形成共振的情况，用于共振法测厚，目前也已较少使用。

第三类指示脉冲反射声波的幅度和传播时间，称为脉冲反射式检测仪，是目前应用最广泛的一种检测仪。这种仪器发射一持续时间很短的电脉冲，激励探头发射脉冲超声波，并接收在试件中反射回来的脉冲波信号，通过检测信号的返回时间和幅度判断是否存在缺陷和缺陷的大小。脉冲反射式检测仪的信号显示方式可分为 A 型显示、B 型显示、C 型显示三种类型，又称为 A 扫描、B 扫描、C 扫描。

除了上述按照原理的差异分类以外，根据采用的信号处理技术，超声检测仪还可分为模拟式和数字式仪器；按照不同的用途，人们设计了便携式检测仪、非金属检测仪、超声测厚仪等不同类型的超声检测仪。A 型脉冲反射式超声检测仪是使用范围最广的，最基本的一种类型。

2. A 型显示、B 型显示与 C 型显示

A 型显示是将超声信号的幅度与传播时间的关系以直角坐标的形式显示出来（图2-1）。横坐标为时间，纵坐标为信号幅度。如果超声波在均质材料中传播，声速是恒定的，则传播时间可转变为传播距离。因此，从 A 型显示中可以得到反射面距声入射面的

距离（纵波垂直入射检验时显示缺陷的深度），以及回波幅度的大小（用来判断缺陷的当量尺寸）。从图 2-1 中可以看到脉冲反射法检测的典型 A 型显示图形，左侧的幅度很高的脉冲 T 称为始脉冲或始波，是发射脉冲直接进入接收电路后，在屏幕上的起始位置显示出来的脉冲信号；右侧的高回波 B 称为底波或底面回波，是超声波传播到与入射面相对的试件底面产生的反射波；中间的回波 F 则为缺陷的反射回波。

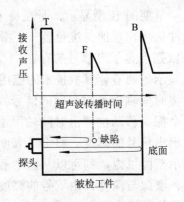

图2-1　A 型显示原理

T—始波　F—缺陷波　B—底波

A 型显示具有检波与非检波两种形式（如图 2-2 所示）：非检波信号又称为射频信号，是探头输出的脉冲信号的原始形式，可用于分析信号特征；检波形式是探头输出的脉冲信号经检波后显示的形式。由于检波形式可将时基线从屏幕中间移到刻度板底线，可观察的幅度范围增加了一倍，同时，图形较为清晰简单，便于判断信号的存在及读出信号幅度。但检波形式与非检波形式相比，失去了其中的相位信息。

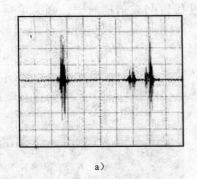

a)

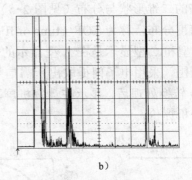

b)

图2-2　A 型显示波形

a）射频波形（未检波）　b）视频波形（检波后）

B 型显示是试件的一个二维截面图，将探头在试件表面沿一条线扫查时的距离作为一个轴的坐标，另一个轴的坐标是声传播的时间（或距离）。图 2-3 为 B 型显示原理图。

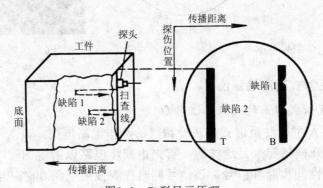

图2-3　B 型显示原理

早期的 B 型显示，是在每个探头位置上，记录下脉冲信号出现的深度位置（传播时间），在相应的位置上以亮点显示出信号的存在，没有回波脉冲的位置则无显示。随着计算机技术的应用，现在的 B 型显示通常将时间轴上不同深度的信号幅值全部采集下来，在每个探头移动位置沿时间轴用不同的亮度（或颜色）显示出信号的幅度。将上下表面回波也包含在时间轴显示范围以内，则可以从图中看出缺陷在该截面的位置、取向与深度。由信号的亮度（或颜色）可以获得缺陷信号幅度的信息。图 2-4 为典型的 B 型显示图像。

C 型显示是试件的一个平面投影图，探头在试件表面作二维扫查，显示屏的二维坐标对应探头的扫查位置。在每一探头移动位置，将某一深度范围的信号幅度用电子门选出，用亮度或颜色代表信号的幅度大小，显示在对应的探头位置上，则可得到某一深度范围缺陷的二维形状与分布（见图 2-5）。若以各点的亮度代表回波传播时间，则又可得到缺陷深度分布，称为 TOF（time of flight）图。图 2-6 为典型的 C 型显示图。

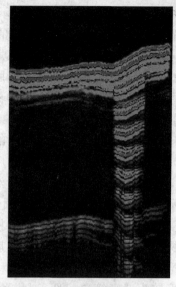

图2-4　典型的 B 型显示图像

B 型和 C 型显示是在 A 型显示的基础上实现的，在 A 型显示图上，确定好需采集的信号范围，采用电子门提取出所需信号。目前，B 型和 C 型显示多采用计算机，将信号经 A/D 转换处理后，显示在计算机屏幕上，图像与数据可存储并可进一步用软件对缺陷进行分析评价。

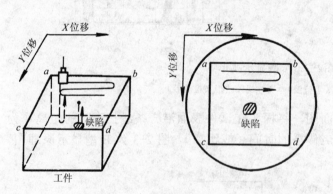

图2-5　C 型显示原理

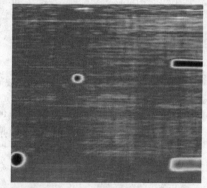

图2-6　典型的 C 型显示图

2.1.2　A 型脉冲反射式超声检测仪

1. A 型脉冲反射式超声检测仪的工作原理

图 2-7 为普通 A 型脉冲反射式超声检测仪的基本电路框图。

仪器的工作原理概括起来是这样的：首先由同步电路以给定的频率（仪器的脉冲重复频率）产生周期性同步脉冲信号，该信号同时作为发射电路和时基电路的触发脉冲。发射电路产生激励电脉冲，施加到探头上产生脉冲超声波；同时，时基电路产生锯齿波，

加到示波管 X 轴偏转板上，使光点从左到右随时间移动，形成时基线。超声波通过耦合进入试件中，反射回波由已停止激振的原探头接收（单探头工作方式）或由另一探头（双探头工作方式）接收，转换成相应的电脉冲，经放大电路放大后，施加到示波管的 Y 轴偏转板上，此时，光点不仅沿 X 轴随时间线性移动，而且受 Y 轴偏转电压的影响在垂直方向运动，从而产生幅度随时间变化的波形曲线。根据反射回波在时间基线上的位置可确定反射面与超声入射面的距离，根据脉冲回波幅度可确定回波声压大小。

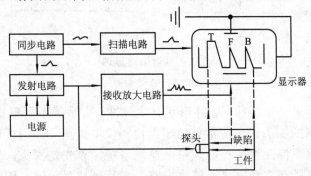

图2-7　A型脉冲反射式超声检测仪的基本电路框图

2. A型脉冲反射式超声检测仪的电路组成与各部分功能

由图 2-7 可见，一台 A 型脉冲反射式超声检测仪的主要组成部分是发射电路、接收电路、时基电路（扫描电路）和同步电路以及显示器，此外必不可少的还有电源。

除了上述各部分电路以外，还有报警电路、闸门电路、标距电路、补偿电路等辅助电路。

（1）同步电路　同步电路也称为同步脉冲发生器，主要由多谐振荡器和微分电路等组成。同步电路的作用是每秒钟产生数十次以至数千次周期性的同步脉冲，作为发射电路、时基电路以及其他辅助电路的触发脉冲，使各电路在时间上协调一致工作。

每秒钟内发射同步脉冲的次数称为重复频率。同步脉冲的重复频率决定了超声检测仪的发射脉冲重复频率，即决定了每秒钟向被检试件内发射超声波脉冲的次数。在一些仪器上设有重复频率调节旋钮以供使用者选择。

选择重复频率对自动化检测很重要。自动化检测的优势之一就是可以自动记录超声信号，因而可以实现高速扫查，这就需要有高重复频率以保证不漏检。但是，高重复频率使两次脉冲间隔时间变短，有可能使未充分衰减的多次反射进入下一周期，形成所谓的"幻像波"，造成缺陷误判。因此，自动化检测的扫描速度也是受到可用的最大重复频率限制的。在手工检测目视观察的情况下，提高重复频率可使波形显示亮度增加，便于观察。

（2）发射电路　发射电路是一个电脉冲信号发生器，可以产生 100～400V 的高压电脉冲，施加到压电晶片上产生脉冲超声波。有些高能型仪器也提供高达 1000V 的高压电脉冲，以适应一些特殊情况的检测要求。

发射电路通常可分为调谐式和非调谐式两种，图 2-8 为两种电路的原理图。调谐式电路谐振频率由电路中的电感、电容决定，发出的超声脉冲频带较窄。谐振频率通常调谐到与探头的固有频率相一致。这种电路常用于为了穿透高衰减材料而需激发宽脉冲的情况。

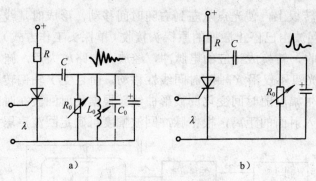

图2-8　发射电路原理

a）调谐式　b）非调谐式

非调谐式电路发射一短脉冲，脉冲形状有尖脉冲、方波等不同形式，脉冲频带较宽，可适应不同频带范围的探头。目前常见的超声检测仪多采用非调谐式电路。

发射电脉冲的频率特性将被传递到整个检测系统，首先是探头，转换为超声脉冲后进入被检件，之后又回到探头，进入接收电路，最后到达显示器。因此，最终显示在屏幕上的信号可以看作是发射脉冲经过一系列过程被处理后的结果。目前的超声检测仪接收电路通常是宽带的，很多常用探头也是宽带的，因此，发射电路的频率特性对最终的A显示图形影响很大。为了使探头的能量转换效率达到最高，并保证发射的超声波具有所要求的频谱，通常要求发射脉冲频带范围要包含探头自身的频带范围。频带越宽，发射脉冲越窄，可能达到的分辨力越好。

超声检测仪中多设置有发射强度调节旋钮或阻尼旋钮，通过改变发射电路中的阻尼电阻，由使用者调节发射脉冲的电压幅度和脉冲宽度。通常电压越高、脉冲越宽则发射能量越大，但同时，也增大了盲区，使深度分辨力变差。因此，使用时需根据检测对象的特点加以调节，以适应对穿透能力和分辨力的不同要求。

（3）接收电路　超声信号经压电晶片转换后得到的微小电脉冲，被输入到接收电路。接受电路将对其进行放大、检波，使其能够在显示器上得到足够的显示。接收电路通常包括衰减器、高频放大器、检波器和视频放大器。

由缺陷回波引起的压电晶片产生的射频电压通常只有几十毫伏至几百毫伏，放大电路需对其进行足够倍数的放大（约100dB），才能达到示波管显示所需的上百伏电压。为此，接收信号进入接收电路后，首先经过高频放大器，将信号电压放大到一定的倍数，之后进行检波，再经视频放大器将检波信号放大到示波管显示所需的足够的电压。

为了对信号幅度进行定量评定，首先要求放大器的输出电压与输入电压成线性关系。为了能够测量幅度的变化值，在接收的信号进入放大器前，先经过已校准的衰减器，以便对信号幅度定量调节，给出不同信号幅度差的精确读数，用于不同信号幅度的比较。同时，衰减器还可将超出显示器幅度范围的过大的信号衰减到显示器可显示的幅度。放大器的放大量和衰减器的衰减量均以输出电压和输入电压比值的分贝数来表示。通常超声检测仪的总衰减量为80～110dB。

与衰减器相对应，在仪器上通常给出以分贝值为刻度的增益（或衰减）调节旋钮（或功能键），可以 1dB 或 2dB 的（也有更小的）最小增量调节衰减量。多数仪器（最小增量大于 0.5dB 的）还给出未校准的增益微调旋钮，可以在小范围内连续调节信号幅度，以将脉冲信号峰值点准确地调节到刻度线上。

衰减器和增益微调旋钮是仪器上可由使用者改变接收信号放大倍数的旋钮，可用来调节仪器的检测灵敏度和测量回波的幅度，对回波进行定量评定。但应注意，只有衰减器是经校准的定量测量装置，而且，仪器上发射电路和接收电路中的其他旋钮（如：发射强度、抑制等）也会对回波幅度产生影响。在定量调节仪器灵敏度和进行回波定量评定时，必须确认其他旋钮位置是不变的。

检波电路的作用是将探头接收的射频信号转变成视频信号，以检波的形式显示出来（参见图 2-2）。检波有全波检波、正检波和负检波。全波检波可将视频信号正、负半周的信号均转换为正电压全部显示出来。正检波和负检波则仅显示视频信号正半周或负半周的信号。检波电路中常常带有滤波电路，滤去检波信号中的高频成分，使波形平滑。通常仪器中均设置有选择射频或视频显示方式的旋钮。

为了抑制噪声信号，接收电路中通常还设计有抑制电路，用于将幅度较小的一部分信号截去，不在显示屏上显示。但使用后会使显示的信号幅度放大线性变差，动态范围变小。过度的抑制还有失去小缺陷信号的危险，因此，需慎重使用。仪器上的抑制旋钮可用来调节需截去的幅度大小（非定量的）。

接收电路的频带宽度也是极其重要的，它关系到能否不失真地将接收的信号转换到显示屏上，因此，要和探头的频带相匹配。

在用单晶片探头以脉冲反射方式进行检测时，发射脉冲在激励探头的同时也直接进入接收电路，形成始波。由于发射脉冲电压很高，在短时间内放大器的放大倍数会降低，甚至没有放大作用，这种现象称为阻塞。由于发射脉冲自身有一定的宽度，加上放大器的阻塞现象，在靠近始波的一段时间范围内，所要求发现的缺陷往往不能发现，具体到被检试件中，这段时间所对应的由入射面进入试件的深度距离，称为盲区。

（4）时基电路　时基电路（又称扫描电路）是在采用示波管显示波形时产生时基线的电路，其原理与普通模拟示波器相同。时基电路提供锯齿波电压，施加到示波管 X 偏转板上，使电子束沿水平方向从左至右匀速扫描。改变扫描速度（锯齿波的斜率）即可改变显示在屏幕上的时间范围，也就是超声波传播的声程范围。图 2-9 是时基电路方框图及波形的示意图。

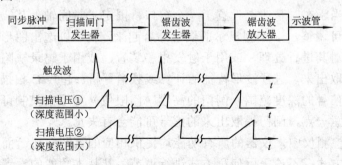

图2-9　时基电路方框图及波形

仪器上通常提供两个时基线调节功能，一个是用来改变屏幕上显示的时间（距离）范围的大小的，称为测量范围或声速，调节该旋钮的实质是调节扫描速度（锯齿波的斜率）。有的仪器同时设置测量范围和声速两个旋钮，测量范围是粗调旋钮，按探测距离的大范围分档，声速是细调旋钮，以声速值作为旋钮位置的指示。

　　另一个时基线调节功能是调节屏幕上显示的时间范围的起点，也就是时基电路触发的延迟时间，称为延迟。延迟由延迟电路实现，延迟电路的作用就是将同步信号延迟一段时间后再去触发扫描电路，使扫描延迟一段时间开始，这样就可以以较快的时基扫描速度，将声传播方向上某一小段的波形展现在整个屏幕上，以便更仔细地观察。在水浸法检测时，可以用来将水中传播距离移出屏幕左端。

　　（5）显示器　波形显示多采用示波管（阴极射线管）。示波管中有垂直偏转板和水平偏转板，接收电路的信号电压加在垂直偏转板上，扫描电路产生的锯齿波加在水平偏转板上。电子束按所加电压偏转，在屏幕上产生光点，扫描出图形。

　　当重复扫描相同图像的频率很高时，由于人眼的视觉暂留作用，图像看起来是静止不动的，所以，当探头稳定地放在试件表面时，看到的是静止的回波波形，便于对信号进行评定。当探头移动速度很快时，图像是闪烁变化的，因此，在采用目视观察波形进行检测时，必须限制扫查速度，以保证缺陷波能够产生重复图像，使人眼捕捉到缺陷波。

　　示波管前通常装有刻度板，便于读出回波位置和高度。

　　（6）电源　一般仪器使用 220V 或 110V 交流电源，小型便携式检测仪采用蓄电池，用充电器给蓄电池充电。

　　（7）辅助电路　在超声检测仪中还有一些为不同目的而设置的辅助电路，其中最重要的，也是很多仪器均配备的是距离幅度补偿电路（又称 DAC）和闸门电路。

　　前面已经讲过，尺寸相同的缺陷反射回波高度随距探头的距离远近而不同，远场区回波幅度随距离增大而下降，这样，就不能通过观察回波幅度的大小直接评定不同埋深的缺陷尺寸。距离幅度补偿电路，就是采用电子学方法对显示的回波高度进行补偿，使同尺寸不同埋深的缺陷回波在屏幕上显示的高度大致相等。这在采用自动报警闸门检测缺陷时十分重要。在采用幅度 C 扫描成像技术对较大深度范围内的缺陷进行检测时，不同深度的缺陷信号幅度差异较大，采用 DAC 消除距离对波高的影响，有助于正确判断图像中缺陷的大小。

　　闸门电路相当于在时基线上设置了一个窗口，限定了时间轴上某一特定范围。闸门的起点和宽度均可调整。与 A 型显示的图形结合起来，就可以选出图形中所关心的一个范围内的信号，对其进行处理，或用于触发报警装置，或用于记录缺陷信息，也可以将闸门内的信号提取出来，进行波形特征的计算或频谱分析。超声 C 扫描检测中，闸门用来限制要提取的信号的深度范围，闸门的高度（门限值）可用来限制可被选出的回波的最小幅度。需注意一点，闸门提取出来的信号可能会有失真。

　　传统的超声检测仪中，仪器的所有功能均提供相应的调节旋钮，而现在的数字式仪器则多采用按键方式。不论采用何种方式进行调节，其基本功能的设置是相似的。为了便于读者了解掌握各旋钮的作用，现将常见的超声检测仪旋钮及其功能列于表 2-1。

表 2-1 超声检测仪各旋钮的功能

名　称	功　能
显示部分	
辉度旋钮	调节时基线和图形的亮度
聚焦旋钮	调节示波管中电子束的聚焦程度，使时基线和图像清晰
水平旋钮	左右移动时基线，使时基扫描范围与面板的刻度线范围相重合
垂直旋钮	上下移动时基线，使时基线与面板上的时基刻度线相重合
发射部分	
工作方式选择旋钮	可在单探头工作方式和双探头工作方式间转换
发射强度旋钮（或称阻尼旋钮）	通过改变发射电路中的阻尼电阻来调节发射超声波的强度和宽度
重复频率旋钮	改变发射电路每秒钟内发射高压脉冲的次数
接收部分	
衰减器旋钮（或称增益旋钮）	可定量调节显示的回波高度，用于调节检测灵敏度，评定缺陷回波大小
增益微调旋钮	可在小范围内（如 6dB 内）连续地调节波高
频率选择旋钮	可选择接收电路的频率响应
检波方式旋钮	可选择非检波、全波检波、正检波和负检波
抑制旋钮	使幅度较小的一部分噪声信号不在显示屏上显示
时基线部分	
深度粗调旋钮（或称扫描范围旋钮）	以大的区间调节时基线长度所代表的探测范围，以使需要检测的深度范围的回波显示在屏幕上
深度微调旋钮（或称声速旋钮）	可连续精确地调节时基线代表的探测范围，使时基线刻度与声传播距离成所需的比例，以对缺陷准确定位
延迟旋钮	调节扫描线起始点，将其延迟一段时间开始，配合深度细调，可将所需观察的波展宽，以便更细致地观察，也可用于平移显示的波形，使回波与时基刻度线对准

2.1.3　数字式超声检测仪

1. 什么是数字式超声检测仪

数字式超声检测仪是计算机技术和超声检测仪技术相结合的产物。它是在传统的超声检测仪的基础上，采用计算机技术实现仪器功能的精确和自动控制、信号获取和处理的数字化和自动化、检测结果的可记录性和可再现性。因此，它具有传统的超声检测仪的基本功能，同时又增加了数字化带来的数据测量、显示、存储与输出功能。近年来，数字式仪器发展很快，有逐步替代模拟式仪器的趋势。

所谓数字式超声检测仪主要是指发射、接收电路的参数控制和接收信号的处理、显示均采用数字化方式的仪器。不同的制造商生产的数字式仪器，可能会采用不同的电路设置，保留的模拟电路部分也不相同，但最主要的一点，是探头接收的随时间变化的超声信号，需经模-数转换、数字处理后显示出来。

*2. 数字式超声检测仪与模拟式超声检测仪的异同

（1）基本组成　图 2-10 是典型 A 型脉冲反射式数字式超声检测仪的电路框图。从它的基本构成来看，数字式仪器发射电路与模拟式仪器的是相同的，接收放大电路的前半部分，包括衰减器和高频放大器等，与模拟式仪器的也是相同的。但信号经放大到一定程度后，则由模-数转换器将其变为数字信号，由微处理器进行处理后，在显示器上显示出来。对于传统仪器上的检波、滤波、抑制等功能数字式仪器可以通过对数字信号进行数字处理完成，也可在模-数转换前采用模拟电路完成。数字式仪器的显示是二维点阵式的，与模拟式仪器的显示方式有很大的不同，不再像模拟式仪器由单行扫描线经幅度调节显示波形，而是由微处理器通过程序来控制显示器实现逐行逐点扫描。发射电路和模数转换器的同步控制不再需要同步电路，而是由微处理器通过程序来协调各部分的工作。

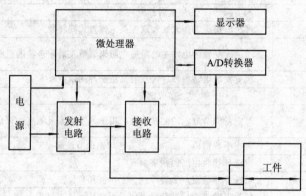

图2-10 数字式超声检测仪电路框图

（2）仪器的功能 从基本功能来看，数字式仪器可提供模拟式仪器具有的所有功能，但是，各部分功能的控制方式是不同的。在模拟式仪器中，操作者直接拨动开关对仪器的电路进行调整，而在数字式仪器中，则要通过人机对话，以按键或菜单的方式，将控制数据输入给微处理器，然后，由微处理器发出信号控制各电路的工作。微处理器还可按照预先设定的程序，自动对仪器进行调整，这就给自动检测系统提供了极大的方便。

此外，数字化控制使得控制参数可以存储，可以自动按存储的参数重新对仪器进行调整，从而方便了检测过程的重复再现。检测波形的数字化使得仪器可进一步提供波形的记录与存储、波形参数的自动计算与显示（波高、距离等）、距离波幅曲线的自动生成、时基线比例的自动调整以及频谱分析等等附加功能。

（3）仪器的性能 从影响仪器性能的最基本的部分 —— 发射电路和接收电路来看，数字式仪器与模拟式仪器是相同的，因此，仪器的灵敏度、分辨力、放大线性等与模拟仪器差别不大。最主要的差别，是数字式仪器中的模-数转换、信号处理和显示部分。这部分的性能决定着显示的信号是否失真。失真严重时，会影响到缺陷的判定，造成漏检、误检。仪器这部分性能的主要影响参数有模-数转换器的模-数转换频率、字长和存储深度，以及显示器的刷新频率。

模-数转换（又称 A/D 转换）是通过对连续变化的模拟信号进行高速度、等间隔的采样，将其变换为一列大小变化的数字量的过程（如图 2-11 所示）。对这些数字量可以进行计算、处理、显示。如果以

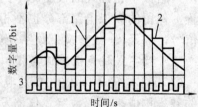

图2-11 模-数转换示意图

1—模拟信号 2—数字输出 3—时钟脉冲

数字的大小作为幅度，将这列数字仍按相同的间隔在直角坐标系中描绘出来，则重新构成了一个由分离的点组成的曲线，这就是数字化的波形。可见，若要重建的波形不失真，则需尽可能地增加采样密度，或者说，提高采样频率。模-数转换器的模-数转换频率，也就是每秒钟时钟脉冲的个数，是固定的。这个频率决定了可采集的超声波信号的最高频率。若模-数转换频率与超声波频率的比值不够大，则可能采不到最大峰值，严重时可引起漏检。

模-数转换器的字长是指一个数字量用几位二进制数来表达，它决定着幅度读数的精度。一个 8 位的模-数转换器可表示的数字是 256，也就是说，可将幅度分为 256 个等级。采用数字检波后，半波幅度为 128 级，则理论精度约为 1%。但实际上，由于数字化过程的幅度误差，实际精度要比这个数值要差一些。

模-数转换器的另一个参数是存储深度，即一个波形可存储的数据点的多少，或称数据长度。这个参数与采样频率一起，决定着检测范围的大小。对于一定的检测范围，采样频率越高，则要求存储深度越大。对于一定的采样频率，则存储深度越大，检测范围也越大。

模-数转换后的数据，经计算处理以后送到显示器显示，能否实时的把超声信号全部显示出来，与显示器的响应速度，以及数据处理速度有关。显示器的刷新频率应与超声脉冲重复频率一致，才能保证所有信号得到显示，否则，也可能造成缺陷漏检。这个问题在早期的数字式仪器上表现得比较严重。

3. 数字式超声检测仪的优势与问题

综上所述，数字式仪器与模拟式仪器相比的优势在于：接收信号的数字化使超声信号的存储、记录、再现十分方便，改变了传统超声检测缺乏永久记录的缺点；同时，也方便了信号的分析与处理，从而可从接收的超声信号中得到更多的量化信息；显示器不需要传统的示波管，使得仪器更便于小型化；仪器参数的数字式控制使检测参数可以存储、检测过程的重现更为方便；还便于实现遥控等功能，为自动检测系统提供了更方便的条件。数字化使仪器功能可用软件不断扩展，使一台仪器满足不同使用者的需求。

但是，数字式仪器也有一些不利因素，因其模-数转换器的采样频率、数据长度、显示器的分辨率、刷新速度等带来的信号失真，可能对检测信号的评价带来一定的影响。在使用数字式仪器时，必须对这些因素加以考虑，以免造成缺陷的漏检、误检等问题。

2.1.4　仪器的维护保养

超声检测仪器是比较精密的电子仪器，为了减少仪器故障的发生，延长仪器的寿命，使仪器保持良好的工作状态，必须注意对仪器的维护保养。仪器维护需注意的有以下几点：

① 使用仪器前，应仔细阅读仪器的使用说明书，了解仪器的性能、特点、各旋钮和开关的功能、操作方法和注意事项等，严格按说明书要求使用仪器。

② 仪器搬动时应避免强烈振动，现场检验时应采取可靠的防护措施，防止摔碰。

③ 仪器应避免在强电磁场、灰尘弥漫、雨水淋溅、潮湿、高温及有腐蚀性气体的环境下工作。

④ 使用交流电时，要核对仪器和电源的额定电压是否相符，防止接错电源，烧毁仪

器元器件。使用直流电源时，要注意电源的极性、工作电压，并及时给电池充电。

⑤ 拔接电源、探头的插头时，应抓住插头的壳体操作，不要抓住电缆线插拔。探头线、电源线应理顺，切忌扭折。使用仪器旋钮不宜用力过猛。

⑥ 清洁荧光屏时，应用柔软布料和软性水擦拭，以避免表面受损。

⑦ 使用完毕，要及时擦去仪器表面的灰尘和油污，将仪器放置到干燥通风的地方。

⑧ 不经常使用的仪器，也应定期接通电源开机半小时，以便驱除潮气。

⑨ 仪器出现故障，应立即关闭电源，及时请维修人员检查修理，切忌随意拆动，以防扩大故障和发生事故。

2.1.5 自动检测设备

传统的接触法手工扫查超声检测具有简便灵活、成本低等优点，但其检测过程受人为因素影响较大。为了提高检测可靠性，对一定批量生产的具有特定形状规格的材料和零件，越来越多地采用自动扫查、自动记录的超声检测系统。在能使探头相对于试件作快速扫查方面，非接触的水浸或喷水检测方式具有很大的优势，因此，大多数自动检测系统均采用水浸法检测。由于超声检测要求扫查到整个试件表面，且在扫查过程中需保持探头相对于入射面的角度和距离不变，因此，需针对不同形状、规格的试件设计专用的机械扫查装置。

一个超声自动检测系统通常由超声检测仪与探头、机械扫查器（带有探头操纵装置）、扫查电气控制、水槽、显示与记录装置等构成。随着计算机技术的发展，目前的检测系统中，检测仪器设置、扫查过程的控制和结果的记录与分析，统一由计算机软件协调进行。常见的扫查系统类型有：针对平面件的简单三轴扫查系统，扫描器可带动探头沿 X、Y、Z 三个方向运动；针对盘轴件的带转盘的系统；针对大型复合材料构件的穿透法喷水检测系统；专用于管、棒材的旋转行进的系统等。不同的系统在机械装置、扫查方式和记录方式上可有很大的不同。很多系统可以同时显示 A 扫描、B 扫描和 C 扫描图形。有些生产线上的自动检测系统还带有自动上、下料的机械手。图 2-12 是典型的自动检测系统的示意图。

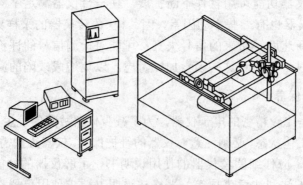

图2-12　自动检测系统

2.2　超声波探头

超声波探头是用来产生与接收超声波的器件，是组成超声检测系统的最重要的组件之一。超声波探头的性能直接影响到发射的超声波的特性，影响到超声波的检测能力。

能够在材料中产生超声波的方式有多种，其原理均涉及将某种其他形式的能量转换为超音频的振动能量。在超声检测中最常用的、与前面所介绍的超声检测仪相配合使用的超声探头，是利用材料的压电效应实现电声能量转换的压电换能器探头。这类探头中的关键部件是压电换能器，又称为压电晶片，是一个具有压电特性的单晶或多晶体薄片或薄膜。它的作用是将电能转换为声能，并将声能转换为电能。

2.2.1　压电效应与压电材料

1. 压电效应

采用压电换能器进行电声能量转换，利用的是某些晶体材料具有的压电效应。晶体在交变应力（压力或拉力）作用下形变时产生交变电场的现象，称为正压电效应。反之，晶体材料在交变电场作用下产生伸缩形变的现象，称为逆压电效应。正压电效应和逆压电效应统称为压电效应。超声波探头正是利用压电晶片的逆压电效应发射超声波，利用其正压电效应接收超声波。

2. 压电材料

具有压电效应的材料称为压电材料，是晶体结构的材料，分为单晶体和多晶体两类。常用的压电单晶体有石英、硫酸锂、铌酸锂等。常用多晶体压电材料有钛酸钡、锆钛酸铅等，又称为压电陶瓷。

压电单晶体是各向异性的，其产生压电效应的机理与其特定方向上的原子排列方式有关。当晶体受到特定方向的压力而变形时，可使带有正、负电荷的原子位置沿某一方向改变而使晶体的一侧带有正电荷，另一侧带有负电荷。

图 2-13 是石英晶体的方位示意图。它有 3 个 x 轴，沿 x 方向施加压力时，产生的压电效应最显著，且电压沿 x 方向形成；沿 y 方向压缩晶体时，电压仍在 x 方向形成。对于逆压电效应也是如此。因此，垂直于 x 轴切割晶片，使晶片法线平行于 x_1、x_2、x_3 中的任一轴时，在晶片两面施加电压可产生垂直于晶片的振动，形成纵波，这样的晶片称为 x 切割晶片；使晶片法线平行于 y 轴进行切割，称为 y 切割晶片，这时，在晶片两面施加电压可产生平行于晶片的振动。x 切割晶片具有纵向压电性，y 切割晶片具有横向压电性。利用 y 切割晶片的横向压电性，可以制作声束垂直于试件表面入射的接触式横波探头。

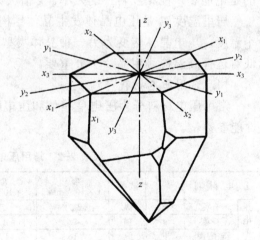

图2-13　石英晶体的方位示意图

压电多晶体是各向同性的。为了使整个晶片具有压电效应，必须对陶瓷多晶体进行极化处理，即在一定温度下以强外电场施加在多晶体的两端，使多晶体中的各晶胞的极化方向重新取向，从而获得总体上的压电效应。

*3. 压电材料的主要性能参数

压电应变常数 d_{33} 表示压电晶体在外加电场变化时产生的应变变化的大小，是衡量晶片发射性能好坏的重要参数。

压电电压常数 g_{33} 表示压电晶体发生应力变化时所产生的电场强度变化的大小，是反映晶片接收性能的重要参数。

介电常数 ε 反映介质的介电性质，在制作探头考虑阻抗匹配时起作用。

频率常数 N 是压电晶片的谐振频率和晶片厚度的乘积。按照共振条件，在谐振频率下，材料厚度应等于波长的一半。简单推导可以得出，频率常数在数值上等于晶片中声速的二分之一。

$$N = f_0 t = f_0 \frac{\lambda}{2} = \frac{c_{\mathrm{L}}}{2} \tag{2-1}$$

式中　t —— 晶片厚度；

　　　f_0 —— 晶片的谐振频率；

　　　c_{L} —— 晶片中纵波速度。

因此，同样的材料，制作高频探头时，需用小厚度晶片，制作低频探头时，需用大厚度晶片，晶片厚度与频率成反比关系；而制作同样频率的探头，频率常数大的材料，晶片厚度也需要较大。由于晶片的振动频率总是在谐振频率时为最大，发射超声波的频率主要是由晶片的厚度和晶片中的声速决定的。

机械品质因数 Q_{m} 是压电晶体在谐振时储存的机械能量与在一个周期内损耗的机械能量之比。它反映了压电晶体在振动时因克服内摩擦而消耗的能量大小。

机电耦合系数 k 是表示压电晶体中机械能和电能之间耦合强弱的重要参数。它衡量的是电能和声能相互转换的效率。k 值大则转换效率高。

居里温度 T_{c} 是压电晶体发生晶体结构变化的一个临界温度，或称相变温度。高于这个温度，压电晶体转变为另一种晶体类型，将失去其所具有的压电效应。居里温度的高低对选择高温检测用晶片十分重要。

*4. 常用压电材料

常用压电材料分为压电单晶体和压电陶瓷两类。表 2-2 列出了常用压电材料的主要性能参数。

表 2-2　常用压电材料的主要性能参数

压 电 材 料		切割方向	波型	$d_{33}/$ $(\times 10^{-12}\mathrm{m/V})$	$g_{33}/$ $(\times 10^{-3}\mathrm{mV/N})$	$K/\%$	Q_{m}	$T_{\mathrm{c}}/℃$	ε	$N/$ $(\mathrm{MHz\cdot mm})$
压电单晶体	石英	x	纵	2.31	5.0	0.1	10^6	550	4.5	2.87
	石英	y	横	4.6	1.8	0.14	10^6	550	4.6	1.93
	硫酸锂	y	纵	16	17.5	0.30		75	10.3	2.73
	铌酸锂	$35°y$	纵	6.0	2.3	0.49	10^5	1200	39.0	3.70
压电陶瓷	钛酸钡	z	纵	190	1.8	0.38	300	115	1700	2.6
	钛酸铅	z	纵	58	3.3	0.43	1050	460	150	2.12
	PZT-4	z	纵	289	2.6	0.51	500	328	1150	2.0
	PZT-5	z	纵	374	2.48	0.49	75	365	1500	1.89
	PZT-7	z	纵	150	3.98	0.50	600	350	425	2.1
	PZT-8	z	纵	225	2.5	0.48	1000	300	1000	2.07

（1）压电单晶体　压电单晶体中的石英是最早使用的压电晶体。它具有机械性能和电性能稳定、耐腐蚀、居里温度高等优点。它的缺点是容易产生不需要的其他振动模式，机电转换效率也较低。

单晶体中硫酸锂的特点是接收超声波的性能很好。同时，它产生的其他振动模式较少，易于加阻尼，适用于制作窄脉冲高分辨力的探头。缺点是易溶解于水、居里温度低、价格较高，制作大尺寸晶片较困难。

铌酸锂的特点是机电耦合系数大、居里温度很高，适宜制成高频、高温、高压探头晶片。缺点是成本较高，不同方向的热膨胀不均匀，经历骤冷骤热时容易发生炸裂。

（2）压电陶瓷　压电陶瓷的发射性能好，接收性能不如石英和硫酸锂。其中锆钛酸铅（PZT）是最常用的压电陶瓷。尽管它具有机械品质因数大、不容易获得窄发射脉冲、容易产生横向的其他振动、材料特性差异大等缺点，但它价格便宜，容易制成尺寸较大的、各种形状的晶片，在频率为 10MHz 以下的探头中，应用非常广泛。

2.2.2　探头的结构及各部分的作用

图 2-14 所示是压电换能器探头的基本结构。压电换能器探头由压电晶片、阻尼块、电缆线、接头、保护膜和外壳组成。斜探头中通常还有一使晶片与入射面成一定角度的斜楔。

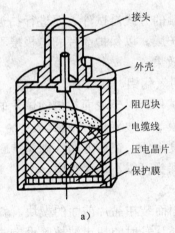
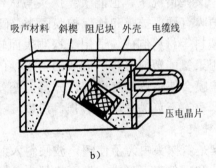

图2-14　压电换能器探头的基本结构

a）直探头　b）斜探头

下面介绍探头中各组成部分的作用。

1. 晶片

如前所述，压电晶片是以压电效应发射并接收超声波的元件，是探头中最重要的元件。晶片的性能决定着探头的性能。晶片的尺寸和谐振频率，决定着发射声场的强度、距离幅度特性与指向性。晶片制作质量的好坏，也关系到探头的声场对称性、分辨力、信噪比等特性。

晶片可制成圆形、方形或矩形。有些柔性材料的晶片还可直接制成曲面晶片以产生聚焦声束。晶片的两面需敷上银层（或金层、铂层）作为电极，以使晶片上的电压能均匀地分布。

2. 阻尼块和吸声材料

阻尼块是由环氧树脂和钨粉等按一定比例配成的阻尼材料,粘附在晶片或楔块后面。阻尼块的作用一是对压电晶片的振动起阻尼作用;二是吸收晶片向其背面发射的超声波;三是对晶片起支承作用。

晶片在高压电脉冲激励下产生振动之后,由于惯性的作用,振动在一段时间内不容易停止,从而使脉冲较宽。这种持续的振动会妨碍晶片对回波信号的接收,使这段时间内的回波信号不能显现,深度分辨力降低。阻尼块可以增大晶片的振动阻尼,从而缩短晶片的振动时间,使振动着的晶片尽快恢复到静止状态,以有利于晶片对回波信号的接收。阻尼块的阻尼作用越大,脉冲的宽度越窄,分辨力提高,但是,灵敏度会下降,因此,也不能片面追求过大的阻尼效果。

晶片发射超声波是向晶片两面同时发射的,晶片向其背面发射的超声波返回晶片后会产生杂乱信号。为了吸收晶片背面的超声波,阻尼块要求是衰减系数较大的吸声材料。

斜探头中,晶片前面已粘贴在斜楔上,背面常不加阻尼块。但斜楔内的多次反射波会形成一系列杂乱信号,所以,需在斜楔前面加上吸声材料,以减少噪声。

3. 保护膜

压电陶瓷晶片通常都很脆,在用与试件直接接触的方式沿试件表面进行扫查时,晶片很容易损坏。为此,常在晶片前面粘附一层薄保护膜,以保护晶片和电极层不被磨损或碰坏,某些情况下,也能改善探头与试件的耦合效果。

保护膜有硬保护膜和软保护膜两类。硬保护膜用氧化铝、蓝宝石、碳化硼、碳化钨、含硅砂塑料等材料制成,适用于探测表面较平滑的试件。对于表面粗糙的试件的检测,则常采用聚氨酯塑料等材料制成的可更换的软保护膜,以改善耦合效果。

保护膜会使始波宽度增大,分辨力变差,灵敏度降低。在这方面,硬保护膜比软保护膜更严重。石英晶片不易磨损,所以,石英晶片探头可以不加保护膜。

4. 斜楔

斜楔是斜探头中为了使超声波倾斜入射到检测面而装在晶片前面的楔块。斜楔使探头的晶片和试件表面形成一个严格的夹角,以保证晶片发射的超声波按照设定的入射角倾斜入射到斜楔与试件的界面,从而能够在界面处产生所需的波形转换,在试件内形成特定波形和角度的声束。有了斜楔,晶片就不直接与试件接触,所以,有斜楔的探头就不再需要保护膜。

斜楔材料的选择需考虑其易加工性,适当的衰减系数,与试件的声耦合等因素,还应考虑其声速是否适于在试件中产生所需角度和波形的声束。斜楔多用有机玻璃制作。

斜楔的外形和尺寸设计非常重要。首先,精确设计斜楔角度才能保证得到所需的折射波形和折射角度。其次,斜楔外形的设计,应使得超声波在斜楔内多次反射的声波不再返回晶片,从而减少或消除噪声。为此,在有些斜楔上制作了消声槽、钻孔等,或者把斜楔制成牛角形,目的就是使楔块内多次反射的声波散射掉,或者进入牛角而不返回晶片,从而减少杂波对检测的干扰。

2.2.3　探头的主要种类

根据探头的结构特点和用途，可将探头分为多种类型。其中最常用的是接触式纵波直探头、接触式斜探头、双晶探头、水浸平探头与聚焦探头。

1. 接触式纵波直探头

接触式纵波直探头用于发射垂直于探头表面传播的纵波，以探头直接接触试件表面的方式进行垂直入射纵波检测。采用脉冲反射法进行检测时，纵波直探头适宜探测与检测面相平行或近似平行的缺陷，广泛用于板材、棒材、铸件、锻件等的检测。

纵波直探头的主要参数是频率和晶片尺寸，按晶片类型的不同、接触面保护膜的软硬、频谱特征为宽带或窄带、外形尺寸和电缆接头的不同等等，可分为不同的系列。

2. 接触式斜探头

接触式斜探头包括横波斜探头、瑞利波（表面波）探头、纵波斜探头、兰姆波探头及可变角探头等。如图 2-14b 所示，其共同特点是，压电晶片贴在一有机玻璃斜楔上，晶片与探头表面（声束射出面）成一定倾角。晶片发出的纵波倾斜入射到有机玻璃与试件的界面上，经折射与波形转换，在试件中产生传播方向与表面成预定角度的一定波型的声波。根据斯奈尔定律，对给定材料，斜楔角度的大小决定着产生的波型与角度；对同一探头，被检材料的声速不同，也会产生不同的波形与角度。

横波斜探头是入射角在第一临界角与第二临界角之间且折射波为纯横波的探头。横波斜探头适宜探测与检测面成一定角度的缺陷，广泛用于焊缝、管材、锻件的检测。

纵波斜探头是入射角小于第一临界角的探头。目的是利用小角度的纵波进行缺陷检验，或在横波衰减过大的情况下，利用纵波穿透能力强的特点进行纵波斜入射检验。使用时需注意试件中同时存在的横波的干扰。

表面波（瑞利波）探头入射角需在产生瑞利波的临界角附近，通常比第二临界角略大。表面波探头用于对表面或近表面缺陷进行检验。

兰姆波探头的角度需根据板厚、频率和所选定的兰姆波模式来确定，主要用于薄板中缺陷的检测。

斜探头的主要参数是频率、晶片尺寸和声入射角。其中横波探头的角度有三种标称方式：

① 以纵波入射角标称。在探头上直接标明楔块形成的入射角。

② 以钢中的横波折射角标称。常用的横波折射角有 40°、45°、50°、60°、70° 等。

③ 以钢中横波折射角的正切值 K 标称。常用的 K 值有 1.0、1.5、2.0、2.5 等。K 值标称法是我国使用的一种标称方式，在计算钢中缺陷位置时比较方便。

3. 双晶探头

双晶探头是在同一个探头壳内装有两个晶片，采用两个晶片一发一收的方式进行工作的探头。根据两个晶片法线构成的平面与检测面是垂直还是有一定倾角，可将双晶探头分为纵波双晶直探头和横波双晶斜探头。

（1）纵波双晶直探头　图 2-15 是纵波双晶直探头的一种形式。两个晶片一收一发，中间夹有隔声层。且由于延迟块的存在，发射和接收的脉冲间总有一定的时间间隔，因此，发射电脉冲不再进入接收电路，避免了始脉冲引起的盲区问题，可以检测近表面缺陷和进行薄板测厚。

双晶探头的两个晶片可以相向倾斜，从而形成一个菱形声束会聚区（即图 2-15 中的 *abcd* 声束会聚区）。只有菱形区内的缺陷，其反射波才能被探头接收到。变更双晶探头的入射角 a_L，就可以改变菱形声束会聚区的位置和形状。当入射角 a_L 增大时，菱形声束会聚区就向试件的上表面移动，菱形区的深度范围也变小。当入射角减小时，菱形声束会聚区就向试件的深处移动，且深度范围变大。应根据需检测的深度范围，设计倾角，获得相应深度的菱形声束会聚区。菱形区具有的声能集中特性，可提高缺陷检测的灵敏度，排除该区域以外的噪声影响，从而提高信噪比。

双晶探头的主要参数是频率、晶片尺寸和声束会聚区的范围。

（2）横波双晶斜探头　横波双晶斜探头，也称为双晶斜探头。图 2-16 为双晶斜探头的示意图。

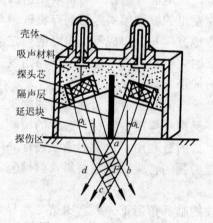

图2-15　纵波双晶直探头的结构

图2-16　双晶斜探头示意图

4. 水浸平探头和聚焦探头

水浸平探头相当于可在水中使用的纵波直探头，用于水浸法检测。当改变探头倾角使声束从水中倾斜入射至试件表面时，也可通过折射在试件中产生横波。

在水浸平探头前加上声透镜则可产生聚焦声束，成为聚焦探头（图 2-17）。聚焦使声束在某一深度范围内直径变窄，声强增高，可提高局部区域的检测灵敏度与信噪比及横向分辨力，在 *c* 扫描检测中可以提高图像的分辨率。声透镜可为球面镜或柱面镜，形成点聚焦或线聚焦声束。

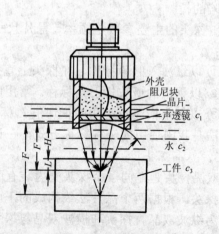

图2-17　水浸聚焦探头

水浸聚焦探头声透镜的设计可依据 1.3.4 节中式（1-31），根据设计的焦距 F，以及水中声速 $c_水$ 和透镜材料声速 $c_透$，计算出透镜

的曲率半径 r：

$$r = F(1 - \frac{c_水}{c_透}) \qquad (2-2)$$

聚焦探头的主要参数是频率、晶片尺寸和焦距。

5. 接触式聚焦探头

图 2-18 是 3 种接触式聚焦探头的示意图，分别为透镜式、反射式和曲面晶片式聚焦探头。

曲面晶片聚焦探头是将晶片直接做成曲面以获得聚焦超声波的，但曲面晶片很难制作，目前很少采用。

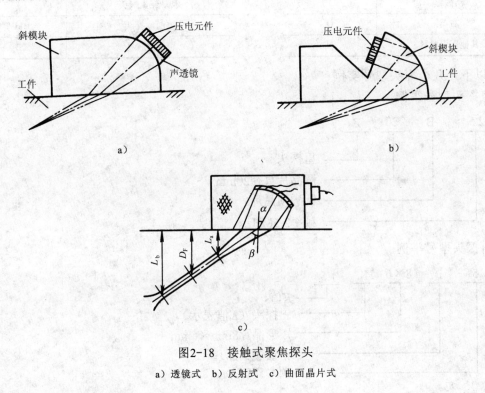

图2-18　接触式聚焦探头

a）透镜式　b）反射式　c）曲面晶片式

2.2.4　探头的型号标识

探头型号的组成项目及排列顺序如下：

| 基本频率 | 晶片材料 | 晶片尺寸 | 探头种类 | 探头特征 |

基本频率：用拉伯数字表示，单位为 MHz。

晶片材料：用材料代号表示，见表 2-3。

晶片尺寸：用阿拉伯数字表示，单位为 mm。其中圆形晶片用直径表示；矩形晶片用长×宽表示；双晶探头晶片为圆形的用分割前的直径表示，两片矩形晶片用长×宽×2 表示。

探头种类：用汉语拼音缩写字母表示，见表 2-4。

65

探头特征：斜探头 K 值用阿拉伯数字表示；折射角用阿拉伯数字表示，单位为（°）；双晶探头在试件中的声束会聚区深度用阿拉伯数字表示，单位为 mm；水浸聚焦探头的水中焦距用阿拉伯数字表示，单位为 mm，DJ 表示点聚焦，XJ 表示线聚焦。

表 2-3 晶片代号

晶 片 材 料	代 号
锆钛酸铅	P
钛酸钡	B
钛酸铅	T
铌酸锂	L
碘酸锂	I
石英	Q
其他压电材料	N

表 2-4 探头种类代号

探 头 种 类	代 号
直探头	Z
斜探头（K 值）	K
斜探头（折射角）	X
分割探头	FG
水浸聚焦探头	SJ
表面波探头	BM
可变角探头	KB

以下是几个探头型号实例：

直探头型号举例

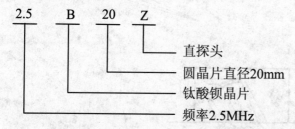

斜探头型号举例

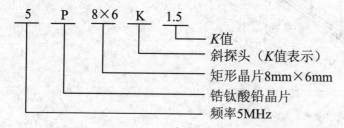

双晶探头型号举例

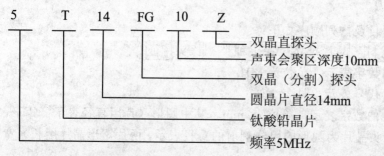

水浸聚焦探头型号举例

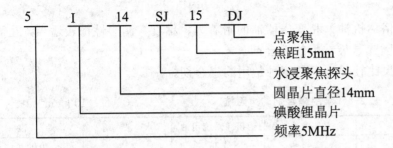

点聚焦
焦距15mm
水浸聚焦探头
圆晶片直径14mm
碘酸锂晶片
频率5MHz

2.2.5　探头电缆线

探头与检测仪间的连接需采用高频同轴电缆，这种电缆可消除外来电波对探头的激励脉冲及回波脉冲的影响，并防止这种高频脉冲以电波形式向外辐射。

图 2-19 为同轴电缆的截面图。电缆线的中心是单股或多股芯线。芯线的外面是聚乙烯隔层。聚乙烯隔层的外面是金属丝编织的屏蔽层。电缆线的最外层是外皮。

对于石英、硫酸锂等介电常数很低的压电晶片制成的探头，电缆的长度、种类的变化会引起探头与检测仪间阻抗匹配情况的较大改变，从而影响检测灵敏度，因此，应选用专用电缆，且在检测过程中不可任意更换，如果更换，应考虑重新进行仪器状态调整。同轴电缆比一般电缆脆弱，弯曲过大时容易损坏，因此，使用探头电缆线要注意，应将电缆线理顺，不可扭折电缆线。

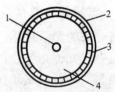

图2-19　同轴电缆截面

1—芯线　2—外皮

3—金属丝屏蔽层　4—聚乙烯隔层

2.3　耦合剂

2.3.1　耦合剂的作用

为了改善探头与试件间声能的传递而加在探头和检测面之间的液体薄层称为耦合剂。在液浸法检测中，通过液体实现耦合，此时液体也是耦合剂。

当探头和试件之间有一层空气时，超声波的反射率几乎为 100%，即使很薄的一层空气也可以阻止超声波传入试件。因此，排除探头和试件之间的空气非常重要。耦合剂可以填充探头与试件间的空气间隙，使超声波能够传入试件，这是使用耦合剂的主要目的。除此之外，耦合剂有润滑作用，可以减少探头和试件之间的摩擦，防止试件表面磨损探头，并使探头便于移动。

2.3.2　常用耦合剂

常用耦合剂有：水、甘油、全损耗系统用油、变压器油、化学浆糊等。

水的优点是来源方便，缺点是容易流失，容易使试件生锈，有时不易润湿试件。液浸检测中最常使用水作耦合剂，使用时可加入润湿剂和防腐剂等。

甘油的优点是声阻抗大，耦合效果好，缺点是要用水稀释，容易使试件形成腐蚀坑，价格较贵。

全损耗系统用油（俗称机油）和变压器油的附着力、粘度、润湿性都较适当，也无腐蚀性，价格又不贵，因此是最常用的耦合剂。

化学浆糊的耦合效果比较好，也是一种常用的耦合剂。

表 2-5　常用耦合剂的声阻抗　　　　　　　（单位：10^6kg/m^2·s）

耦 合 剂	水	甘 油	全损耗系统用油	水 玻 璃	水 银
声阻抗	1.50	2.43	1.28	2.17	20.00

2.4　试块

2.4.1　试块的分类

与一般的测量过程一样，为了保证检测结果的准确性与可重复性、可比性，必须用一个具有已知固定特性的试样（试块）对检测系统进行校准。超声检测用试块通常分为两种类型，即标准试块（校准试块）和对比试块（参考试块）。

标准试块具有规定的材质、表面状态、几何形状与尺寸，可用以评定和校准超声检测设备。标准试块通常由权威机构讨论通过，其特性与制作要求有专门的标准规定。如图 2-20 所示的国际焊接学会 IIW 试块（ISO2400—1972（E）），图 2-21 所示的美国 ASTM 铝合金标准试块（ASTM E127），利用这两套试块，可以进行超声检测仪时基线性与垂直线性的测定，斜探头入射点、钢中折射角的测定，探头距离幅度特性和声束特性的测定，仪器探测范围的调整，检测灵敏度的调整等等。

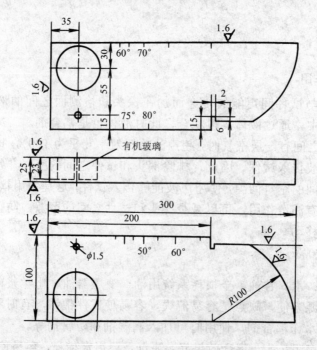

图 2-20　IIW 试块

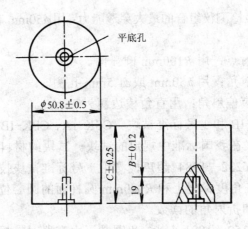

图2-21　ASTM 铝合金标准试块

　　对比试块是以特定方法检测特定试件时所用的试块。它与受检件材料声学特性相似，含有意义明确的参考反射体（平底孔、槽等），用以调节超声检测设备的状态，保证扫查灵敏度足以发现所要求尺寸与取向的缺陷，以及将所检出的不连续信号与试块中已知反射体所产生的信号相比较。

2.4.2　标准试块

　　1. 标准试块的基本要求

　　标准试块的材料、热处理状态、表面粗糙度、外形和尺寸要求均有严格规定。材料应易于加工，不易变形和腐蚀，具有良好的声学性质。制作时应确认材质均匀、无杂质、无影响使用的缺陷。

　　标准试块外形加工的平行度、垂直度与尺寸精度均应经过严格检验并符合图样要求。尺寸允许公差一般在 ±0.1mm 以内。检测面的表面粗糙度一般应优于 $R_a1.6\mu m$。

　　试块中的平底孔应经硅橡胶覆型检验其直径、孔底表面粗糙度、平面度等。检验后，平底孔应清洗干燥后进行永久性封堵。对于标准试块，还应测量其声学性能。对于 IIW 试块，声学性能包括声速、衰减系数等；对于铝合金平底孔标准试块，声学性能包括对材质均匀性进行检查的底波距离幅度曲线和平底孔距离幅度曲线。

　　2. 常用标准试块

　　（1）IIW 试块　IIW 是国际焊接学会的英文缩写。IIW 试块是由荷兰代表首先提出的，因此，IIW 试块也称为荷兰试块。试块的国际标准为 ISO2400—1972（E）。

　　IIW 试块的材料相当于我国的 20 钢。图 2-20 为 IIW 试块的规格尺寸图。该试块的主要用途有：

　　① 校验超声检测仪的水平线性、垂直线性和动态范围：用 25mm 或 100mm 尺寸。

　　② 调节时基线比例和范围：用 25mm 和 100mm 尺寸。

　　③ 测定直探头与超声检测仪组合的远场分辨力：用 85mm、91mm、100mm 尺寸。

　　④ 测定直探头与超声检测仪组合的盲区：用 ϕ50mm 有机玻璃圆弧面至两侧的距离5mm 和 10mm。

⑤ 测定直探头与超声检测仪组合的最大穿透能力：用 ϕ50mm 有机玻璃底面的多次反射波。

⑥ 测定斜探头的入射点：用 R100mm 圆弧面。

⑦ 测定斜探头的折射角：用 ϕ50mm 或 ϕ1.5mm 孔测。

⑧ 测定斜探头的声束偏斜角：用直角棱边测。

（2）CSK-IA、CSK-IB 和 1 号标准试块 CSK-IA、CSK-IB 和 1 号标准试块均是在 IIW 试块基础上修改，又在我国标准中规定的试块。试块的材料为 20 钢。

1 号标准试块是 ZBY232—1984《超声检测用 1 号标准试块技术条件》所规定的试块。与 IIW 试块相比，它仅在角度标记上和 R100mm 圆柱面的圆心位置增加了细分的刻度线和标尺，以方便入射点和折射角的读数。

CSK-IA 试块是 JB1152—1981《锅炉和钢制压力容器对接焊缝超声检测》中规定的标准试块。CSK-IB 试块是 GB11345—1989《钢焊缝手工超声检测方法和检测结果分级》中规定的标准试块。两者尺寸规格基本相同（见图 2-22）。CSK-IA、CSK-IB 和 1 号标准试块较多用于焊缝横波检验，实际检验中更多采用的是改进后更为实用的 CSK-IA 和 CSK-IB 试块。

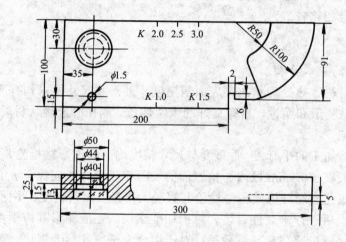

图2-22 CSK-IA 试块

与 IIW 试块相比，CSK-IA 和 CSK-IB 试块主要进行了三点改变：

① 将 R100mm 圆柱面改为 R50mm、R100mm 阶梯圆柱面，以便同时获得两个反射波，用来调节横波时基线比例。

② 将 ϕ50mm 直圆柱孔改为 ϕ40mm、ϕ44mm、ϕ50mm 台阶圆柱孔，以便测定斜探头在深度方向的分辨力。

③ 将折射角的度数改为 K 值，以便直接测出横波斜探头的 K 值（$K = \tan\beta$）。

除了上述三点外，CSK-IA 和 CSK-IB 试块的其他用途和 IIW 试块相同。

（3）IIW2 试块 IIW2 试块是荷兰人设计由国际焊接学会通过的试块，由于外形似牛角，所以又称为牛角试块。与 IIW 试块相比，IIW2 试块具有重量轻、尺寸小、形状简单、容易加工等优点，因此，IIW2 试块便于携带，适宜现场使用。IIW2 试块的材质和

IIW 相同，是用相当于我国的 20 钢制作而成。外形规格如图 2-23 所示。

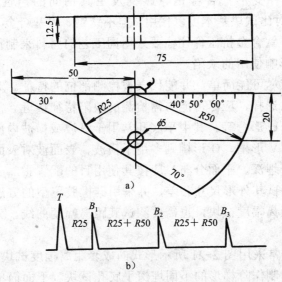

图2-23　IIW2试块

IIW2 试块的主要用途：

① 测定检测仪的水平线性、垂直线性和动态范围：用厚度为 12.5mm 底面。

② 调节时基线比例和探测范围：纵波直探头用 12.5mm 底面；横波斜探头用 $R25$mm 和 $R50$mm 圆弧面。

③ 测定斜探头的入射点：用 $R25$mm 和 $R50$mm 圆弧面。

④ 测定斜探头的折射角：用 $\phi5$mm 横通孔。

⑤ 调节检测灵敏度：用 $\phi5$mm 横通孔或 $R50$mm 圆弧面。

（4）ASTM 铝合金标准试块　试块规格如图 2-21 所示。试块制作与校验的标准为 ASTM E127。试块材料牌号为 7075，相当于我国牌号 7A09。采用铝合金制作标准试块的原因是不同成分的铝合金透声性基本相同，材质较为均匀稳定。

该套试块由以下三组组成：

① 基本组：由含有三种不同孔径、8 种不同埋深平底孔的 10 个试块组成。

② 面积幅度组：由含有 8 种不同孔径（0.40mm 至 3.20mm）、相同埋深平底孔的 8 个试块组成。

③ 距离幅度组：由含有 3 种不同孔径（1.20mm、2.00mm 和 3.20mm）、每种孔径 30 个不同埋深的平底孔的 90 个试块组成。

这套试块主要用于纵波脉冲反射法检测，可用于探头、检测仪的性能测试、灵敏度调整及检测范围调整等。

2.4.3　对比试块

1.　对比试块的选材、制作和检验要求

对比试块材料的透声性、声速、声衰减等应尽可能与被检件相同或相近。一般情况下，不同牌号变形铝合金之间声性能相差不大。用 7A09-T6 铝合金制作对比试块可用于一般铝合金检测。各种变形低合金钢、碳钢及工具钢间的声性能相差也不大。用 40CrNiMoA 钢来制作对比试块基本可以代用。但不锈钢、镍基合金、钴基合金应采用试件本身的材料来制作，钛合金挤压件往往要采用同工艺的材料来制作。制作时应保证材质均匀、无杂质、无影响使用的缺陷。

对比试块的外形应尽可能简单，并能代表被检测部位的特征。对比试块中人工缺陷的形状应按其使用目的选择，应尽可能与需检测的缺陷特征接近。常用的人工缺陷有平底孔、横孔、V 形槽、U 形槽等。其中平底孔常用于纵波或横波内部缺陷的检测，横孔常用于斜射横波检测，V 形槽、U 形槽则多用于横波、表面波对表面缺陷的检测。人工缺陷在试块上的位置（埋深、平面分布）应按其使用目的配置。

加工好的试块应测试其外形尺寸公差，并采用硅橡胶覆型的方法观测孔底的形状与尺寸误差。对于成套距离幅度试块，也需要测试其距离幅度曲线。

2. 常用对比试块

平面试件纵波检测常采用图 2-21 所示形式的成套距离幅度试块，有时，也视试件厚度直接采用试件材料，制作阶梯形的不同埋深平底孔试块。下面简单介绍几种常用的纵波检测与横波检测用试块。

（1）棒材纵波检测用试块

图 2-24 是 GJB1580—1993《变形金属超声波检验》中规定的棒材纵波检测用试块，是典型的曲面纵波检测试块。试块用与被检棒材相近的材料制作，主要用于棒材检测时仪器灵敏度的调整与缺陷评定。

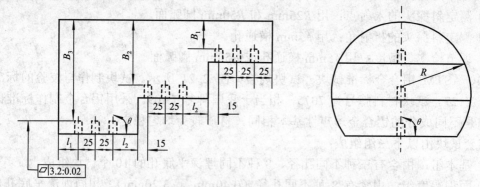

图2-24 棒材纵波检测用试块

（2）半圆试块 半圆试块是我国广为流行的试块。其形状和尺寸如图 2-25 所示。

半圆试块的半径常为 $R50\text{mm}$ 或 $R40\text{mm}$，有时将下边圆弧加工成平面，以便放置平稳。半圆试块分为中心切槽和不切槽两种。

中心不切槽半圆试块的反射波，从第二次反射波开始等距离出现，间距为 $2R$（mm）。如图 2-25b 所示。

中心切槽是为了产生多次反射波，从第一次反射波开始等距离出现，间距为 R（mm），但奇次波高、偶次波低。这是因为中心槽未切通，槽深为 5mm，小于探头声束截面，切槽处产生多次反射波，间距均为 R（mm）；而未切槽处从第二次反射波开始间距均为 $2R$

（mm），即未切槽处只在奇次有反射波，这样，未切槽处的反射波便和切槽处的反射波在奇次位置上互相叠加、互相加强，所以奇次位置波高，如图 2-25a 所示。

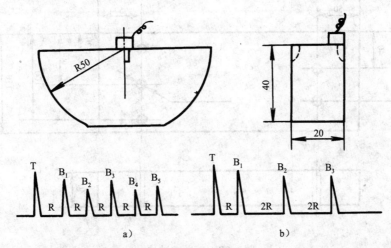

图2-25　半圆试块

a）中心切槽波形　b）中心不切槽波形

　　半圆试块基本可以代替牛角试块的功能，且制作简便，便于采用与被检件相同的材料制作，且可根据被检件情况改变圆的半径。

　　（3）RB－1、RB－2、RB－3 试块　RB－1、RB－2、RB－3 试块是 GB11345—1989 中规定的焊缝超声检测用对比试块。试块的形状和尺寸如图 2-26、图 2-27、图 2-28 所示。试块的材质与被检材料的声学性能相同或相近。

　　RB－1 试块主要用于厚度为 8～25mm 的钢板焊缝检测；RB－2 试块主要用于厚度为 8～100mm 的钢板焊缝检测；RB－3 试块主要用于厚度为 8～150mm 的钢板焊缝检测。

　　试块的主要用途：

① 调节时基线比例和探测范围。

② 测定斜探头的 K 值。

③ 测定横波 AVG 曲线。

④ 调节检测灵敏度。

⑤ 进行缺陷定量。

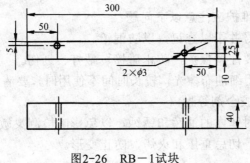

图2-26　RB－1试块

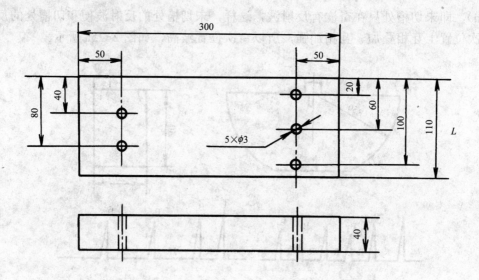

图2-27　RB－2试块

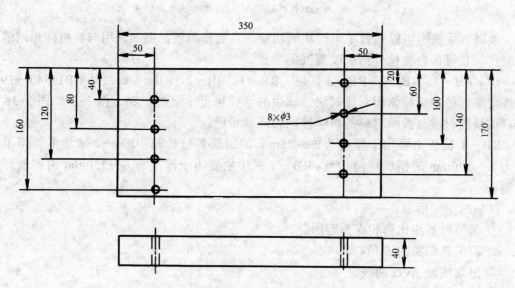

图2-28　RB－3试块

3. 对比试块的使用和维护

对比试块的使用和维护应注意以下问题:

① 应在适当位置编号并予以登记,以防混淆。

② 在使用和搬运中要注意保护,防止碰撞、敲打、划伤。

③ 要注意防锈,常用细油布擦光,较长时间不使用时,要清洗干燥后,涂上防锈剂,对平底孔要用尼龙塞或胶合剂等封口。

④ 使用时要清除反射体内的油污和锈蚀,以免影响检测灵敏度。

⑤ 要注意妥善保管,切忌重压和火烤,防止变形。

2.5 超声检测仪器与探头的性能

超声检测仪器与探头的性能包括超声检测仪自身的性能、探头的性能以及超声检测仪和探头配合使用时的组合性能。了解这些性能，并定期进行测试和校验，对正确选用检测设备，确保检测结果的可靠性，保证超声检测工作的质量，是十分必要的。

2.5.1 超声检测仪器、探头的主要性能及其组合性能

1. 超声检测仪的主要性能

超声检测仪各部分电路的技术参数和指标，有些显示仪器的工作范围和工作能力，有些则反映仪器的测量精度水平。制造商制造仪器时，需要对超声检测仪各部分电路的参数进行全面的测量，以对仪器的状态进行测试与评价，并根据产品标准给出仪器的检验合格报告。超声检测仪各部分的主要性能有：

（1）脉冲发射部分 这部分性能主要有发射脉冲幅度、发射脉冲上升时间、发射脉冲宽度和发射脉冲频谱。其中脉冲频谱与前几个参数是相关的。脉冲上升时间直接与频谱的带宽相关，脉冲上升时间越短，则频带越宽。在仪器技术指标中，常给出发射电压幅度和脉冲上升时间，作为发射部分的性能指标。

发射电压幅度也就是发射脉冲幅度，它的高低主要影响发射的超声波能量；脉冲上升时间则与可用的超声波频率有关，上升时间短，频带宽，频率上限也高，则可配用的探头频率相应也高。同时，脉冲上升时间短，脉冲宽度也可减小，从而可减小盲区，提高分辨力。

（2）接收部分 接收部分的性能主要有垂直线性、频率响应、噪声电平、最大使用灵敏度、衰减器准确度，以及与示波管结合的性能，包括垂直偏转极限、线性范围和动态范围。

垂直线性是输入到超声检测仪接收电路的信号幅度与其在超声检测仪显示器上所显示的幅度成正比关系的程度。在用波幅评定缺陷尺寸的时候，垂直线性对测试准确度影响较大。

频率响应又称为接收电路带宽，常用频带的上、下限频率表示。采用宽带探头时，接收电路的频带要包含探头的频带，才能保证波形不失真。

噪声电平是指空载时最大灵敏度下的电噪声的幅度。它的大小会限制仪器可用的最大灵敏度。

最大使用灵敏度是指信噪比大于 6dB 时可检测的最小信号的峰值电压。它表示的是系统接收微弱信号的能力。

衰减器准确度反映的是衰减器读数的增减与显示的信号幅度变化之间的对应关系。它对仪器灵敏度调整，缺陷当量的评定均有重要意义。

垂直偏转极限是指示波管上 Y 偏转最大时，对应的刻度值。通常要求大于满刻度值（100%）。

垂直线性范围是在规定了垂直线性误差值后，垂直线性在误差范围内的显示屏上的信号幅度范围。通常用上、下限刻度值（%）表示。

动态范围是指在增益不变的情况下，超声检测仪可运用的一段信号幅度范围，在此范围内信号不过载或畸变，也不至过小而难以观测。动态范围通常用满足上述条件的最大输入信号与最小输入信号之比的分贝值表示。

（3）时基部分　时基部分的性能包括水平线性、脉冲重复频率、以及与示波管结合的性能，包括水平偏转极限和线性范围。

水平线性又称为时基线性，或者称为扫描线性。水平线性指的是，输入到超声检测仪中的不同回波的时间间隔与超声检测仪显示屏时基线上回波的间隔成正比关系的程度。水平线性主要取决于扫描电路产生的锯齿波的线性。水平线性影响缺陷位置确定的准确度。

脉冲重复频率在 2.1.2 节中已有描述。

水平偏转极限是示波管上 X 偏转最大时，对应的刻度值。通常要求大于满刻度值（100%）。

水平线性范围是水平线性在规定误差范围内的时基线刻度范围。在使用时可根据水平线性范围调整仪器的时基线，使要测量的信号位于该范围内。

2. 探头的主要性能

探头的主要性能包括频率响应、相对灵敏度、时间域响应、电阻抗、距离幅度特性、声束扩散特性、斜探头的入射点和折射角、声轴偏斜角和双峰等。

频率响应是在给定的反射体上测得的探头的脉冲回波频率特征。在用频谱分析仪测试频率特性时，所得频谱如图 1-11 所示。由图中，可得到探头的中心频率、峰值频率、带宽等参数。

相对灵敏度是以脉冲回波方式，在规定的介质、声程和反射体上，衡量探头电声转换效率的一种度量。具体表达方式在不同标准中有不同的规定，如 GB/T18694—2002《无损检测 超声检验 探头及其声场的表征》中规定为探头输出的回波电压峰—峰值与施加在探头上的激励电压峰—峰值之比；而 JB/T10062—1999（原 ZBY231—1984）《超声检测用探头性能测试方法》中则规定为被测探头在规定的反射体上的回波幅度与石英晶片固定试块回波幅度之比。

时间域响应是通过回波脉冲的形状、脉冲宽度（长度）、峰数等特征来评价探头的性能。脉冲宽度与峰数是以不同形式来表示所接收回波信号的持续时间。脉冲宽度为在低于峰值幅度的一规定水平上所测得的脉冲（回波）前沿和后沿之间的时间间隔。峰数为在所接收信号的波形持续时间内，幅度超过最大幅度的20%（-14dB）的周数。脉冲宽度越窄，峰数越少，则探头阻尼效果越好。这样的探头分辨力好，但灵敏度略低。

距离幅度特性、声束扩散特性、声轴偏斜角和双峰，均属于探头的声场特性。第一章中已介绍了近场长度、扩散角和远场区声压分布的公式，但由于介质衰减以及探头频率成分的非单一性等原因，实际声场测量结果与理论计算结果会有所差异，因此，进行声场的实际测量是有必要的。

距离幅度特性是探头声轴上规定反射体回波声压随距离变化的曲线。由距离幅度特性可测出声场的最大峰值距探头的距离、远场区幅度随距离下降的快慢等。

声束扩散特性是指不同距离处横截面上声压下降至声轴上声压值的-6dB 时的声束

宽度。由于声束扩散，不同距离处声束宽度是不同的。不同探头的声束宽度变化情况与半扩散角有关。

声轴偏离角反映的是声束轴线与探头的几何轴线偏离的程度。双峰是指沿横向移动时，同一反射体产生两个波峰的现象。声轴偏离角和双峰均是与声束横截面上的声压分布相关的性能，反映的是最大峰值偏离探头中心轴线的情况。此性能将会影响到缺陷水平位置的确定。

斜探头的入射点和折射角是实际超声检测中经常用到的参数，每次检测时均要进行测量。入射点指斜楔中纵波声轴入射到探头底面的交点；折射角的标称值指钢中横波的折射角，由斜楔的角度决定。两者均是探头制作完成时的固定参数，但随着使用中探头斜楔的磨损，两个参数均会改变。

3．超声检测仪和探头组合性能

超声检测仪与探头的组合性能包括灵敏度余量、分辨力与信噪比。

超声检测系统的灵敏度的含义是，整个系统能够发现的最小缺陷。系统的灵敏度常用灵敏度余量表示。灵敏度余量指的是，仪器最大输出时（增益、发射强度置于最大位置，衰减和抑制旋钮置于"0"位置时），使规定的反射体回波达到基准高度时仪器所衰减的总量（或保留的增益量），用分贝表示。由于电噪声的存在，仪器剩余的增益量并不能全部释放用于缺陷检测，因此，测量灵敏度余量时还需扣除避免噪声过高而需要保留的剩余衰减（增益）量。

超声检测系统的分辨力是指能够对一定大小的两个相邻反射体提供可分离指示时两者的最小距离。由于超声脉冲自身有一定宽度，在深度方向上分辨两个相邻信号的能力有一个最小限度（最小距离），称为纵向分辨力。在试件的入射面和底面附近，可分辨的缺陷和相邻界面间的距离，称为入射面分辨力和底面分辨力，也称为上表面分辨力和下表面分辨力。纵波接触法检测时，入射面附近，由于发射脉冲宽度和阻塞现象引起的盲区，是近表面分辨力的一种情况，此时，近表面分辨力的数值就等于盲区。实际检测时，入射面分辨力和底面分辨力与所用的检测灵敏度有关，检测灵敏度高时，界面脉冲或始波宽度会增大，使得分辨力变差。探头平移时，分辨两个相邻反射体的能力称为横向分辨力。横向分辨力取决于声束的宽度。

信噪比指的是，荧光屏上最小缺陷回波幅度与最大噪声幅度之比。由于噪声的存在会掩盖幅度低的小缺陷信号，使小缺陷的存在难以识别。因此，信噪比对缺陷的检出起关键作用。

2.5.2　超声检测仪、探头及其组合性能的测试方法

1．仪器使用性能的测试方法

仪器的基本性能主要由制造商在仪器出厂前进行测试，并提供给用户。对于使用者来说，更关心的是那些与检验直接相关的基本性能，主要包括垂直线性、水平线性、动态范围和衰减器准确度。这些指标的测量方法较为简单，通常不需要连接特殊的电路或仪器。在定期的仪器检定中，以及在日常工作中确认仪器状态时，均对这些指标进行测量，因此，这些指标又称为仪器的使用性能。关于这些技术指标的具体量值要求，需

根据超声检测的具体对象和目的进行规定。

（1）垂直线性和衰减器准确度　接收电路中影响垂直线性的有衰减器、高频放大器、视频放大器等。不同的标准中，规定了不同的测试方法。一种简单的测试方法是采用规定的人工反射体产生的脉冲回波，用仪器上的衰减器改变屏幕上显示的回波高度，以测得的回波高度值与相应衰减量对应的理论波高的最大差值作为垂直线性误差。这种方法测得的垂直线性误差综合了衰减器和放大器等接收电路各部分的误差值。

为了要区分衰减器误差与其他电路的误差，一种方法是先用标准衰减器测出仪器上衰减器的准确度，在衰减器符合要求的情况下，再进行上述测量；另一种方法是采用两个成比例的信号，调节增益（或衰减器）使信号在屏幕上的波高改变为不同的值，观察两个信号幅度比的变化情况。由于衰减器对两个信号的衰减量是一样的，幅度比的变化基本排除了衰减器的影响，可代表放大电路的线性情况。在确认放大器线性满足要求的情况下，仍可用衰减器调节量与回波高度的对应关系来测定衰减器的准确度。

（2）水平线性　水平线性的测试可利用任何表面光滑、厚度适当并具有两个相互平行的大平面的试块，用纵波直探头获得多次反射回波，并将规定次数的两个回波调整到与两端的规定刻度线对齐，之后，观察其他的反射回波位置与水平刻度线相重合的情况。

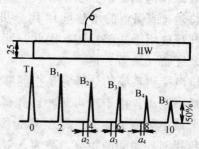

图2-29　水平线性的测试

以用直探头和 IIW 试块，按 JB10061—1999（原 ZBY230—1984）《A 型脉冲反射式超声检测仪通用技术条件》的方法进行的测试为例，测试步骤如下：

① 将探头置于试块上，声束对准 25mm 底面，如图 2-29 所示。

② 调节增益旋钮、深度粗调旋钮、深度微调旋钮、水平等旋钮，使荧光屏上得到五次底面回波 B_1、B_2、B_3、B_4、B_5，且 B_5 波高大于垂直满幅度的 50%。

③ 调节深度微调旋钮和水平旋钮等，使 B_1 和 B_5 的前沿分别与水平刻度的 2 和 10 刻度线对准，如图 2-20 所示。

④ 观察并记录 B_2、B_3、B_4 前沿与水平刻度 4、6、8 的偏差量 a_2、a_3、a_4。

⑤ 计算水平线性误差：

$$\Delta L = \frac{|a_{max}|}{0.8b} \times 100\% \qquad (2-3)$$

式中　a_{max} ——最大偏差量；

　　　$0.8b$ ——被测段刻度值；

　　　b ——水平全刻度值。

（3）动态范围　动态范围的测量通常采用直探头，将试块上反射体的回波高度调节至垂直刻度的 100%，用衰减器将回波幅度由 100% 下降至刚能辨认的最小值，该调节量即为仪器的动态范围。

2. 探头性能的测试方法

多数探头性能都不仅与探头晶片本身的特性有关，还与探头的阻尼、耦合介质特性有关，与测试时激励信号的特性有关。很多性能必须通过脉冲回波来反映，因此，测试时往往要规定测试激励信号、耦合介质以及脉冲反射法时的反射体，以使需检测的探头性能以外的其他影响因素被排除或保持不变，使检测结果具有可比性。

前面所述的探头性能是探头制造商进行探头质量评价时需要检测的项目。对于使用者而言，测试的目的主要是对探头性能的定期校验，以及斜探头入射点与折射角等易变参数的常规测试。下面仅介绍常用的频率特性、距离幅度特性、声束特性、斜探头的入射点与折射角、声束偏离角与双峰的测试方法。

*（1）频率响应　测试探头频率响应时，要求激励脉冲频带和接收电路的带宽足以包含探头的频带范围；产生回波的反射体应为足够大的平面；传声介质衰减应尽可能小。测量的方法有利用频谱仪测量回波脉冲频谱的方法和利用回波脉冲的射频波形测量回波频率的方法。两种方法均需在规定的反射体上获取回波脉冲。频谱法用闸门将回波提取出来，送给频谱仪进行分析，可以得到探头的中心频率、峰值频率、带宽等特征参数。射频波形测量方法需用示波器将回波脉冲展开，如图 2-30 所示，

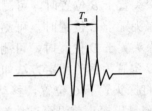

图2-30　回波频率的测量

通过读取多个周期的总时间（T_n）和周期数（n），可以计算出回波频率 f：

$$f = \frac{n}{T_n} \tag{2-4}$$

对于宽频带探头，由于阻尼效果较强，脉冲形状不再是均匀的多个周期，不适合采用读取周期的方法测定频率特性。

（2）距离幅度特性　接触法纵波直探头距离幅度特性的测定需要采用一套含不同埋深的平底孔的试块，测量每个埋深的平底孔的幅度，绘制成幅度与距离的关系曲线。横波距离幅度曲线可采用不同埋深的横孔进行测定。水浸法探头的距离幅度曲线采用水中钢球反射波幅随距离的变化来表示。

（3）斜探头的入射点与折射角　入射点与折射角的测定可用 IIW 试块或 CSK-IA 试块测定。入射点和前沿距离 l_0 的测定方法如下：

① 将探头置于试块上，如图 2-31 所示。

② 将探头在检测面中心位置上移动（探头的声束轴线要与试块两侧相平行），使 $R100$ 曲面的回波达到最高，此时，$R100$ 圆弧的圆心所对应探头上的点就是探头的入射点。入射点的位置可标记在探头的楔块上。

③ 用直尺量出探头前端面至试块圆弧顶端的距离 M（mm）。则探头的前沿距离：

$$l_0 = 100 - M \text{（mm）}$$

折射角和 K 值的测定可用 IIW 试块或 CSK－IA 试块上的 $\phi 50$ 和 $\phi 1.5$ 横孔来进行，如图 2-31 所示。

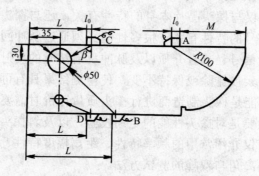

图2-31　测定入射点和 K 值

当探头置于 B 位置时，可测定 β 为 $35°\sim60°$，即 K 值为 $0.7\sim1.73$。

当探头置于 C 位置时，可测定 β 为 $60°\sim75°$，即 K 值为 $1.73\sim3.73$。

当探头置于 D 位置时，可测定 β 为 $75°\sim80°$，即 K 值为 $3.73\sim5.67$。

以 C 位置为例的测定方法如下：

① 将探头置于 C 位置，移动探头，找到 $\phi 50$ 横孔的最高回波，固定探头。

② 测量出探头前沿至试块端面的距离 L。

③ 计算

$$K = \tan\beta = \frac{L + l_0 - 35}{30} \qquad \beta = \tan^{-1}K \qquad (2-5)$$

在 B 位置或 D 位置的测定方法和 C 位置的测定方法相同。

在 B 位置的计算公式： $K = \dfrac{L + l_0 - 35}{70}$ $\qquad\qquad\qquad (2-6)$

在 D 位置的计算公式： $K = \dfrac{L + l_0 - 35}{15}$ $\qquad\qquad\qquad (2-7)$

由上述可知，在测定斜探头的 K 值之前，先要测定该探头的前沿距离。

*（4）探头声束特性　接触探头的声束特性可采用试块中横通孔进行测量，水浸探头可采用水中钢球测量。测试的方法如下：

① 接触探头　在探头圆周四个对称位置标记出 $+x$、$-x$、$+y$、$-y$ 四个位置，将探头置于试块中埋深为探头 N 点的横孔之上，使 $+x$ 和 $-x$ 对应的探头直径与横孔垂直，找到横孔的最高反射波，沿垂直于横孔的方向向两侧移动探头，测出横孔回波下降 6dB 时探头移动距离 W_{+x} 和 W_{-x}，如图 2-32 所示。将探头 $+y$ 和 $-y$ 对应的探头直径与横孔垂直，可同样测出 W_{+y} 和 W_{-y}。令 $W_x = W_{+x} + W_{-x}$，$W_y = W_{+y} + W_{-y}$，则 W_x 和 W_y 为沿两相互垂直方向的声束宽度，W_x 和 W_y 的比值代表探头声场的对称性。有些标准中规定沿间隔 $45°$ 的四个方向测量声束宽度，则需将探头圆周上 4 个标记点增加为 8 个，沿四条直径测量声束宽度。

②水浸探头　将探头连接到水浸设备探头操纵器上，调整探头角度使声束垂直于扫描器的 x-y 平面，以钢球作为反射体，使水距等于探头近场长度 N，移动探头找到钢球的最大反射，沿 x 轴和 y 轴分别移动探头，测量下降 6dB 时的移动距离 W_{+x}、W_{-x}、W_{+y} 和 W_{-y}。

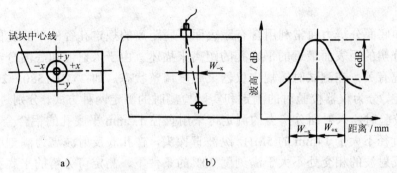

图2-32　接触探头声束特性测试

（5）声束偏离角与双峰　以斜探头为例，声束偏离角的测定如图 2-33 所示。探头对准试块棱边，转动探头，使棱边反射波最高，这时探头侧面的平行线与棱边法线的夹角 θ 即为探头的声束偏离角。当 $K>1$ 时，用一次波测定；当 $K\leqslant1$ 时用二次波测定。

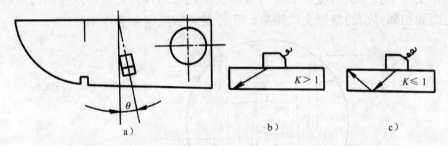

图2-33　声束偏离角的测定

探头双峰的测试方法为：将探头置于有横通孔的试块上，入射方向朝向横孔，如图 2-34a 所示。前后移动探头，如果荧光屏上出现的回波是双峰，则说明探头有双峰现象。

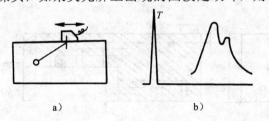

图2-34　测试双峰

*3. 仪器与探头组合性能的测试方法

超声检测仪与探头的组合性能包括灵敏度余量、分辨力与信噪比。

（1）灵敏度余量　仪器与探头组合的灵敏度余量的测定，需要分为两个步骤，第一步需测定电噪声不大于满刻度的规定值（如 10% 或 20%）时仪器的衰减（或增益）旋钮读数；第二步需要在规定的探头、试块上，使人工反射体回波幅度降至规定的高度（如50%或60%），读取仪器的衰减（或增益）旋钮读数。两者之差即为灵敏度余量。

（2）分辨力　分辨力有两种表示方式：入射面和底面分辨力常以距表面的距离来表示；而远场中直探头与斜探头对相邻缺陷的分辨力则常以规定反射体波峰与波谷间的分贝数来表示。

入射面和底面分辨力通常利用含有距表面不同距离的规定孔径的平底孔的试块进行测量，以可分辨的距表面最近的平底孔的距离来描述。由于入射面和底面分辨力与仪器增益调整情况有关，在测试时需规定仪器灵敏度调整状态。如：GJB1580—2004 中，关于分辨力测定，分为仪器校验时的测定和实际检测时的测定两种方式，分别进行了规定：

在仪器校验时，入射面分辨力的测定可采用直径 1.2mm 平底孔的铝合金标准试块。采用换能器直径不大于 14mm 的 5MHz 纵波直探头，在孔底反射波高为满刻度 80%，而与相邻界面反射波的相交处不大于满刻度 20% 的条件下，测定可分辨的平底孔埋深，参见图 2-35。

在需要根据实际检测条件测定入射面和底面分辨力时，可用图 2-35b 所示试块，试块的材质、平底孔的直径及孔底到相邻界面的距离应根据受检件的要求确定。测定时应采用实际检验所需探头，在根据需要所确定的灵敏度下，找出平底孔反射波与相邻界面反射波的相交处不大于满刻度 20% 时可分辨的平底孔埋深。此时，入射面与底面分辨力可用从孔底到相邻界面的最短金属距离、孔径及灵敏度调整条件来给出。

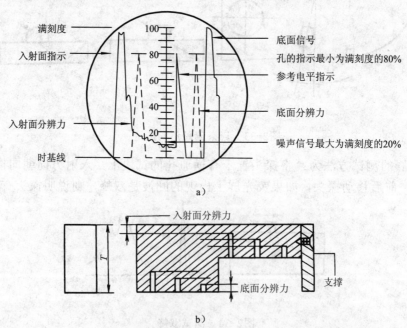

图2-35　用于确定入射面及底面分辨力的典型图形及试块

a）典型图形　b）试块示意图

远场中直探头的分辨力可用 IIW 试块或 CSK－IA 试块测试。如图 2-36 所示，探头置于试块的III处，左右移动探头，使荧光屏上出现 85、91、100 三个回波 A、B、C，如

图 2-37 所示。以波峰和波谷的分贝差 201g（a/b）表示分辨力。

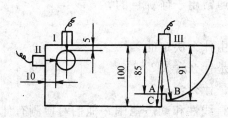

图2-36　分辨力的测定

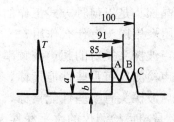

图2-37　直探头分辨力

斜探头分辨力可用 CSK－IA 试块测试。如图 2-38a 所示，将探头置于试块上，使荧光屏上出现 φ50、φ44、φ40 三阶梯孔的反射波，如图 2-38b 所示。调节衰减器，测量波峰 h_1 衰减到波谷 h_2 高度的分贝差，即为分辨力的数值。

（3）信噪比　信噪比的测定也分为仪器校验时的测定和实际检测的测定。

例如，按 GJB1580—2004 中的规定，仪器校验时信噪比的测试方法如下：将纵波直探头耦合到铝合金试块上，该试块中

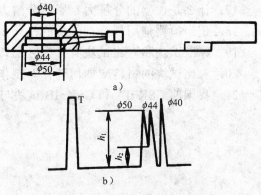

图 2-38　斜探头分辨力

含有埋深不小于 75mm、直径为 0.4mm 的平底孔。调节增益，使平底孔反射波高达到满刻度的 100%，测量此时的噪声水平，评价信噪比。若此时噪声不大于 20%，则认为符合要求。

实际检测时，常常以对比试块中的规定人工伤的反射幅度作为信号幅度，将其调到屏幕上的指定高度，然后在试件上观察噪声水平，测定噪声提高到屏幕同样高度时与人工伤信号的分贝差，作为实际检测的信噪比。也可直接取试件材料加工人工伤，观察人工伤幅度与噪声幅度的分贝差。

复 习 题

1．什么是 A 扫描、B 扫描和 C 扫描？三种显示方式中各能够得到哪些信息？
2．A 型脉冲反射式超声检测仪有哪些主要组成部分？
3．A 型脉冲反射式超声检测仪的工作原理是怎样的？
4．超声检测的盲区指的是什么？
5．脉冲重复频率和检测频率各是什么含义？
6．数字式超声检测仪有哪些优势？
7．探头中压电晶片的作用是什么？
8．超声检测中通常用何种方式产生横波和表面波？

9. 斜探头在试件中产生的波型由哪些因素决定？

10. 双晶探头是以何种方式工作的？通常用于何种目的？

11. 使用聚焦探头有什么作用？

12. 超声波探头发射的超声波频率是由什么决定的？

13. 超声检测仪有那些性能指标？各是什么含义？

14. 超声波探头有哪些性能指标？各是什么含义？

15. 什么是超声检测仪的水平线性、垂直线性和动态范围？他们对检测有什么影响？如何测定？

16. 斜探头的入射点、前沿长度和 K 值应如何测定？

17. 什么是仪器的分辨力？影响分辨力的主要因素是什么？

18. 超声检测使用耦合剂的目的是什么？试列举几种常用耦合剂。

19. 标准试块和对比试块有什么区别？各自的用途是什么？

20. 对比试块的材料应如何选择？制作对比试块需考虑那些问题？

21. 我国的 CSK-IA 和 CSK-IB 试块与 IIW 试块的差异有哪些？

第 3 章　超声检测技术分类与特点

只要是利用超声波能量对材料或制件的状态进行检测的技术均属于超声检测。但是，对于一个超声无损检测人员来说，针对一项具体的检测任务，还必须明确地知道需采用哪一种超声检测技术。

为了完成一项超声检测任务，首先需要了解检测对象的制造工艺和使用目的、影响使用的缺陷种类、缺陷的最大可能取向及大小、受力方向及验收要求，从而确定需检测的缺陷特征与部位。然后，结合检测对象的形状、尺寸、材质，选择适当的检测技术，也就是确定波型、入射方向、用于显现缺陷的超声特征量（幅度、时间、衰减）、耦合方式、显示方式等，以便最大可能地实现检测的目的。之后，需选择适当的仪器、探头、耦合剂，设计适当形式的对比试块，确定正确的操作步骤与方法（包括试件准备、仪器调整、扫查方式、缺陷信号的评定方法、记录方法）。需编制检测规程或检测工艺卡，将上述内容以文件形式固定下来，以指导操作者正确地完成检测过程，得到可靠的检测结果。

为此，首先需要了解各超声检测技术的原理和特点，其次，要了解仪器、探头、入射面等检测条件对检测的影响，检测过程各步骤的目的及对检测结果的影响。本章先就各常用超声检测技术的原理、特点和局限性进行介绍，以掌握检测技术选择的依据和原则。检测过程的具体步骤和具体技术将在第四章进行阐述。

3.1　检测技术分类

超声检测技术分类的方式有多种，较常用的有以下几种：

① 按原理分类：脉冲反射法、穿透法、共振法；

② 按显示方式分类：A 型显示、B 型显示、C 型显示；

③ 按波型分类：纵波法、横波法、瑞利波法、兰姆波法；

④ 按探头数目分类：单探头法、双探头法、多探头法；

⑤ 按耦合方式分类：接触法、液浸法；

⑥ 按入射角度分类：直射声束法、斜射声束法。

每一个具体的超声检测技术都是上述不同分类方式的一种组合，如最常用的：单探头纵波垂直入射脉冲反射接触法（A 型显示）。在日常工作中，人们常说的纵波探伤往往就是指这种技术。每一种检测技术都有其特点与局限性，针对每一检测对象所采用的不同的检测技术，是根据检验目的及被检件的形状、尺寸、材质等特征来进行选择的。

3.2 脉冲反射法与穿透法

3.2.1 脉冲反射法

脉冲反射法是由超声波探头发射脉冲波到试件内部，通过观察来自内部缺陷或试件底面的反射波的情况来对试件进行检测的方法。图3-1显示了接触法单探头直射声束脉冲反射法的基本原理。

如图3-1a所示，当试件中不存在缺陷时，显示图形中仅有发射脉冲T和底面回波B两个信号。而当试件中存在有缺陷时，在发射脉冲与底面回波之间将出现来自缺陷的回波F，如图3-1b所示。通过观察F的高度可对缺陷的大小进行评估，通过观察回波F距发射脉冲的距离，可得到缺陷的埋藏深度。当材质条件较好且选用探头适当时，脉冲回波法可观察到非常小的缺陷回波，达到很高的检测灵敏度。

当试件的材质和厚度、表面状态不变时，底面回波B的高度基本是不变的。当试件中存在一定尺寸的缺陷或存在材质的剧烈变化时，底面回波的高度会下降甚至消失。因此，在对检测面与底面平行的试件进行脉冲回波直射声束法超声检验时，底面回波高度的监测也可作为一种检测手段。但通过底波检测缺陷时，灵敏度较低，且无法确定缺陷深度，定量也较难，因此，底波监测常作为辅助手段以发现一些与入射面成一定角度的缺陷或小而密集的缺陷。这类缺陷往往反射幅度很低，或观察不到反射信号。

除了接触法单探头直射声束法以外，脉冲反射法还可与斜射声束法、双探头法、液浸法等相结合，是最常用、最基本的超声检测方法。

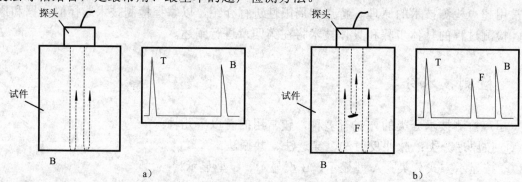

图3-1 接触法单探头直射声束脉冲反射法

a）无缺陷 b）有缺陷

3.2.2 穿透法

穿透法通常采用两个探头，分别放置在试件两侧，一个将脉冲波发射到试件中，另一个接收穿透试件后的脉冲信号，依据脉冲波穿透试件后能量的变化来判断内部缺陷的情况（见图3-2）。

当材料均匀完好时，穿透波幅度高且稳定；当材料中存在一定尺寸的缺陷或存在材质的剧烈变化时，由于缺陷遮挡了一部分穿透声能，或材质引起声能衰减，可使穿透波幅度明显下降甚至消失。很明显，这种方法无法得知缺陷深度的信息，对于缺陷尺寸的判断也是十分粗略的。

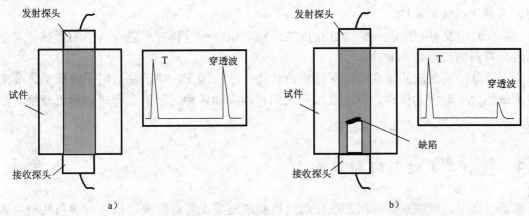

图3-2　接触法直射声束穿透法

a）无缺陷　b）有缺陷

*3.2.3　脉冲反射法与穿透法的特点比较

1. 脉冲反射法的优点

相对于穿透法而言，脉冲反射法具有明显的优点：

① 检测灵敏度高　脉冲反射法根据缺陷脉冲的出现，判断缺陷的存在，只要小缺陷信号能够引起明显高于噪声的回波，就可以通过提高增益，将信号放大到显示屏高度的80%以上，因此，缺陷引起的回波幅度变化是屏幕高度的 0%～80%，很容易观察并记录。目前常规超声检测所采用的 25MHz 以下的检测频率，按波长的二分之一计算，已可检测 120μm 的缺陷。实际上，由于微缺陷的散射作用，已有实验证明，在细晶金属材料中，由于有足够的信噪比，25MHz 的聚焦探头可以发现直径 50μm 缺陷的回波。而穿透法显示缺陷利用的是缺陷处底波的降低量，当缺陷尺寸相对于探头声束直径较小时，引起底波变化的分贝数是很小的，而且，这种变化不能够通过提高增益将其放大，因此往往不容易被发现。当缺陷尺寸很小时，由于衍射的原因，小缺陷不能引起穿透波的变化。

② 可对缺陷精确定位　利用传播时间与距离的线性关系，通过 A 扫描时间基线的精确定标或根据已知声速，由脉冲波在时间基线上的位置可进行缺陷的精确定位。穿透法不能得到缺陷深度信息。

③ 操作方便　只需单面接近试件进行扫查，可采用手动检测，自动扫查装置也相对简单。穿透法需将一收一发两个探头准确对中，手动法难以操作，对设备的要求较高。

④ 适用范围广　适用于各种形状的试件。穿透法要求试件在一定范围内具有接近平行的两相对面。

因此，只要超声波的分辨力和灵敏度足以得到所需检测缺陷的回波显示，则脉冲反射法是最好的选择。

2. 脉冲反射法的缺点

① 采用纵波垂直入射检查时，存在一定盲区，对位于表面和近表面的、平行于表面

的缺陷的检出能力低，对薄试件的检测难以实现。

② 对于主平面与声束轴线不垂直的缺陷，探头往往收不到缺陷回波，或回波信号很弱，容易造成缺陷漏检。

③ 声波由发射到接收，要通过双倍的声程，相当于材料对声能有两倍的衰减，对于高衰减材料的检测是不利的。

上述脉冲反射法的缺点恰是穿透法的优势所在，因此，穿透法适用于薄板类、要求检测缺陷尺寸较大的试件，以及衰减较大的材料，如各种树脂基复合材料薄板及蜂窝结构。

3.3 直射声束法与斜射声束法

第一章中已经讲到，可用来进行超声检测的波型主要有纵波、横波、瑞利波与兰姆波，每种波型的质点振动方式与波的传播方式均不相同。除兰姆波法仅在薄板中可以产生以外，其他各波型适用对象较为广泛。在决定对某一试件选用哪种波型或检测技术进行检测时，所考虑的主要因素并不是振动方式对缺陷检测的影响，而是试件中需要检测的缺陷的位置及取向，选取的原则是要得到缺陷的最大可能显示。对于脉冲反射法来说，当缺陷的主反射面与声束轴线垂直时，探头得到的回波幅度最大。以这一原理为依据，选用的技术应根据缺陷的最大可能取向，使声束轴线与缺陷主反射面相垂直。为此，需使超声波束以不同的倾斜角射入试件，因而又将超声检测技术分为直射声束法和斜射声束法。作为斜射声束法的一种特殊形式，又产生了表面波法。对于穿透法来说，主要采用的是直射声束法。

3.3.1 直射声束法

使声束轴线垂直于检测面进入试件进行检测的技术，称为直射声束法。直射声束法可以是单晶直探头脉冲反射法、双晶直探头脉冲反射法和穿透法。直射声束法通常采用的波型是纵波，在未加特殊说明时，所谓纵波检测，通常是指直射声束纵波脉冲反射法。直射声束法的耦合方式可为接触法或水浸法。图3-1和图3-2也是直射声束接触法中脉冲反射法和穿透法的示意图。

直射声束脉冲反射法主要用于铸件、锻件、轧制件的检测，适用于检测平行于检测面的缺陷。由于波型和传播方向不变，缺陷定位比较方便、准确。对于单直探头检验，由于声场接近于按简化模型进行理论推导的结果，可用当量法对缺陷尺寸进行评定。另外，在同一介质中传播时，纵波速度大于其他波型的速度，穿透能力强，可探测试件的厚度是所有波型中最大的。

双晶探头脉冲反射法利用两个晶片一发一收，可以在很大程度上克服直探头反射法盲区的影响。其检测原理见图3-3。虽然两个晶片用隔声层隔开，仍能接收到少量界面处直接反射的声波（S），但通常幅度较低。无缺陷时接收的第一个较高幅度的回波应为底面回波（B），缺陷回波位于界面回波和底面回波之间。双晶探头适用于检测近表面缺陷，也可用于薄试件、小直径棒材等。

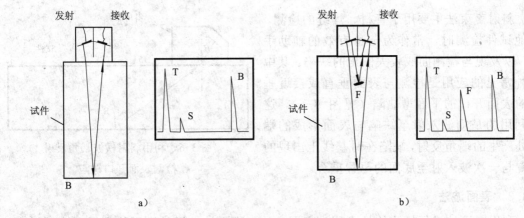

图3-3　双晶探头脉冲反射法

a）无缺陷　b）有缺陷

3.3.2　斜射声束法

使声束以一定入射角（大于 0°）进入检测面，利用在试件中产生的传播方向与检测面成一定角度的波进行检测的技术称为斜射声束法。根据入射角度选择的不同，试件中产生的波型可同时有纵波与横波，也可为纯横波或表面波。斜射声束法最常用的是采用横波作为检测波型的斜射横波法，也就是通常所说的横波法。

斜射声束的产生通常有两种方式，一种是采用接触法斜角探头，由晶片发出的纵波通过一定倾角的斜楔到达接触面，在界面处发生波型转换，在试件中产生折射后的斜射声束；另一种是利用水浸直探头，在水中改变声束入射到检测面时的入射角，从而在试件中产生所需波型和角度的折射波。

图 3-4 和图 3-5 是斜射声束横波检验的两种典型情况。对于接触法斜角探头，斜楔常用材料为有机玻璃（其纵波速度 $c_L=2.73\times10^3$m/s）。根据折射定律，当试件材料为钢时（纵波速度 $c_L=5.9\times10^3$m/s，横波速度 $c_S=3.23\times10^3$m/s），可得第一临界角 α_I 为 27.6°，第二临界角 α_{II} 为 57.8°，入射角在这两个角度之间，则试件中呈现单一横波。通常检测所用横波折射角为 38°～80°之间。如图 3-4 所示，横波斜射声束检测时，声束在上下表面间反射形成 W 形路径。如果声波在前进中没有遇到障碍，声波不会返回，A 扫描显示除发射脉冲 T 外无其他回波。当声束路径中遇到缺陷时，反射回波将出现在相应的声程位置处。

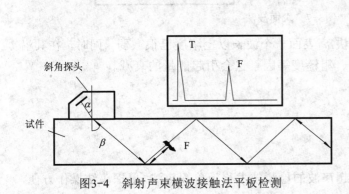

图3-4　斜射声束横波接触法平板检测　　　　图3-5　横波水浸法管材检测

斜射声束法主要用于管材、焊缝的检测，其他试件检测时，常作为一种有效的辅助手段，以发现与检测面成较大倾角的缺陷。其中一种常见的应用是检测与表面垂直或接近垂直的表面开口的平面型缺陷（见图 3-6）。这里利用的是横波入射至缺陷与表面形成的端角处产生的端角反射，缺陷在时基线上出现的位置与一次波入射至底面的位置重合。

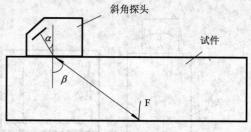

图 3-6　利用斜射横波端角反射
检测表面开口缺陷

3.3.3　表面波法

利用表面波进行检测的技术称为表面波法。表面波法通常利用的是瑞利波，因此，又称为瑞利波法。第一章中已对瑞利波有所介绍，它是一种在厚度远大于波长的固体表面层上传播的一种波型。瑞利波在曲面上传播时，其速度随曲面形状和曲率大小而有所不同，凸面上速度较大，凹面上速度较小，曲率半径与波长之比足够大（约 50 以上）时，基本与平面相同。

瑞利波的产生方式较多，超声检测中最常用的方式与横波斜射声束接触法的产生方式相似，采用斜角探头，在入射角满足下式的条件下，在界面上可产生瑞利波。

$$\sin\alpha = \frac{c_{\mathrm{L}}}{c_{\mathrm{R}}} \tag{3-1}$$

式中　　c_{L}——斜楔中的纵波速度；

　　　　c_{R}——试件材料中瑞利波速度。

瑞利波在传播过程中遇到表面或近表面缺陷时，部分声波在缺陷处仍以瑞利波被反射，并沿试件表面返回，A 显示波形上回波的水平位置与缺陷在试件表面距探头入射点的距离相关（见图 3-7）。

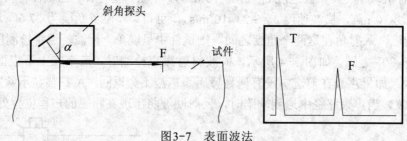

图3-7　表面波法

瑞利波幅度沿深度方向衰减很快，离表面一个波长以上幅度已很微弱。同时，在其沿表面传播过程中，试件表面的油污、粗糙度等因素也会引起能量的衰减。

3.4　单探头法与双探头法

3.4.1　单探头法

使用一个探头兼作发射和接收超声波的检测技术称为单探头法。单探头法操作方便，是目前最常用的一种检测技术。如前所述，单探头脉冲反射法可为直射法或斜射法，都要求缺陷主反射面与声束轴线垂直。当缺陷主反射面与入射面的倾角较大时，或由于结构上的原因和表面状态的原因不能使声束达到所需要的角度时，单探头就可能难以有效地检测出所要求的缺陷。

3.4.2　双探头法

双探头法使用两个探头，一个发射，一个接收，主要用于检测单探头法难以检出的缺陷。图 3-8 为双探头法几种典型的排列方式。

当试件中存在与检测面垂直的平面型缺陷时，单探头无法实现声束与缺陷平面相垂直。若缺陷为上表面或下表面开口的缺陷，尚可利用横波端角反射进行检测。若缺陷位于上下面之间，则常用图 3-8a 所示的串列式双探头法进行检测。检测时采用两个入射角相同的探头，将两个探头放置在同一个面上，并朝向同一个方向。当试件中无缺陷时，接收探头收不到回波；当试件中存在图中所示的缺陷时，发射探头发射的声波经缺陷反射到达底面，再从底面反射至接收探头。

可以看出，对于特定深度的缺陷，只有在两个探头之间相距特定距离时，才能接收到经底面反射的回波。当两个探头相距最近时，可检测的缺陷深度是由两个探头前沿长度、试件厚度和折射角度决定的可检测缺陷的最大深度。扫查时通过改变的探头间距，对试件中不同深度的缺陷进行检测。而且，对于一定厚度的试件和一定角度的探头，声波经过的路径长度是不变的，因此，缺陷在时基线上的位置是不随深度改变的。

用来检测与表面垂直的缺陷的另一种技术是图 3-8b 所示的技术。两个探头以相同的方向分别放置在试件的两个相对面上，当试件中存在图中所示的缺陷时，发射探头发射的声波经缺陷反射被另一个探头所接收。检测时缺陷显示的特点与上述串列式相似，也是在屏幕上固定位置出现，只是同样厚度的试件声程减少了一半。扫查时，单个面上需要提供的探头移动距离较小，且需要两面放置探头。

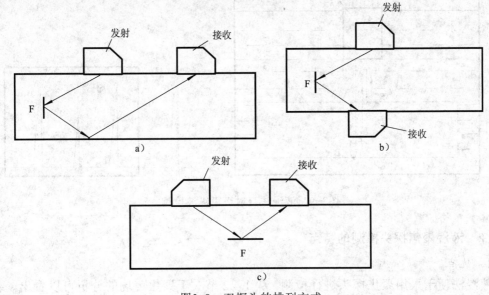

图3-8　双探头的排列方式

图 3-8c 所示的技术是在同一个面上，采用一收一发两个探头检测与表面平行的缺陷。这种技术仅在特殊情况下，直探头不能在缺陷上方放置时采用。

除了单探头法与双探头法以外，有时，还使用两个以上的探头组合起来进行检测，称为多探头法。采用这类技术的目的是为了提高检测效率，通常采用多通道仪器和自动扫查装置。

3.5 接触法与液浸法

3.5.1 接触法与液浸法的原理

从探头与试件间声耦合的方式来看，还可将超声检测技术分为接触法与液浸法两大类。接触法检测是将探头与试件表面直接接触进行检测的技术（见图 3-1），通常在探头与检测面之间涂有一层很薄的耦合剂，以改善探头与检测面之间声波的传导。前面 3.2 节至 3.4 节所述的各种检测技术,均可采用接触法实现。

液浸法是将探头和试件全部或部分浸于液体中，以液体作为耦合剂，声波通过液体进入试件进行检测的技术。液浸法最常用的耦合剂为水，此时，又称为水浸法。由于液体中不存在剪切力，只有纵波能够在液体中传播，但随着声束在试件表面入射角的不同，试件中同样可以产生纵波、横波、表面波、兰姆波等波型，从而实现不同波型的检测。

图 3-9 为液浸法直射声束纵波检测的示意图。由图中可以看出，液浸法 A 扫描显示与接触法有不同特征。在发射脉冲之后，首先出现的是声波经过液层以后在液体与试件的界面反射回来的波，称为界面回波（S）。之后，出现与接触法时相似的缺陷回波和底面回波。观察 A 扫描显示时，常用延迟功能将始波调到显示屏之外，仅观察界面回波以后的部分。

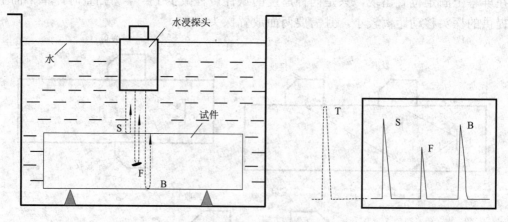

图3-9 液浸法直射声束纵波检测

*3.5.2 液浸聚焦探头检测的特点

1. 优点

液浸法便于采用聚焦探头进行检测。从 1.4.2 节关于聚焦声场的分析可以看出，聚焦探头具有聚焦区域内声能集中、焦点附近声束直径小的特点。这些特点使聚焦探头的使用具有以下优越性：

① 可提高聚焦区内小缺陷检测的信噪比，这对于需要检测尺寸特别小的缺陷以及衰减和噪声大的材料时非常有利。

② 由于焦区声束直径小，使其横向分辨力较好，对于面积大于声束直径的缺陷，有利于确定缺陷的面积和形状（参见第 4 章中缺陷尺寸的测定）。

③ 缺陷反射面相对于探头轴线的倾角对回波幅度的影响远小于使用平探头时的情况，有利于减少缺陷取向对缺陷检出的影响。

2. 必须注意的问题

① 焦点处声束直径比要求检测的平底孔当量小时，需采用特殊的方法调整仪器灵敏度和进行缺陷评定（参见第 4 章有关内容）。

② 由于焦点直径小，必须减小扫查间距，因而使检测效率降低，因此，需要综合考虑检测时间与分辨力、信噪比的要求，选择适中的探头参数。

*3.5.3　接触法与液浸法的特点比较

1. 接触法检测的优点

① 多为手动检测，操作方便。

② 设备简单，仅需简单的仪器及探头，适合于现场检验，且成本较低。

③ 直接耦合，入射声能损失少，可以提供较大的厚度穿透能力；在相同的探头参数下，可比液浸法提供更高的检测灵敏度。

2. 接触法检测的缺点

① 手工操作受人为因素影响较大，耦合不易稳定。

② 被检表面的光洁度对入射声能损失影响较大。

3. 液浸法检测的优点

① 探头与试件不接触，超声波的发射与接收都比较稳定。试件表面粗糙度的影响在水浸法中也存在，但粗糙表面引起的声能损失比接触法小得多。需注意的是经机械加工后的表面状态，有时虽然粗糙度状况很好，但在检测灵敏度要求较高时，表面细而尖锐的加工纹路会产生严重的散射信号，使表面回波变宽，盲区明显增大，甚至无法探伤。

② 通过调节探头角度，可方便地改变探头发射的超声束的方向，从而很容易地实现斜射声束检测，以及沿曲面或不规则表面进行的扫查，对于获得不同取向缺陷的最大回波高度也是有利的。

③ 由于表面回波宽度比发射脉冲宽度窄，可缩小检测盲区，从而可检测较薄的试件。

④ 由于探头不直接接触试件，探头损坏的可能性小，探头寿命较长。

⑤ 便于实现聚焦声束检测，满足高灵敏度、高分辨率检测的需要。

⑥ 便于实现自动检测，减少影响检测可靠性的人为因素。特别是对穿透法检测，采用自动检测便于实现两个探头的对中和同步扫查，保持信号的稳定。

4. 液浸法的缺点

由于声波在液体和金属表面的反射，损失了大量能量，检测同样尺寸的反射体时，与接触法相比，必须采用较高的增益。当检测高衰减材料或大厚度材料时，可能没有足够的能量。而在较高仪器增益的情况下，还可能出现噪声干扰。采用聚焦探头可以有助于解决信噪比问题，但需考虑检测效率问题。

综合接触法与液浸法的特点，可以这样认为：接触法作为最基本的检测技术，能够满足绝大多数产品的要求，且操作简便，成本低，便于灵活机动地适应各种场合与目的；而液浸法检验人为因素少，检测可靠性高，对粗糙表面适应性好，对于固定产品、要求高分辨力、高灵敏度、高可靠性的检测对象，以及表面未经机加工的试件，采用液浸法检测较为有利。对于穿透法检验，液浸法（局部喷水法）可以提供很大的方便。

3.6　声速与厚度的测量

3.6.1　声速的测量

声速是材料的重要声学参数，在超声检测中为了确定检测条件，更准确地分析检测结果，解释试验现象，往往需要了解被检材料的声速及其变化情况。此外，测量材料的声速变化也是利用超声波评价材料特性的重要手段。

1. 声速测量的基本原理

声速测量利用的是声速 c、传播时间 t 和传播距离 S 的关系：

$$c = \frac{S}{t} \tag{3-2}$$

因此，测量声速最直接的方法，就是用机械方法测出具有平行表面的试样的厚度，再测出超声波穿过试样所经过的时间，用式（3-2）计算出声速。其中超声波传播时间的测量可有不同的方法，利用一些专门的仪器，可以达到很高的测量精度。

在实际检测中，往往不具备专门的测试仪器，这时，常利用水平线性符合要求的 A 型脉冲反射式超声检测仪，利用已知声速的材料，用比较法进行被测试样的声速的间接测量。测量的基本原理如下：

如果已知一种材料的声速为 c_1，且声波在这种材料中传播距离为 S_1，通过回波位置测得该距离在时基线上的对应长度为 A_1。

已知声波在待测材料中传播距离为 S_2，测得该距离在时基线上的对应长度为 A_2。

由于时基线调定后，单位长度代表的传播时间是不变的，因此：

$$\frac{A_1}{A_2} = \frac{t_1}{t_2}$$

t_1 是声波在已知声速材料中通过距离 S_1 的传播时间，t_2 是声波在被测材料中通过距离 S_2 的传播时间。

由 $t_1 = \dfrac{S_1}{c_1}$，$t_2 = \dfrac{S_2}{c_2}$，可得 $\dfrac{A_1}{A_2} = \dfrac{S_1 c_2}{c_1 S_2}$，则有：

$$c_2 = \frac{A_1 c_1 S_2}{A_2 S_1} \qquad (3-3)$$

比较法在实际检测中容易采用，但测量结果较为粗略。

2. 声速测量方法

（1）直接测量法　这种方法用于声速的精确测量时，首先要求试样两面加工为相互平行，且非常光滑的表面。为了要按式（3-2）获得被测试样的声速，需要采取以下步骤：

① 测量试样厚度 h：可用游标卡尺或千分尺进行测量；

② 获得试样底面的多次回波：采用单探头获得多次反射回波，为了获得稳定的回波，可采用水浸平探头，以图 3-10 所示方式进行。

③ 测量传播时间：通常采用示波器，将超声检测仪接收的信号通过仪器的射频输出直接接入示波器的输入端，在示波器显示屏上，通过调节延时和时间分度，使图 3-10 的回波 B 和 C 显示在屏幕上并尽可能展宽，以回波前沿起始位置或正负峰值间的零点位置作为测量点，测量两次回波间的间隔时间 t（见图 3-10b）。

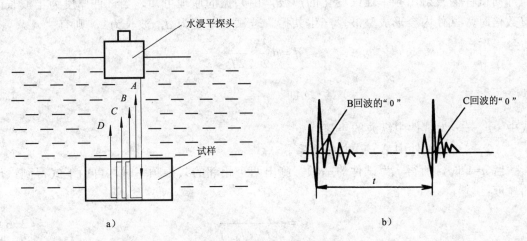

图3-10　纵波声速测量示意图

④ 按下式计算待测材料的声速：

$$c = \frac{2h}{t} \qquad (3-4)$$

（2）比较法　比较法也可利用图 3-10 所示方式获得回波，只是没有示波器的辅助，不能直接读取传播时间。具体检测步骤如下：

① 测量已知声速试样厚度 h_1 和待测试样厚度 h_2：可用游标卡尺或千分尺进行测量。

② 调节超声检测仪时基线比例：采用已知声速对比试块，按图 3-10 同样方式获得回波 B 和回波 C，调整扫描范围和时间延时，使回波 B 和回波 C 在时基线上尽可能占据较宽的范围，并考虑待测试样厚度，保证待测试样的回波 B 和回波 C 也可同时显示在屏幕上。

③ 测量已知声速试样回波 B 和回波 C 的间距 A_1：以回波前沿起始位置或正负峰值间的零点位置作为测量点，采用读取时基线刻度的方式或用卡尺测量，获得两点间距 A_1。

④ 测量待测试样回波 B 和回波 C 的间距 A_2：保持仪器调整不变，可微调水距，使待测试样回波 B 和回波 C 显示在屏幕上，以与已知声速试样同样方式测得间距 A_2。

⑤ 以下式计算待测试样的声速：

$$c_2 = \frac{A_1 c_1 h_2}{A_2 h_1} \qquad (3\text{-}5)$$

3.6.2 厚度的测量

超声测厚是超声检测的重要应用，由于超声检测技术可从单面检测材料的厚度，可解决一些空腔结构的壁厚测量问题，以及非等厚结构远离边缘部位的厚度测量问题。此外，超声测厚仪还具有体积小、重量轻、检测速度快、精度高等特点，因而应用十分广泛。常用的超声测厚技术依据其原理的不同有共振式和脉冲反射式两种。

1. 共振式测厚

共振法测厚的原理是采用频率在一定范围内变化的正弦波电信号激励压电晶片，则晶片向试件内发射出频率连续变化的声波，由共振的原理可知，当试件厚度为半波长的整数倍时，试件内会形成驻波，产生共振。若试件厚度为 d，波长为 λ，则有：

$$d = n\frac{\lambda}{2} = \frac{nc}{2f_n}$$

$$即 \quad f_n = \frac{nc}{2d}$$

式中　c —— 为试件中纵波的声速；

f_n —— 为试件中第 n 次共振频率。

当 $n=1$ 时，所得 f 为试件的基频。测出两个相邻的共振频率时，可由下式得到试件的厚度：

$$d = \frac{c}{2(f_n - f_{n-1})} \qquad (3\text{-}6)$$

共振式测厚仪提供可变频率的连续正弦波，当试件中产生共振时，仪器的电流表显示将出现最大值，改变频率测出两相邻的共振频率，即可计算出试件厚度。共振式测厚要求被测试件上下面较平，对于腐蚀产生的厚度不均较难测定。

2. 脉冲反射式测厚

采用脉冲反射技术进行超声测厚的工作原理是利用厚度与声速及超声波在试件中的传播时间的关系：

$$h = \frac{1}{2}c\Delta t \qquad (3\text{-}7)$$

h 为试件厚度，c 为材料中的声速，Δt 为垂直入射时超声波在试件中往返一次的传播时间。当材料中声速已知，则只需测出 Δt 即可算出厚度。

在通常的超声测厚仪中，由计算电路测出两次回波之间的传播时间，再根据输入的声速值，计算出试件厚度，用数字显示出来。

实际检测中由于很难得到声速的准确数值，因此，常用同材料的已知厚度试块，通过校正进行测量。校正通常采用与测量范围上、下限相对应的两块试块，将探头分别置于两试块上，调整仪器声速旋钮或其他相应旋钮，使仪器显示值与实际厚度值相等。校正之后，可将探头置于被检试件上读取仪器显示的厚度值。

*3.7　其他检测技术

为了满足不同检测对象、检测目的的需要，人们不断探索着新的检测技术。这些技术或是激励不同传播方式的波型，或是利用声波与缺陷相遇时产生的新的信号特征，还有的是采用不同的超声波发生、发射、接收、处理和显示方式，其目的是改变声束的取向、形状、耦合方式，以适应不同的试件结构与缺陷类型；提取不同特征的超声信号并以一定的方式显示出来，以便识别不易识别的缺陷，并对缺陷或材料特性进行定性定量评价。这些技术有的已发展出较为成熟的新的检测仪器。

本节介绍几种已在一些特定对象和场所得到应用的其他超声检测技术。

3.7.1　爬波检测技术

当纵波从第一介质以第一临界角附近的角度（±30′以内）入射于第二介质时，在第二介质中不但存在表面纵波，而且还存在斜射横波，如图 3-11 所示。通常把横波的波前称为头波，把沿介质表面下一定距离处在横波和表面纵波之间传播的峰值波称为纵向头波或爬波。

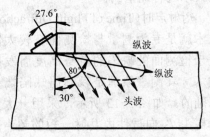

图3-11　爬波的产生

在纵波速度为 5850m/s 的细晶珠光体钢平试样上，用频率为 1.8MHz、晶片直径为 18mm、有机玻璃斜楔角度为 27.6° 的两个探头分别作为发射和接收探头，测得试样水平表面的声场指向性如图 3-12a 所示。用直径为 5mm 直探头在圆柱体侧壁测得在入射平面内的声场指向性示于图 3-12b。

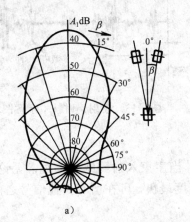

a）

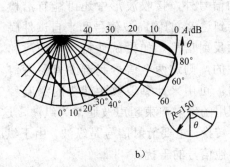

b）

图3-12　爬波的声场指向性举例

a）水平表面上声场指向性　b）入射平面声场指向性

爬波受试件表面刻痕、不平整、凹陷、液滴等的干扰较少，有利于探测表面下的缺陷，如铸件、堆焊层等的表面下裂纹以及螺纹根部的裂纹等。且理论和实验研究表明：将爬波探头的入射角 α 选为第一临界角，可通过选择 fD 值，来改变对表面附近缺陷的敏感深度，这里 f 为声波频率，D 为探头晶片直径。这些都是它优于瑞利波之处。爬波速度与纵波相近，在圆弧面上约为纵波的 0.96。因横波吸收能量，爬波离开探头后衰减很快，回波声压约与距离的 4 次方成反比，探测距离较小，通常只有几十毫米，在很多情况下采用双探头一收一发相对放置较为有利。

3.7.2 衍射声时（TOFD）技术

我们已经知道，对于与检测面垂直的片状缺陷，由于无法做到超声束与缺陷反射面垂直，要用通常的超声检测方法检出缺陷或进行缺陷尺寸的测量是非常困难的。但是，在实际金属材料与零件的制造过程中，经常会产生与表面垂直的裂纹类缺陷，这类缺陷恰恰是对材料的使用安全性威胁很大的。对这类缺陷，除了要求可靠地检出以外，还经常需要对其开裂尺寸有较为详细的了解，其中裂纹的垂直高度是无法应用通常的超声检测技术进行测量的。

衍射声时（Time of Flight Diffraction, TOFD）技术就是专为测量与检测面有较大倾角或垂直于检测面的缺陷的自身高度而发展的一项技术，其测量原理是以测出缺陷端头位置为基础的。如图 3-13 所示，采用一大角度的发射探头 T_X 向试件内发射一短的超声脉冲，入射在裂纹端部的某些能量被散射、衍射后被接收探头 R_X 所接收。如果裂纹有足够高的自身高度，从裂纹两末端来的超声信号在时间上将是可分辨的，典型信号如图 3-13b 所示。缺陷上端和下端发出的信号可能是完全相似但相位相反的，由此，可由单个信号的相位来判断信号是来自缺陷顶部还是底部。除来自缺陷的信号外，接收波形中还可能有沿检测面直接到达 R_X 的侧向波信号和来自试件底面的镜面反射信号。如果试件材料是均质和各向同性的，则这两个信号起着固有参考信号的作用，可用来计算裂纹两端头的深度。

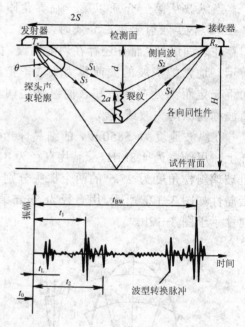

图3-13 衍射声时技术示意图

本技术利用的斜射声束超声波通常为纵波，这样，当声束入射到缺陷上时，无论发生怎样的波型转换，主要衍射信号是纵波，由于纵波速度最快，可在所有其他信号之前到达，避免了其他信号的干扰。

为了计算裂纹自身高度及其与检测面的距离，保持两探头的分开距离不变而沿两探头的连线移动探头直至衍射信号的延迟成为最小，以使裂纹处于两探头的中间位置，设两探头声束入射点相距 $2S$，纵波速度为 c_L，则裂纹顶部与检测面的距离 d 为：

$$d = \frac{1}{2}\sqrt{c_L^2 t_1^2 - 4S^2} \tag{3-8}$$

裂纹的自身高度 $2a$ 则由下式给出：

$$2a = \left[\frac{1}{2}\sqrt{c_L^2 t_2^2 - 4S^2}\right] - d \tag{3-9}$$

在存在侧向波时，可不测量 $2S$ 值，而以 $C_L t_L$ 代替。

与通常的超声检测方法和射线照相法相比，TOFD 的主要优点是检出概率与缺陷的取向无关，同时，对缺陷自身高度的测量能力也是其他方法所不具备的。使用 TOFD 技术可能存在的问题是，由于侧向波的出现，可使距表面较近的缺陷顶部衍射信号不能清晰分辨；如果材料为各向异性介质，则声速在不同方向会有变化，影响缺陷高度的计算；另外，试件表面为曲面时，也不能直接用上述公式进行计算，而需进行适当的修正。

3.7.3　超声相控阵扫描检测技术

超声相控阵技术是借鉴相控阵雷达技术的原理而发展起来的。它利用阵列换能器，通过控制各阵元发射的声波的相位，实现对超声波声场的控制。与普通超声检测技术相比，相控阵技术在探头和仪器上均有较大的不同。但利用其发射的超声波进行无损检测的原理与普通超声检测是相同的。

相控阵超声检测探头的特点是，进行能量转换的压电晶片不再是一个整体，而是由多个压电晶片单元组成的阵列，常见的有成一条直线排列的线阵换能器、由多个同心环形晶片组成的环形阵列换能器，或由多个晶片沿环形或方形二维排列组成的面阵换能器等（参见图 3-14）。

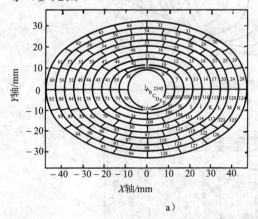

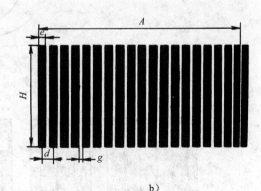

图3-14　阵列换能器的阵元分布形式

a）二维分段交错环形阵列　b）一维线性阵列

与多元换能器相对应，相控阵仪器中用于发射与接收信号的电路也是多通道的，每一通道连接一个换能器阵元。根据所需发射的声束特征，由计算机软件计算各通道的相位关系并控制发射/接收移相控制器，控制各单元发射与接收脉冲的相位（时间延迟），从而形成所需的声束。

　　理解超声相控阵技术的原理可采用第一章中分析圆盘声源产生的声场的方法。空间中任一点的声压可以看作是声源上各个小单元发射的球面波在该点的声压的叠加,因此,若相控阵探头各阵元的发射声压和相位相同,则产生的声场相当于与整个换能器阵列相同尺寸和形状的单晶片探头的声场。

　　以相控声束偏转与相控声束聚焦来说明相控阵声束控制的原理,如图3-15和图3-16所示。

　　为了实现声束的偏转,相当于要使波阵面以一定的角度倾斜,也就是说,要使各单元发出的声波在与探头成一定角度的平面上具有相同的相位,如图3-15所示。这时,需要使各单元的激励脉冲从左到右等间隔增加延迟时间,使得合成波阵面具有一个倾角,实现了声束方向的偏转。通过改变延时间隔,可以调整声束角度。

　　为了实现声束的聚焦,则需如图3-16所示,使两端阵元先激励,逐渐向中间加大延时,使合成波阵面形成具有一定曲率的圆弧面,声束指向曲面圆心。通过改变延时间隔,可以调整焦距长短。

　　为了按同样的方向或同样的焦点接收回波,各单元接收的信号也需进行同样的延时,再合成为一个回波信号。

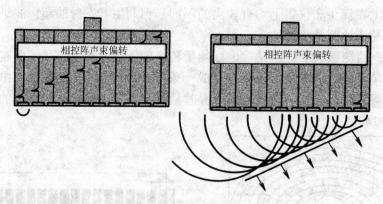

图3-15　相控声束偏转原理

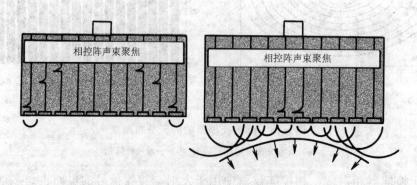

图3-16　相控声束聚焦原理

　　由上述原理分析可知,超声相控阵技术的优势在于:

（1）由于可采用电子控制方法控制声束进行扫查，可在不移动或少移动探头的情况进行快速线扫查或扇形扫查，大大提高了检测效率。

（2）由于可对声束角度进行控制，具有良好的声束可达性，通过多个检测角度的设定，可以进行复杂形状和在役零件的检测。如核反应堆喷嘴和其他接头、摩擦焊发动机组件、发动机盘件及叶片的根部和叶盘结合部的检测。

（3）通过动态控制声束的偏转和聚焦，可以实现焦点位置的动态控制，避免了普通聚焦探头为实现全深度聚焦检测而对不同深度范围频繁更换探头的麻烦。

复 习 题

1．什么是脉冲反射法？什么是穿透法？两者各有什么优缺点？

2．直射纵波检测技术适合于哪些情况的检测？有什么优缺点？

3．斜射横波检测主要用于哪些检测对象？适合于检测什么类型的缺陷？

4．如何激励表面波？表面波检测有哪些特点？

5．哪些超声检测方式可以检测垂直于表面的平面型缺陷？

6．接触法和液浸法各有什么特点？

7．哪些产品适宜选择液浸法进行检验？

8．声速测量的原理是什么？声速测量有哪些方法？

9．超声厚度测量的原理有哪些？

8．什么是爬波？爬波适用于什么检测对象？

9．TOFD 技术的全称是什么？它的主要用途是什么？

10．超声相控阵探头与普通探头有什么区别？

11．超声相控阵技术实现声束偏转和声束聚焦的原理是什么？

12．超声相控阵技术有哪些优势？

第4章 超声检测通用技术

如第 3 章所述，超声检测方法可采用多种检测技术，每种检测技术在实施过程中，都有其需要考虑的特殊问题，其检测过程也各有特点。

总体上说，检测的过程可归纳为以下几个步骤：

① 试件的准备。

② 检测条件的确定，包括仪器、探头、试块等的选择。

③ 检测仪器的调整。

④ 扫查。

⑤ 缺陷的评定。

⑥ 结果记录与报告的编写。

本章将就几种最常用的检测技术 —— 直射声束纵波检测、斜射声束横波检测和表面波检测，详细叙述检测过程的各个步骤。首先介绍各检测技术的共性问题，如：检测面的选择和仪器、探头的选择，检测记录与检测报告等，再就各检测技术的实施步骤进行讲解。

4.1 检测面的选择和准备

针对一个确定的试件，当存在多个可能的声入射面时，检测面的选择首先考虑缺陷的最大可能取向。如果缺陷的主反射面与试件的某一表面近似平行，则选用从该表面入射的垂直入射纵波，能使声束轴线与缺陷的主反射面接近垂直，这对缺陷的检测是最为有利的。缺陷的最大可能取向应根据低倍组织的研究来确定。

很多情况下，试件上可以放置探头的平面或规则圆周面是有限的，超声波的进入面并没有可以选择的余地，只能根据缺陷的可能取向，选择入射超声波的方向。因此，检测面的选择是应该与检测技术的选择结合起来进行的。例如，对于锻件中冶金缺陷的检验，由于缺陷大多平行于锻造表面，通常采用纵波垂直入射检测，检测面可选为与锻件流线相平行的表面。再考虑棒材检测的情况，可能的入射面只有圆周面，采用纵波检测可以检出位于棒材中心区的、延伸方向与棒材轴向平行的缺陷。若要检测位于棒材表面附近垂直于表面的裂纹，或沿圆周延伸的缺陷，检测面仍只能是圆周面，则需采用斜射声束沿周向或轴向入射。

有些情况下，需要从多个检测面入射进行检测。如：变形过程使缺陷有多种取向时；单面检测存在盲区，而另一面检测可以弥补时；单面检测灵敏度不能在整个试件厚度范围内实现时等等。

为了保证.检测面能提供良好的声耦合，进行超声检测前应目视检查试件表面，去除松动的氧化皮、毛刺、油污、切削或磨削颗粒等。如果个别部位不可能清除，应作出标记或留下记录，供质量评定时参考。

4.2　仪器和探头的选择

4.2.1　仪器的选择

一般市场出售的 A 型脉冲反射式超声检测仪，基本功能均已具备，一些基本性能（垂直线性、水平线性等），也能满足通常超声检测的要求。对于给定的任务，在选择超声检测仪时，主要考虑的是该任务的特殊要求，可从以下几方面进行考虑：

① 所需采用的超声频率特别高或特别低时，应注意选择频带宽度包含所需频率的仪器。

② 对薄试件检测和近表面缺陷检测，应考虑选择发射脉冲可调为窄脉冲的仪器。

③ 检测大厚度试件或高衰减材料时，应选择发射功率大、增益范围大、电噪声低的仪器，有助于提高穿透能力和小缺陷显示能力。

④ 对衰减小或厚度大的试件，应选用重复频率可调为较低数值的仪器，以避免幻象波的干扰。

⑤ 对室外现场检测，应选择重量轻，荧光屏亮度好，抗干扰能力强的便携式仪器。

⑥ 自动快速扫查时应选择最高重复频率高的仪器。

4.2.2　探头的选择

在超声检测中，超声波的发射与接收都是通过探头实现的，因此，探头是影响超声检测能力的最关键的器件。如第 2 章所讲，探头种类很多，性能差异也很大，有些性能要求在同一个探头上是互相矛盾的，不能笼统地说哪种性能的探头好，因为不同的检测对象会需要不同的探头性能，应根据具体情况合理地选择。

针对一个具体的检测对象，所选探头的类型基本由所确定的检测技术决定（参见第 3 章）。确定了探头类型以后，探头的选择主要是对频率、晶片尺寸、斜射探头的角度、聚焦探头的焦距等探头参数的选择。斜探头角度的选择将在管材检测和焊缝检测等章节中专门叙述。

1. 频率

超声波的频率在很大程度上决定了超声波对缺陷的探测能力。频率高时，波长短、声束窄、扩散角小、能量集中，因而发现小缺陷的能力强，横向分辨力好，缺陷定位准确；但扫查空间小，仅能发现声束轴线附近的缺陷，对于裂纹等面状缺陷，因其有显著的反射指向性，如果超声波不是近于垂直地射到裂纹面上，在检测方向上就不会产生足够大的回波，频率越高这种现象越显著。频率低时，则检测能力的特点恰恰相反。

探头发射的超声脉冲频率都不是单一的，而是有一定带宽的。宽带探头对应的脉冲宽度较小，深度分辨力好，盲区小，但由于探头使用的阻尼较大，通常灵敏度较低；窄带探头则脉冲较宽，深度分辨力差，盲区大，但灵敏度较高，穿透能力强。一些研究表明，宽带探头由于脉冲短，在材料内部散射噪声较高的情况下，还具有比窄带探头信噪比好的优点。

另外，对于包含同样周期数的脉冲，频率较高时，脉冲的宽度较小，因而入射面分辨力较好。因此，在要求入射面分辨力高的情况下，也常常选用高频探头。但不同探头的性能差异较大，由于阻尼的不同，有的高频探头也不一定比低频探头脉冲窄。

材料中超声波的衰减与频率有极大的关系。如第 1 章中所述，频率越高，衰减越大。对于金属材料，超声波的波长与金属晶粒的大小相当或更小时，即频率过高或晶粒粗大时，衰减很显著，往往得不到足够的穿透能。此时，由于晶界的散射还会出现草状回波使缺陷检出困难。也就是说，信噪比会降低。在这些情况下，应考虑降低频率。

综上所述，频率的选择可以这样考虑：对于小缺陷、近表面缺陷或薄件的检测，可以选择较高频率；对于大厚度试件、高衰减材料，应选择较低频率。在灵敏度满足要求的情况下，选择宽带探头可提高分辨力和信噪比。针对具体对象，适用的频率需在上述考虑当中取得一个最佳的平衡，既保证所需尺寸缺陷的检出，并满足分辨力的要求，也要保证整个检测范围内足够的灵敏度与信噪比。

2. 晶片尺寸

探头晶片尺寸对检测的影响主要通过其对声场特性的影响体现出来（参见第 1 章公式（1-40）和（1-44））。晶片尺寸大时，近场长度大，指向角小，也就是说，大尺寸晶片近场的覆盖范围大，而远场处则由于指向性的关系覆盖范围可能小于小尺寸晶片。

对于缺陷的定位，声束窄较为有利，应选择较大晶片以获得小的指向角。但对于较小厚度试件的检测，使用的声场范围多为近场区，则小尺寸晶片声束窄，有利于缺陷定位。

为了采用当量法通过缺陷幅度来评定缺陷，则应尽量使缺陷位于远场区，这时，可能需要减小晶片尺寸以减小近场长度。

就检测灵敏度而言，如果忽略超声波在材料中的衰减，近场长度决定了灵敏度随缺陷至探头距离的增大而下降的快慢，近场越长，灵敏度下降越慢。因此，对于需要检测灵敏度高的情况或厚度大的试件，为使整个探测深度范围内灵敏度下降不致太快，应尽可能选择近场长度较长（晶片尺寸较大）的探头。

综合来看，多数情况下，检测大厚度的试件，采用大直径探头较为有利；检测厚度较小的试件，则采用小直径探头较为合理。应根据具体情况，选择满足检测要求的探头。

*3. 聚焦探头焦距与晶片直径的选择

（1）焦距的选择　聚焦探头的焦距对聚焦检测来说是极为重要的一个参数。

焦距选择首先要考虑拟放置焦点的深度位置。对于接触法检测来说，纵波聚焦探头的焦距基本上与拟检测的缺陷深度相对应。横波聚焦斜探头的焦距则以缺陷深度对应的声程来计算。

水浸聚焦检测时，焦点位置的放置有不同的要求。在检测一定厚度的锻件时，有时须将焦点放在材料内部的不同深度以提高不同深度缺陷的检测信噪比；有时则为了使反射声压在材料内部单调下降以及提高入射面分辨力，将焦点放在试件的入射表面。在采用穿透法或反射板法检测薄板类材料时，可将焦点放在材料厚度中间；在检测结合面质量时，则将焦点放在结合面上。在对管棒类材料进行聚焦检测时，由于曲面的影响，情况还要复杂一些，这里不详细叙述。

水浸法焦距的选择除考虑拟检测的深度位置以外，还需考虑水层距离的影响。如图 4-1 所示，聚焦声束在水中传播距离 H 后，进入试件，由于界面折射作用，使声束进一步会聚于焦点 A'，这时在试件中的聚焦深度为 l。探头的水中焦距 F 和 l，H 的关系可由下式计算：

$$H = F - l\frac{c_L}{c_水} \tag{4-1}$$

式中　c_L —— 试件中的纵波声速；

　　　$c_水$ —— 水中声速。

确定了聚焦深度 l，再考虑适当的水距 H（见 4.4.2 节），即可计算出所需的焦距。

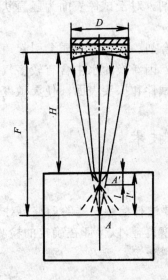

图4-1　水浸聚焦检测示意图

（2）焦距与晶片直径对聚焦检测效果的影响　根据 1.4.2 节关于聚焦声场的讨论，焦距与晶片直径决定着所形成的聚焦区域的大小。在频率一定的情况下，焦区长度 $L \approx 4\lambda(\frac{F}{D})^2$ 与焦点直径 $\phi \approx \lambda\frac{F}{D}$ 均随焦距增大而增大，随晶片直径增大而减小。

对一定晶片直径的探头，焦距越长则焦区长度越大，焦点直径也越大，从而一次探测的深度范围大，扫查间距也可放宽，检测效率提高。但同时，横向分辨力变低，而且，由于 N/F 值的减小，焦点附近的能量会聚效果也变差。

对于一定的焦距，晶片直径越大，则焦区长度越小，焦点直径越小，因而扫查深度与扫查间距也越小，检测效率越低。但是，这样的探头横向分辨力好，焦区能量集中程度高，能够达到高信噪比。因此，高分辨力、好的聚焦效果和检测效率总是矛盾的，需综合考虑，适当选取。

常常遇到这样的情况，为了在材料中较深的位置聚焦，必须有较长的焦距，但是，为了要同时得到较好的横向分辨力和焦点处的高信噪比，则必须增大晶片的直径。

4.3　耦合剂的选用

选择耦合剂主要考虑以下几方面的要求：

① 透声性能好。声阻抗尽量和被探测材料的声阻抗相近。

② 有足够的润湿性、适当的附着力和粘度。

③ 对试件无腐蚀，对人体无损害，对环境无污染。

④ 容易清除，不易变质，价格便宜，来源方便。

接触法检测常选用甘油、机油、化学浆糊等有一定粘度的耦合剂，但在试件表面非常光滑时，有时也采用水作为耦合剂。对于钢材等易锈的材料，常采用机油、变压器油等，不宜采用甘油和水作耦合剂。对于试件表面为竖直状态等耦合剂易流失的情况，需选择粘度较高的耦合剂。

液浸法检测最常用水作耦合剂，水中的杂质会引起声波较大的衰减，因此，所用的水必须是洁净的。用自来水时，因新换的水中含有较多气泡，应静置48h以上，使其洁净、无气泡，以免气泡聚集在试件和探头表面，使灵敏度降低，或产生假反射信号。

4.4　直射声束纵波检测技术

4.4.1　检测仪的调整

为实施一项超声检测，先要进行检测仪器的调整，对于A型显示来说，主要是对仪器进行时基线调整和检测灵敏度调整，以保证在确定的检测范围内发现规定尺寸的缺陷，并对缺陷的位置和大小进行定量评定。

1.　时基线的调整

时基线调整的目的，一方面是使水平扫描线显示的范围足以包含需检测的深度范围，另一方面，要使时基线刻度与在材料中声传播的距离成一定比例，以便准确地读出缺陷波的深度位置。同时，还要将声程零位调整到与时基线刻度线对齐，以便于读数。

时基线上两个信号位置相距的水平刻度值 τ（格）与实际声程差 x（mm）的比例，称为时基线调整比例。因为时基线比例的调整实际上是改变扫描线从左到右扫描的速度，因此，又称为扫描速度的调整。通常时基线调整比例是根据所需扫描声程范围确定的。

时基线比例调整好后，还需采用延迟旋钮，将声程零位置于所选定的水平刻度线上，称为零位调节。通常接触法检测时，声程零位放在时基线的零点，时基线的读数直接对应反射回波的深度。水浸法检测时，以界面回波作为试件中的声程零点，为了观察界面回波的位置是否移动，常将界面回波放在时基线的某一刻度线上，以界面回波至反射体回波相距的水平刻度值作为反射体深度的时基线读数。

调节的基本方法是利用来自试块或试件上已知声程（深度）的两个反射信号，通过调节仪器上的扫描范围和延迟旋钮，使两个信号的前沿分别位于预先确定的与其声程相对应的水平刻度处。

用于调节的两个已知声程的信号可以是来自于与试件同材料的试块中的反射体的反射信号，也可以是来源于试件本身已知厚度的平行面的反射信号。需注意的是，调节时基线用的试块应与被检材料具有相同的声速，否则调定的比例与实际不符。不能利用始波和一个反射波进行调整，以始波作为声程为 0 的信号，因为始波之后，往往包含一些声波进入试件前在保护膜、耦合剂、斜楔等中经过的时间，使始波起始点不等于试件中的距离零点。所选定的调节比例既要保证最大探测深度可在屏幕上显示出来，又要充分利用时基线范围，使回波尽可能在屏幕上展宽，便于清晰观察。在实际检测时，通常使探测范围占据水平基线的 80%～100%。

下面举例说明直射纵波检测时基线的调节过程：

例如，一钢制试件，其尺寸为 200mm×400mm×100mm，要以高度分别为 200mm 和 400mm 的两个面作为探测面，利用试件本身调节时基线的步骤如下：

（1）确定 τ/x 的值（以最大探测范围为准）　要使 400mm 的底波反射显示在仪器水平基线 80%～100%处，同时又方便读数，可使 400mm 反射波与水平刻度 80 格相重叠。这样时基线比例为：

$$\tau:x=80:400=1:5$$

（2）确定两个反射波的水平刻度值

$$\tau_1=\frac{x_1}{5}=\frac{200}{5}=40\text{（格）}$$

$$\tau_2=\frac{x_2}{5}=\frac{400}{5}=80\text{（格）}$$

（3）调节　将直探头先后置于高度为 200mm 和 400mm 探测面上，用延迟旋钮调节时基线的平移，使其中一个反射波与相应刻度线重合，再观察另一反射波的位置，用深度微调旋钮改变两个波的间距，将其调整到对应的刻度线上。反复重复上述步骤，直至使 200mm 的底面回波对准水平刻度 40，同时使 400mm 的底面回波对准水平刻度 80，则时基线调整完成。这样调节的时基线既达到了 1:5 的读数比例，也实现了声程零点与时基线零点的重合。

2. 检测灵敏度的调整

检测灵敏度的调整，目的是要使仪器设置足够大的增益，保证规定的信号在屏幕上有足够的高度，以便于发现所需检测的缺陷。因此，灵敏度的调节首先考虑的是要求发现的最小信号是什么，这个最小信号就是检验标准规定的以人工伤尺寸表示的缺陷幅度当量。同时，还要考虑在整个检测范围内哪个位置的信号反射幅度最低，调节时要使这个位置的信号的幅度达到屏幕上规定的高度，或启动报警或记录装置。这样，保证所有依据标准必须被检测到的缺陷都能被观察到或被记录装置记录下来。

灵敏度调节的方法有利用试块中人工反射体直接进行的，称试块比较法，即利用仪器的增益调节，将试块中规定深度的人工反射体的反射波高调节到显示屏上一定的高度。另一种方法是计算法，根据需检测的人工缺陷（通常为平底孔）与某反射体反射波高的理论差值，先将反射体回波调整到规定的屏幕高度，再按上述计算的差值提高仪器增益。根据基准反射体的不同，计算法又分试块计算法与底波计算法。计算法应用的前提是，缺陷距探头晶片的距离大于 3 倍近场长度。

（1）试块比较法　对于厚度 $x<3N$ 的试件，采用试块比较法较为适宜，因为这一范围不符合计算法的适用条件，而且，幅度随距离的变化不是单调的。

纵波检测最常用的人工反射体是平底孔。对于标准规定的平底孔直径，需要根据要求检测的深度范围以及探头的距离幅度特性，选择恰当埋深的平底孔试块。

检测深度范围通常按试件的厚度和上、下表面允许的检测盲区确定，有时也根据零件要求，规定特定深度范围的检验。

通常直探头对平底孔的距离幅度曲线如图 4-2 所示，有图 4-2a 和图 4-2b 两种情况。调整灵敏度的试块应是要求的检测深度范围内平底孔反射幅度最低的相应埋深的试块。因此，对每一个探头，都应预先测试、了解其距离幅度特性。对图 4-2a 的情况，应选择埋深对应于检测深度范围上、下限的平底孔，将平底孔的反射分别调到荧光屏的一定高度，比较两者的幅度，取较低者将其调到荧光屏满刻度的 80%，作为检测灵敏度。对图 4-2b 的情况，则需增加埋深对应于 OA 的试块。将其平底孔幅度与对应于检测深度范围上、下限的平底孔反射幅度相比较，取幅度最低者用于调整仪器灵敏度。

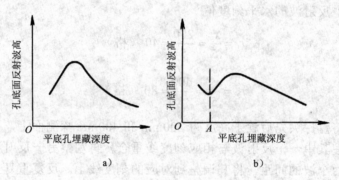

图4-2　直探头对平底孔距离幅度曲线

若检测用试块不是专为该试件制作的，平底孔埋深与检测范围上、下限不完全一致，则可选一块埋深比要求的最小深度略小的试块，和一块埋深比要求的最大深度略大的试块代替。

对于厚度较大的试件，若上表面允许盲区较大，在已知探头的距离幅度特性并确认远距离人工伤的反射波高必小于所要求的近距离人工伤的反射波高的情况下，也可仅采用一个埋深与厚度相近的平底孔试块，将平底孔反射波高调到荧光屏的规定高度。

试块比较法必须考虑的一个问题是，试块的表面状态和材质衰减是否与受检件相近，在选取试块之后，必须测定因两者的差异引起的反射波高差值，对检测灵敏度进行补偿。这一过程称为传输修正。传输修正值的测量将在后面专门讲述。

在调节完仪器增益设置，保证系统具有足够的灵敏度之后，还需确认此时的入射面分辨力能否保证位于检测范围最小深度的信号的清晰分辨。

下面举例说明用试块对比法进行检测灵敏度调节的过程：

例：钛合金锻件，检测部位厚度为 70mm，上、下表面加工余量为 10mm，用 5P14 探头进行检测，要求按 $\phi 1.2$mm 平底孔调整灵敏度。

确定检测范围：上表面加工余量是 10mm，则检测范围最小深度为 10mm，最大深度为总厚度 70mm 减去下表面加工余量 10mm，即为 60mm。

选取试块：假定已知探头距离幅度特性与图 4-2a 相似，则选取 10mm 和 60mm 埋深的 $\phi 1.2$mm 平底孔试块调整灵敏度。假定测得的传输修正值为 3dB。

调节过程：

① 在时基线已调整好的情况下，将抑制旋钮置于"关"或"0"，使衰减器保留一定的分贝数。

② 将探头放到埋深 60mm 的试块上，移动探头，找到反射回波，并使回波高度达到最高。调节衰减（或增益）旋钮，把回波高度调到规定高度（60%或 80%）。

③ 将探头放到埋深 10mm 的试块上，移动探头，找到反射回波，并使回波高度达到最高。观察回波高度是否达到或超过了规定高度，若未达到，则应调节衰减（或增益）旋钮，把回波高度调到规定高度；若超过了，则不必再对衰减（或增益）进行调整。

④ 完成上述调整之后，再用衰减（或增益）旋钮将幅度显示提高 3dB，以进行传输修正。

⑤ 不动仪器旋钮，观察埋深 10mm 的孔反射波与界面能否清晰地分开，若不能够分开，则需更换分辨力更好的探头重新调整。若能够分开，则可认为仪器灵敏度调节完成。

（2）试块计算法　对于厚度 $x \geqslant 3N$ 的试件，可选用一块材质与试件相同（衰减系数相同）的平底孔试块（孔埋深 $x_j \geqslant 3N$）来调节不同试件的检测灵敏度。调节时要计算试块基准平底孔与检测灵敏度所要求埋深与孔径的平底孔的回波声压分贝差；在将基准平底孔回波调至荧光屏上规定高度以后，再用衰减或增益旋钮调节计算所得的增益量（分贝差），所以，称为试块计算法。试块计算法用于大厚度试件，可减少试块的加工量。

根据平底孔回波声压公式（1-62），

$$p = p_0 \frac{\pi D^2}{4\lambda x} \cdot \frac{\pi d^2}{4\lambda x} = p_0 \frac{S\pi d^2}{\lambda^2 x^2}$$

不同直径不同埋深的平底孔反射回波的声压分贝差为：

$$\Delta \mathrm{dB} = 20\lg \frac{p}{p_j} = 40\lg \frac{x_j}{x} \cdot \frac{d}{d_j} \qquad (4\text{-}2)$$

式中　p ——检测灵敏度所要求的平底孔的回波声压；

　　　p_j ——试块基准平底孔的回波声压；

　　　d ——检测灵敏度所要求的平底孔孔径；

　　　d_j ——试块基准平底孔的孔径。

$\Delta \mathrm{dB}$ 即为检测灵敏度的调节量，计算值为负值时需要提高仪器增益，计算值为正值时需要降低仪器增益。

试块计算法是用试块中的平底孔调节基准波高，因此，试块与受检件表面状态的差异也是必须考虑的，与试块对比法一样，需要预先测定传输修正值，并在调整增益量时进行补偿。

如果基准平底孔与检测灵敏度所要求的平底孔埋深相差较大，在计算调节量时，还应考虑材质衰减的影响，由于试块计算法要求试块衰减系数与试件相同，因此，可采用下式计算总的增益调节量：

$$\Delta dB = 40\lg\frac{x_j}{x}\cdot\frac{d}{d_j} + \alpha(x_j - x) \qquad (4-3)$$

式中 α ——被检材料和试块的衰减系数。衰减系数的测量方法将在后面讲述。

仪器调节的方法是：

① 在水平基线已调整好的情况下，将抑制旋钮置于"关"或"0"，使衰减器保留一定的分贝数（比 ΔdB 大 5～10dB）。

② 将探头对准试块上基准反射体，使回波高度达到最高。调节仪器衰减（或增益）旋钮，把回波高度调到规定高度（60%或80%）。

③ 用衰减（或增益）旋钮增益计算出的检测灵敏度调节量 ΔdB。

④ 存在传输修正差值时，将仪器再增益测得的传输修正值。则检测灵敏度调节完毕。

例题：用 $f=2.5MHz$、$D=20mm$ 的纵波探头检测，钢件厚度 x 为 500mm，传输修正值为 3dB，工件与试块的材料衰减系数 $\alpha=0.005dB$，如何利用埋深 200mm 的 $\phi 2mm$ 平底孔试块按 $\phi 3mm$ 平底孔调节灵敏度？（钢中 $c_L=5900m/s$）

解：① 首先判断是否符合计算法的适用条件：

$$N = \frac{D^2}{4\lambda} = \frac{20\times 20}{4\times\dfrac{5.9\times 10^6}{2.5\times 10^6}} = 42mm$$

因此试块中的平底孔埋深和试件厚度均大于 $3N$，可以用试块计算法来调节检测灵敏度。

② 检测灵敏度调节量为：

$$\Delta dB = 40\lg\frac{x_j}{x}\cdot\frac{d}{d_j} + 2\alpha(x_j - x)$$
$$= 40\lg\frac{200}{500}\cdot\frac{3}{2} + 2\cdot 0.005(200 - 500)$$
$$\approx -9dB - 3dB$$
$$= -12dB$$

加上传输修正值 3dB，共需增益 15dB。

③ 调节仪器，使衰减器保留 20dB 或更多一点。将试块中平底孔的最大回波调到规定高度，再用衰减（或增益）旋钮增益 15dB。

（3）底波计算法 对具有上下平行的表面，且底面比较平整、厚度 $x\geq 3N$ 的试件，可采用底波计算法调节检测灵敏度，简称底波法。

用底波法调节检测灵敏度，以试件大平底面作为基准反射体，计算大平底反射与检测灵敏度所要求孔径的平底孔的回波声压分贝差，调节仪器的方法与试块计算法相似。底波法不需要试块，因此，也不需要考虑传输修正问题。

根据大平底回波声压公式（1-61）和平底孔回波声压公式（1-62），可得到大平底面与同深度的直径 d 的平底孔回波声压分贝差值为：

$$\Delta dB = 20lg \frac{p}{p_D} = 20lg \frac{\pi d^2}{2\lambda x} \tag{4-4}$$

式中　p ——检测灵敏度所要求的平底孔的回波声压；

　　　d ——检测灵敏度所要求的平底孔孔径；

　　p_D ——大平底面的声压。

上式计算的 ΔdB 即为底波计算法检测灵敏度调节量。

调节的方法与试块计算法相似，只是将基准反射体改为试件的大平底面，且不用进行传输修正。

例题：某厚度 x 为 300mm 的钢件，规定不允许试件内有 $\phi 2$ 平底孔当量缺陷，用 f=2.5MHz、D=20mm 的探头进行检测，检测灵敏度调节量是多少？

解：　$N = \dfrac{D^2}{4\lambda} = \dfrac{20 \times 20}{4 \times \dfrac{5.9 \times 10^6}{2.5 \times 10^6}} = 42(mm)$

因此，厚度 300mm 大于 $3N$，可以采用底波计算法调节检测灵敏度。

检测灵敏度调节量：

$$\Delta dB = 20lg \frac{\pi d^2}{2\lambda x} = 20lg \frac{3.14 \times 2 \times 2}{2 \times \dfrac{5.9}{2.5} \times 300} = -41(dB)$$

（4）AVG 曲线法　用试块计算法和底波计算法调节检测灵敏度时，检测灵敏度的调节量除了如前面介绍的可利用回波声压公式计算以外，还可以利用 AVG 曲线确定，实际上 AVG 曲线也是根据平底孔回波声压公式制作的。

采用实用 AVG 曲线时，检测用的探头规格必须和制作实用 AVG 曲线的探头规格相同。通用 AVG 曲线与采用的探头无关，但在使用时，需先对距离和平底孔尺寸进行归一化。

用 AVG 曲线确定检测灵敏度调节量以后，调节检测灵敏度的方法按照上述试块计算法或底波计算法进行。

下面举例说明以实用 AVG 曲线确定检测灵敏度调节量的方法。

例：对厚度 x 为 650mm 的饼形钢锻件，用 2.5MHz、$\phi 20$ 直探头检测，采用底波法按 $\phi 2$mm 平底孔调节检测灵敏度，如何利用实用 AVG 曲线确定调节量？

图 4-3 是 2.5MHz、$\phi 20$mm 直探头的实用 AVG 曲线，在图上过 x=650mm 处作垂线交 $\phi 2$mm 曲线于 E，交 B 曲线于 F，则 EF 对应的分贝差值为所需的检测灵敏度调节量

（即 650mm 处大平底与 $\phi 2$ 平底孔回波的分贝差）：

$$\Delta dB = -48dB$$

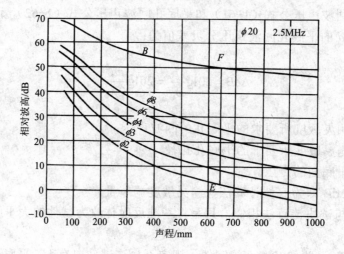

图4-3　实用 AVG 曲线的应用

（5）不同灵敏度调整方法的比较　试块比较法、试块计算法、底波计算法各有其适用的条件与优缺点，可根据具体情况选用。

用试块比较法调节检测灵敏度的优点是，不受有无底面及底面是否平整的限制，也不受声程大小的限制，既可以用于探测厚度小于 $3N$ 的试件，也可以用于探测厚度大于 $3N$ 的试件。但使用试块调节检测灵敏度，要根据检测要求制作一套与试件材质相同或相近的对比试块，如果试块与试件表面粗糙度和材质衰减相差太大时，还要考虑传输修正问题。

用计算法调节检测灵敏度的优点是，不需要加工制作很多对比试块，对于底波法更不需要考虑传输修正问题。但使用计算法调节检测灵敏度要受声程的限制，计算法只能用于探测厚度大于 $3N$ 的试件，不适用于厚度小于 $3N$ 的试件。另外，底波计算法需要试件有相互平行的大平表面。

3. 传输修正值的测定

传输修正是在利用试块调节灵敏度时，当试件的表面状态和材质衰减与对比试块存在一定差异时采取的一种补偿措施。测定两者差异的分贝数，即传输修正值，则可以在调节灵敏度时利用衰减（或增益）旋钮进行补偿。

测定的方法均是通过试块的底波与试件底波进行比较，取其比值的分贝差。因此，要求试块与试件均有相互平行的大平表面。当试件不具备平行表面时，无法进行传输修正，则要求试块与试件表面状态和材质基本一致。

（1）试块与试件的厚度相同时的测定方法　在试块对比法调节灵敏度时，若采用成套对比试块，则应尽量采用厚度与试件厚度相同的试块测定传输修正值；若是阶梯型试块，则应选择试块上与试件厚度相同的部分进行测定。测定步骤如下：

1）给试块均匀地涂上耦合剂，并将探头置于选定厚度的试块上。

2）调节仪器的时基线和增益，使荧光屏上一次底面回波 B1 达到基准高度（如荧光屏满刻度 60%），并记录此时衰减（或增益）旋钮的读数 V_1（dB）。

3）把探头移到试件检测面上，调节衰减器旋钮，使试件的一次底面回波 B_2 达到同一基准高度，并记录衰减（或增益）旋钮的读数 V_2（dB），计算差值：

$$\Delta dB = V_1 - V_2 \qquad （衰减型）$$

$$\Delta dB = V_2 - V_1 \qquad （增益型）$$

ΔdB 即为传输修正值。当 B_1 高于 B_2 时，ΔdB 为正值，表示试件的表面损失和材质衰减大于试块；当 B_2 高于 B_1 时，ΔdB 为负值，表示试件的表面损失和材质衰减小于试块。

可以看出，这里所测的传输修正值是表面损失和材质衰减的总和。

（2）试块与试件的厚度不同时的测定方法　采用试块计算法时，往往难以得到与试件厚度相同的试块。由于试块计算法要求试块材质衰减与试件相同，这时，认为试块与试件仅存在表面状态的差异，可考虑通过计算去除声程差引起的底波高度差值。

具体的测定步骤为：

1）按同厚度试块测定步骤，测得 ΔdB。

2）求试块与试件的声程不同引起的底波高度的分贝差 V_3：

$$V_3 = 20 \lg \frac{X}{X_j}$$

式中　X——试件厚度；

　　　X_j——试块厚度。

可以看出，试块厚度大于试件厚度时，V_3 为负值，试块厚度小于试件厚度时，V_3 为正值。

3）计算 $\Delta dB + V_3$ 即为传输修正值。

4. 衰减系数的测定

这里所叙述的测定衰减系数的方法，其目的是用于大厚度试件的情况下，用计算法调整灵敏度和评定缺陷当量时，计算材质衰减引起的信号幅度差。在第 1 章 1.3.7 节中已经讲到，材料的衰减系数与超声波的频率有关，因此，为上述目的的衰减系数的测定，必须采用试件实际检测所用的探头进行。

测试的方法是利用试件两个相互平行的底面的多次反射波。测定步骤如下：

① 把纵波直探头耦合到试件上，调节仪器，使荧光屏上出现多次底面反射波 B_1、B_2、B_3…B_m…B_n（$n > m$）。

② 调节增益旋钮和衰减器旋钮，使 B_n 达到基准高度（如 60%），记下此时衰减器的读数 V_n。

③ 调节衰减器，使 B_m 达到基准高度（60%），记下此时衰减器的读数 V_m。

④ 计算单程衰减系数：

$$\alpha = \frac{V_{\mathrm{m}} - V_{\mathrm{n}} - 20\lg\dfrac{n}{m}}{2T(n-m)} \quad (\mathrm{dB/mm}) \tag{4-5}$$

式中，$V_{\mathrm{m}} - V_{\mathrm{n}}$ 是第 m 次和第 n 次底面回波分贝差值；T 为试件的厚度；$2T$（$n-m$）就是第 m 次和第 n 次底面回波的声程差；$20\lg\dfrac{n}{m}$ 为修正项，是根据第 m 次和第 n 次回波的声程计算的因声束扩散所引起的分贝差值，利用的是大平底反射回波声压公式。因此，式（4-5）的应用，需要一个前题，即第 m 次和第 n 次回波的声程应大于 3 倍近场长度。

对厚度大的试样，常利用底面的第一次回波和第二次回波来测定，此时，式（4-5）可简化为：

$$\alpha = \frac{V_1 - V_2 - 6}{2T} \quad (\mathrm{dB/mm}) \tag{4-6}$$

需要说明一点，式（4-5）和式（4-6）均忽略了一个底面回波幅度的影响因素，即声波在上下表面间反射时的能量损失。因为这里所叙述的是衰减系数的较为粗略的测定方法，且对于接触法检测，反射引起的能量损失很小，忽略这一因素引起的误差不大。

5. 水浸法灵敏度的调整与水距的确定

（1）水浸法检测灵敏度的调整　水浸法检测时，灵敏度的调整必须在水距确定后进行。由于水浸法在水中和水与试件的界面上能量损失较为严重，通常可用水浸法检测的试件厚度不是很大，适宜采用试块法进行灵敏度的调整。对于平探头或聚焦探头焦点直径大于要求检测的平底孔直径的情况，调整的基本原则与接触法相同。所不同的是，水浸法由于声波先在水中传播一段距离再进入试件，使得试件中的声场与接触法时有所不同。水浸探头在试件中的距离幅度曲线是随水距的调整而变化的。通过适当调整水距，可以使得进入试件后的声场占据其声场中能量最强的一段。因此，水浸法灵敏度调整必须在水距的调整完成后进行。

聚焦探头焦点处声束直径比要求检测的最小平底孔当量小时，不能简单采用试块中的平底孔幅度调整检测灵敏度。这时，可根据检测对象特点与要求，采用不同的方式。若需检测的缺陷尺寸较大，一种可能的方式是，采用某一大于声束直径的反射体回波调整基准灵敏度，并通过试验研究，确定为保证需检测的缺陷可被显示而需要相对于基准灵敏度调整的分贝数，这样的方法检测灵敏度与反射体尺寸无关，反射体仅起到提供一个可比较的基准波高的作用。进行缺陷评定时，采用 C 扫描成像或边缘 6dB 法确定缺陷的尺寸。

（2）水距的调整

1）水浸法水距确定的一般原则

①首先根据需检测的缺陷深度范围与探头的距离幅度曲线，使声压最高的一段与所需检测的深度范围相重合；

②水距 H 应足够大，以使时基线上二次界面反射位于所需检测的最大材料深度（h）以外，H 的计算按下式：

$$H > \frac{c_{水}}{c_{L}} h \qquad (4\text{-}7)$$

③ 水中声能的损失是非常大的，有时为了将 N 点或焦点放在某一深度而增大水距，反而因水中能量的损失而降低了该深度的灵敏度。因此，在满足前两项要求的情况下，水距应尽量小，以减少水中的能量损失，特别在采用的超声频率较高时更应注意这个问题。

在编制检测工艺文件之前，应通过计算与试验确定所需采用的水距，并将其写入检测工艺文件，在实际检测时不可随意更改。在调整灵敏度和进行实际扫查时，均应采用同一规定的水距。

2）水浸平探头检测水距的确定

平探头检测时，需要考虑近场在水和试件中的分布，如图 4-4 所示。

如果超声场全部在第一种介质中，$N_1 = \dfrac{D^2}{4\lambda_1} = \dfrac{D^2 f}{4c_1}$。

如果超声场全部在第二种介质中，$N_2 = \dfrac{D^2}{4\lambda_2} = \dfrac{D^2 f}{4c_2}$。

设声场在第一种介质中的长度为 l_1，为计算在第二种介质中的长度 l_2，可先将 l_1 折合成在第二介质中的等效长度 l'，则 $l' = l_1 \dfrac{c_1}{c_2}$，因此，有：

$$l_2 = N_2 - l' = \frac{D^2 f}{4c_2} - l_1 \frac{c_1}{c_2} \qquad (4\text{-}8)$$

若先确定了在第二介质中的长度 l_2，也可以同样的方式，将 l_2 折合成第一介质中的等效长度，则有：

$$l_1 = \frac{D^2 f}{4c_1} - l_2 \frac{c_2}{c_1} \qquad (4\text{-}9)$$

水距的确定需通过计算与试验结合进行，可根据需检出缺陷的深度范围，大致选定在材料中的 N 点位置 l_2，按式（4-9）计算出水距 $H = l_1$。按式（4-7）计算水距是否满足使二次界面反射位于所需检测的最大材料深度（h）以外的条件。在满足上述条件之后，可进行探头的实际调节试验，先按所计算的 H 调整水距，在对比试块上观察不同埋深平底孔反射波高的变化，若与设计的距离幅度关系有差异，还可对水距略加调整，最终保证整个探测范围内均有足够的灵敏度。

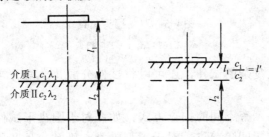

图4-4　近场在两种介质中的分布

3）水浸聚焦探头水距的确定

水浸聚焦探头水距的确定可参考图 4-1 和式（4-1），首先根据拟放置焦点的深度位置，以及所选探头的焦距，用式（4-1）计算出水距 H；再按（4-7）式计算水距是否满足使二次界面反射落在所需检测的最大材料深度（h）以外的条件，若不满足则需考虑更换探头或在对检测效果无明显影响的情况下改变聚焦深度；若满足（4-7）式的条件则可按与水浸平探头同样方法进行探头的实际调节试验，最终确定需采用的水距。

4.4.2 检验

1. 扫查

将一个探头放到试件上，其所产生的声束范围是它可以检测到的部分。扫查就是移动探头使声束覆盖到试件上需检测的所有体积的过程。因此，扫查的方式，包括探头移动方式、扫查速度、扫查间距等就是为保证扫查的完整而做出的具体规定。另外，为了保证缺陷的检出，防止因耦合不稳使缺陷显示幅度低而漏检，扫查时还常将调整好的仪器灵敏度再增益 4～6dB，作为扫查灵敏度。但为避免噪声过高和近表面盲区增大，扫查灵敏度也不可任意增高。

（1）扫查方式　扫查方式按探头移动方向、移动轨迹来描述。纵波检测的扫查方式一方面考虑声束覆盖范围，另一方面，还要根据受检件的形状、缺陷的可能取向和延伸方向，尽量使缺陷能够重复显现，并使动态波形容易判别。

根据受检件的使用要求不同，有时要求对受检件全部体积进行扫查，即探头在整个探测面上沿一定的方向移动，移动时相邻的间距需保证声束有一定重叠量，称为全面扫查；有时，则可以间隔较大的间距进行扫查，或只扫查试件的某些部位，称为局部扫查。

用双晶探头检测时，需要考虑扫查方向与隔声层方向平行或垂直进行。其扫查方法如图 4-5 所示。为了增加缺陷显现次数和反射幅度，检测细长形缺陷时，应使探头隔声层与缺陷主延伸方向平行，探头垂直于缺陷主延伸方向移动（如图 4-5a）。测定缺陷纵向长度时，探头隔声层应与缺陷主延伸方向垂直放置，并沿缺陷的纵向移动（如图 4-5b）。

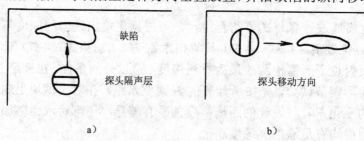

图4-5　双晶探头扫查

a）X 向扫查　b）Y 向扫查

对于体积大、形状复杂的试件，还可以将试件分成几个部分（区），分别进行扫查，称为分区扫查。

对于不同形状试件，有不同的扫查方式，如：对于圆盘形试件，多沿圆周方向在平表面进行扫查，沿径向等间隔前进；对于大型轴类，则常在外圆周作螺旋线扫查。

轴类件的螺旋线扫查在自动检测系统中有不同的设计，一种是试件不动，探头在外圆表面上按螺旋线轨迹移动；另一种是探头不动，试件在旋转的同时作轴向直线给进运动；第三种是探头沿试件轴向作直线给进运动，同时，试件作旋转运动；或者是探头作旋转周向运动，试件作直线给进运动。

　　（2）扫查速度　扫查速度指的是探头在检测面上移动的相对速度。扫查速度应当适当，在目视观察时应能保证缺陷回波被有把握地看清，在自动记录时，则要保证记录装置能有明确的记录。

　　扫查速度的上限与探头的有效声束宽度和重复频率有关。如果从发射脉冲发出到探头接收到缺陷回波的时间很短，这段时间内探头与试件相对运动的距离可以忽略不计，设重复频率为 f，那么，一次触发后扫描持续的时间为 $1/f$，若扫描重复 n 次才能使人看清楚荧光屏上显示的缺陷回波信号，或者使记录仪明确地记录下缺陷回波信号，则需要的时间为（$1/f$）×n，此期间内，缺陷应处在探头的有效直径 D 之下，则扫查速度 V 应为：

$$V \leqslant \frac{Df}{n} \qquad (4-10)$$

　　n 一般取 3 以上的数值。由此可见，如果探头的有效直径大，仪器的重复频率高，则扫查速度可以快一点。如果探头的有效直径小，仪器的重复频率低，则扫查速度必须放慢。

　　（3）扫查间距　扫查间距指的是相邻扫查线之间的距离（锯齿扫查为齿距，螺旋线扫查为螺距等）。扫查的间距通常根据探头的最小声束宽度，保证两次扫查之间有一定比例的覆盖。要求较高的试件，扫查间距常要求不大于探头有效声束宽度的二分之一或三分之一。对于板材等扫查面积大的试件，有时仅要求 10%～20% 的覆盖。

　　探头有效声束宽度的测定：

　　接触法检测时，根据探头的特点，选择检测深度范围中声束直径最小的深度处，取埋深与之相等并含有所要求直径的平底孔的试块，调节仪器，使平底孔反射波高为荧光屏满刻度的 80%，然后找出探头沿横过平底孔直径方向移动时反射波高下降 6dB 的两点间的距离，此距离即为探头有效声束宽度。

　　2. 非缺陷回波判定

　　在超声检测仪的 A 型显示图形中，除了始波、底波和缺陷回波等重要信号外，还常常出现一些其它回波信号，总称为非缺陷回波或干扰波。这些信号有许多和缺陷回波难以区别，常常被误认为是缺陷回波，从而影响检测结果的正确判断。

　　纵波检测常见的非缺陷回波有由侧壁、外形轮廓的干扰形成的迟到回波、61°反射波和 45°反射波、轮廓回波等。

　　（1）迟到回波　来自同一反射体的回波，因所经过的路径不同或在中途发生波型转换以致延迟到达探头的回波称为迟到回波。

　　用纵波直探头在细长或扁长试件（试块）上纵向探测时容易产生迟到回波。常见的迟到回波有底面迟到回波、缺陷迟到回波、三角形反射波、W 形反射波等。三角形反射波、W 形反射波是在棒材检测中遇到的问题，将在第 6 章讲解。

　　1）底面迟到回波。如图 4-6 所示。对长形试件进行轴向检测时，由于超声束的扩散，其中一部分声波可能入射在试件的侧面变成横波，变形横波又反射至另一侧壁，转换成与侧壁夹角很小的纵波，经底面反射后又被探头接收。如此返回的波，其位置约在直接返回的底波后面试件宽度的 0.76 倍处。

2）缺陷迟到回波。如图 4-7 所示。缺陷迟到回波是经侧壁发生波形转换后由缺陷反射而到达探头的迟到回波。

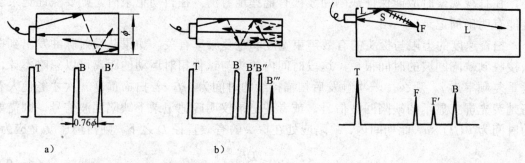

图4-6　底面迟到回波　　　　　　　　　　　　　　　　图4-7　缺陷迟到回波

（2）61°反射波和 45°反射波　在钢试件检测中，当入射声束轴线与某些特殊结构试件（或某些特殊取向缺陷）上的入射点法线夹角为 61°时，产生的变形横波恰好与侧壁垂直，由侧壁反射再转换回到探头的回波很强，这样的回波称为 61°反射波；当入射声束轴线与某些特殊结构试件（或某些特殊取向缺陷）上的入射点法线夹角为 45°时，也会产生侧壁的反射回波，称为 45°反射波。如图 4-8a 所示。

在图 4-8b 的情况中，61°反射波 M 会高于缺陷波 F。

（3）轮廓回波　如图 4-9 所示。

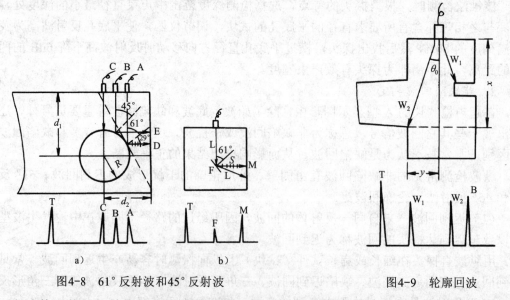

图4-8　61°反射波和45°反射波　　　　　　　　　　图4-9　轮廓回波

由试件形状几何轮廓（如台阶、凹槽、螺纹、孔等）引起的非缺陷回波称为轮廓回波。要识别是轮廓回波还是缺陷回波，首先要对试件的形状轮廓进行仔细的观察了解，并在多个相同外形试件上进行回波比较，如果在波形图中同样的位置有类似的回波，说明这是轮廓回波而不是缺陷回波。也可以用手沾油触摸来识别轮廓回波。

4.4.3　缺陷的评定

当超声检测发现缺陷显示信号之后，要对缺陷进行评定，以判断是否对使用存在危害。缺陷评定的内容主要是缺陷位置的确定和缺陷尺寸的评定。缺陷位置的确定包括缺陷平面位置和缺陷埋藏深度的确定；缺陷尺寸的评定包括缺陷回波幅度的评定、当量尺寸的评定和缺陷延伸长度（或面积）的测量。

1. 缺陷位置的确定

（1）缺陷平面位置的确定　纵波直探头检测时，发现缺陷后，首先找到缺陷波为最大幅度的位置，则缺陷通常位于探头的正下方。由于声束通常有一定的宽度，这种方法确定的缺陷平面位置并不是十分精确的。

确定平面位置时需考虑探头声束是否有偏离，如果在近场区，需考虑是否有双峰，这些因素可能使得信号幅度最大时，缺陷不在探头的正下方。

水浸法检测时，由于探头不直接与检测面接触，要获得缺陷在试件上的平面位置有一定难度，特别是水槽或试件较大时，操作者无法在试件表面上作出标记。因此，常常需要在水浸检测发现缺陷后，用接触法进行定位。C 扫描检测时，若图像有明确的起始点，则可通过图像上的相对距离确定。

（2）缺陷埋藏深度的确定　用纵波直探头进行直接接触法检测时，如果超声检测仪的时基线是按 $1:n$ 的比例调节的，观察到缺陷回波前沿所对的水平刻度值为 τ_f，则缺陷至探头的距离 x_f 为：

$$x_f = n\tau_f \tag{4-11}$$

例如：用纵波直探头检测，时基线比例为 1:2，在水平刻度 50 处有一缺陷回波，则缺陷至探头的距离 $x_f=50×2=100mm$。

在声速均匀的情况下，反射回波的时间间隔与传播距离是严格成正比的，因此，在经过校正的时基线上读出的缺陷埋深可以是很精确的。

水浸法确定缺陷深度的原理与接触法相同，只要以水与试件的界面回波作为深度读数的 0 点，按试件声程进行时基线比例调节即可。

2. 缺陷尺寸的评定

在实际检测中，由于自然缺陷的形状、性质等是多种多样的，要通过超声回波信号确定缺陷的真实尺寸还是比较困难的。目前主要是利用来自缺陷的反射波高、沿试件表面测出的缺陷延伸范围以及存在缺陷时底面回波的变化等信息，对缺陷的尺寸进行评定。评定的方法包括回波高度法、当量评定法和长度测量法。当缺陷尺寸小于声束截面时，可用缺陷回波幅度当量直接表示缺陷的大小；当缺陷大于声束截面时，幅度当量不能表示出缺陷的尺寸，则需用缺陷指示长度测定方法确定缺陷的延伸长度。

（1）回波高度法　根据回波高度给缺陷定量的方法称为回波高度法。回波高度法有缺陷回波高度法和底面回波高度法两种。常把回波高度法称为波高法。

1）缺陷回波高度法。在确定的探测条件下，缺陷的尺寸越大，反射声压越大。对于垂直线性好的仪器，声压与回波高度成正比，因此，缺陷的大小可以用缺陷回波高度来表示。

缺陷回波的高度的一种表示方法是，在调定的灵敏度下，缺陷回波峰值相对于荧光屏垂直满刻度的百分比，时基线位于垂直零位时，这可由垂直刻度线直接读出。另一种表示方法为将回波峰值下降或上升至基准高度所需衰减（或增益）的分贝数，在调定的灵敏度下，回波高于基准高度记为正分贝，回波低于基准高度记为负分贝。

缺陷回波高度法在自动化或半自动化检测时十分方便。在实际检测时，用规定的反射体调好检测灵敏度后，以缺陷回波高度是否高于基准回波高度，作为判定试件是否合格的依据，通过闸门高度的设定，可以进行自动报警与记录。

2）底面回波高度法。当试件上、下面与入射声束垂直且缺陷反射面小于入射声束截面时，可用底面回波高度法。

当试件中有缺陷时，由于部分声能被缺陷反射，使传到底面的声能减少，从而底面回波高度比无缺陷时降低。底面回波高度降低的多少与缺陷的大小有关，缺陷越大，底面回波高度下降的越多；反之，缺陷越小，底面回波高度下降的越少。因此，可用底面回波高度来表示缺陷大小。

底面回波高度法表示缺陷相对大小可有以下不同的方法：

① B/B_F 法　B/B_F 法就是在一定的检测灵敏度条件下，用无缺陷时的工件底面回波高度 B 与有缺陷时的工件底面回波高度 B_F 相比较来确定缺陷相对大小的方法。检测时，观察试件底面回波的降低情况，缺陷的大小用 B/B_F 值来表示。无缺陷时，B/B_F 值为 1，有缺陷时 B/B_F 值大于 1，B/B_F 值越大，则缺陷越大。

② F/B_F 法　F/B_F 法就是用缺陷回波的高度 F 与缺陷处试件底面回波的高度 B_F 相比较来确定缺陷相对大小的方法。缺陷的存在使得底波降低，缺陷越大，则 F 越高，B_F 越低。缺陷的大小用 F/B_F 值来表示，F/B_F 值越大，缺陷越大。与 B/B_F 值相比，F/B_F 值不仅和缺陷面积有关，还和缺陷的反射情况有关。

③ F/B 法　F/B 法是用缺陷回波的高度 F 与无缺陷处试件底面回波的高度 B 相比较来确定缺陷相对大小的方法。这种方法底波高度 B 是一个不变的量，同样的试件，F/B 值仅与缺陷回波高度有关。

底面回波高度法的优点是不需要对比试块和复杂的计算，而且可利用缺陷的阴影对缺陷大小进行评价，有助于检测因缺陷形状、反射率等原因使反射信号较弱的大缺陷。底波高度的降低主要与缺陷的大小有关。

底面回波高度法的缺点是不能明确地给出缺陷的尺寸，未考虑缺陷深度、声束直径等对检测结果的影响。因此，底波高度法常用于对缺陷定量要求不严格的试件或粗略评定试件质量的情况。底面回波高度法不适用于对形状复杂而无底面回波的试件进行检测。

（2）当量评定法　当量评定法是将缺陷的回波幅度与规则形状的人工反射体的回波幅度进行比较的方法，如果两者的埋深相同，反射波高相等，则称该人工反射体的反射面尺寸为缺陷的当量尺寸，典型表述为：缺陷当量平底孔尺寸为 $\phi 2mm$，或缺陷尺寸为 $\phi 2mm$ 平底孔当量。当量评定法适用于面积小于声束截面的缺陷的尺寸评定。

当量评定法的理论基础是第 1 章所讲的规则反射体回波声压规律。由于影响缺陷反射回波幅度的因素很多，当量法确定的当量尺寸并不是缺陷的真实尺寸。因为人工反射体是一个规则形状缺陷，且界面反射率较大，通常情况下实际缺陷的实际尺寸要大于当量尺寸。

当量评定的方法有试块对比法、当量计算法和 AVG 曲线法。

1）试块对比法。试块对比法将缺陷波幅度直接与对比试块中同声程的人工反射体回波幅度相比较，两者相等时以该人工反射体尺寸作为缺陷当量。如人工反射体为 $\phi 2mm$ 平底孔时，称缺陷当量尺寸为 $\phi 2mm$ 平底孔当量。若缺陷波高与人工反射体的反射波高不相等，则以人工反射体尺寸和缺陷波幅度高于或低于人工反射体回波幅度的分贝数表示，如：$\phi 2mm + 3dB$ 平底孔当量，表示缺陷幅度比 $\phi 2mm$ 平底孔反射幅度高 3dB。

采用试块对比法给缺陷定量时，要保持检测条件相同，即所用试块的材质、表面粗糙度和形状等都要与受检件相同或相近，试块中平底孔的埋深应与缺陷的埋深相同，并且所用的仪器、探头的调整和对探头施加的压力等也要相同。仪器的调整应使回波易于比较，如波高可为荧光屏满刻度的 50%～80%。如果缺陷的埋深与所用对比试块中平底孔的埋深不同，则可用两个埋深与之相近的平底孔，用插入法进行评定。

试块对比法的优点是明确直观，结果可靠，又不受近场区的限制，对仪器的水平线性和垂直线性要求也不高，因此，对于要求给缺陷回波幅度准确定量的重要试件或要在 $x < 3N$ 情况下给缺陷定量的试件常采用试块对比法。

当量试块比较法的缺点是，要制作一系列含不同声程不同直径人工缺陷的试块，现场检测时，携带和使用都很不方便。解决的办法是，采用与实际检测相同的探头与检测条件，预先将检测用对比试块测定好实用 AVG 曲线，在现场检测时，则可以仅携带少量试块调整仪器灵敏度，再根据曲线评定缺陷当量。这种方法可以解决现场操作的不便，但制作对比试块的工作不能省略。

2）当量计算法。当量计算法是根据超声检测中测得的缺陷回波与基准波高（或底波）的分贝差值，利用各种规则反射体的理论回波声压公式进行计算，求出缺陷当量尺寸的定量方法。当量计算法的依据是各种反射体反射回波声压与反射体尺寸、距晶片距离的理论关系，以及大平底反射与距离之间的理论关系。计算法应用的前提是缺陷波位于 3 倍近场长度以外。

根据平底孔反射回波声压公式（1-62）：$p = p_0 \dfrac{\pi D^2}{4\lambda x} \cdot \dfrac{\pi d^2}{4\lambda x} = p_0 \dfrac{SS'}{\lambda^2 x^2}$

大平底回波声压公式（1-61）：$p = p_0 \dfrac{\pi D^2}{4\lambda x} \cdot \dfrac{1}{2} = p_0 \dfrac{S}{2\lambda x}$

不同平底孔的回波声压比的分贝数为：

$$\Delta dB = 20 \lg \frac{d_1^2}{d_2^2} \cdot \frac{x_2^2}{x_1^2} = 40 \lg \frac{d_1}{d_2} \cdot \frac{x_2}{x_1} \tag{4-12}$$

若考虑材质衰减引起的声压随距离的变化，则有：

$$\Delta dB = 40 \lg \frac{d_1}{d_2} \cdot \frac{x_2}{x_1} + 2\alpha(x_2 - x_1) \tag{4-13}$$

平底孔与大平底回波声压比的分贝数为：

$$\Delta dB = 20 \lg \frac{\pi d_1^2 x_2}{2\lambda x_1^2} \qquad (4\text{-}14)$$

若考虑材质衰减引起的声压随距离的变化，则有：

$$\Delta dB = 20 \lg \frac{\pi d_1^2 x_2}{2\lambda x_1^2} + 2\alpha(x_2 - x_1) \qquad (4\text{-}15)$$

若测出缺陷回波高度与基准平底孔回波高度之比的分贝差ΔdB，就可以用下式计算缺陷的当量尺寸：

$$d = \frac{d_j x}{x_j} 10^{\frac{\Delta dB - 2\alpha(x_j - x)}{40}} \qquad (4\text{-}16)$$

式中　　d_j——基准平底孔直径；

x_j——基准平底孔的埋深；

x　——缺陷埋深；

α　——衰减系数。

若测出缺陷回波高度与大平底回波高度之比的分贝差ΔdB，则可用式（4-17）计算缺陷当量：

$$d = \sqrt{\frac{2\lambda x^2}{\pi x_D} \cdot 10^{\frac{\Delta dB - 2\alpha(x_D - x)}{20}}} \qquad (4\text{-}17)$$

式中　　x_D——大平底距探头的距离。

不考虑材质衰减时，可令式（4-16）和（4-17）中衰减系数α为0。

[例1] 用频率$f=4\text{MHz}$，晶片直径$D=14\text{mm}$的直探头，对厚度$T=400\text{mm}$的钢制工件进行检测，材料衰减系数$\alpha=0.01\text{dB/mm}$，发现距检测面250mm处有一缺陷，此缺陷回波与工件完好区底面回波的分贝差为–16dB，求此缺陷的平底孔当量尺寸。（$c_L=5.9\times10^6\text{mm/s}$）

解：因为 $N = \dfrac{D^2}{4\lambda} = \dfrac{fD^2}{4c} = \dfrac{4\times14^2}{4\times5.9} = 33\text{mm}$

所以 250mm>3N，可以用当量计算法。

将 $x=250\text{mm}$，$\lambda = \dfrac{5.9\times10^6}{4\times10^6} = 1.48\text{mm}$，$\Delta dB = -16\text{dB}$，$x_D = 400\text{mm}$，$\alpha=0.01\text{dB/mm}$

代入式（4-17），可得：$d = 4\text{mm}$，即此缺陷的当量平底孔尺寸为4mm。

[例2] 用频率$f=2\text{MHz}$，晶片直径$D=14\text{mm}$的直探头，对厚度$T=350\text{mm}$的钢工件探伤，发现距探测面200mm处有一缺陷，此缺陷回波高度比平底孔试块150/ϕ2回波高度高11dB，求缺陷的当量平底孔尺寸。

解：因为 $N = \dfrac{D^2}{4\lambda} = \dfrac{fD^2}{4c} = \dfrac{2\times14^2}{4\times5.9} = 17\text{mm}$

所以 200mm>3N，可以用当量计算法。

将 $x=200\text{mm}$，$x_j=150\text{mm}$，$d_j=2\text{mm}$，$\Delta dB=-16\text{dB}$ 代入式（4-16），令$\alpha=0$，

可得：

　　$d = 5\text{mm}$，即此缺陷的当量平底孔尺寸为 5mm。

　　3）AVG 曲线法。纵波直探头探伤时，可用平底孔 AVG 曲线确定缺陷当量。AVG 曲线法的优点是不需要大量的试块，也不需要烦琐地计算。用 AVG 曲线法评定缺陷当量时，既可以用通用 AVG 曲线，也可以用实用 AVG 曲线。

　　用 AVG 曲线给缺陷定量的原理与当量计算法相同，首先要测出缺陷回波幅度相对于某一基准反射体回波幅度的分贝差，基准可以是试件的底面回波，也可以是试块上的规则反射体回波。根据测得的分贝差，在曲线图上可查出缺陷的当量尺寸。

　　用通用 AVG 曲线确定缺陷当量时，根据缺陷回波与基准回波的分贝差值以及缺陷的归一化距离 A 和基准反射体的归一化距离 A_j，从通用 AVG 曲线上就可以查到归一化的缺陷当量尺寸 G，则缺陷的当量尺寸 d 为：

$$d = GD$$

式中　D ——探头的晶片直径。

　　[例 3] 用 2.5MHz、$\phi14$ 直探头对厚度为 420mm 的钢制工件进行检测，在 210mm 处发现一缺陷，缺陷回波比工件底波低 26dB，求此缺陷的当量尺寸。（钢中 $c_L=5.9\times10^6\text{mm/s}$）

　　解：① 计算 A_j 和 A

$$N = \frac{D^2}{4\lambda} = 21\text{mm}$$

$$A_j = \frac{x_j}{N} = \frac{420}{21} = 20$$

$$A = \frac{x}{N} = \frac{210}{21} = 10$$

　　② 查 G

　　如图 4-10 所示。

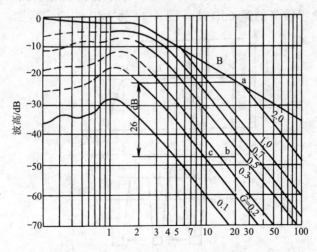

图4-10　用平底孔通用 AVG 曲线定量

过 A_f=20 处作垂线交 B 曲线于 a 点，从比 a 点低 26dB 的 b 处作水平线与过 A=10 所作的垂线相交于 c，则 c 点所对应的 G 值就是缺陷的归一化尺寸 0.2。

③ 求缺陷的当量尺寸：

$$d = GD = 0.2 \times 14 = 2.8\text{mm}$$

用实用 AVG 曲线确定缺陷当量的方法与通用 AVG 曲线相似，不同的是实用 AVG 曲线是针对特定的探头晶片尺寸和频率而制作的，图中的每一条曲线都直接表示着某一相应的反射体的当量尺寸，因而不用进行归一化，比用通用 AVG 曲线更方便。

（3）缺陷延伸长度的测定　对于面积大于声束截面或长度大于声束截面直径的缺陷，可根据可检测到缺陷的探头移动范围来确定缺陷的大小，通常称为缺陷指示长度的测定。

缺陷指示长度测定的原理是，当声束整个宽度全部入射到大于声束截面的缺陷上时，缺陷的反射幅度为其最大值，而当声束的一部分离开缺陷时，缺陷反射面积减小，回波幅度降低，完全离开时，缺陷回波不再显现。这样，就可以根据缺陷最大回波高度降低的情况和探头移动的距离来确定缺陷的边缘范围或长度。实际检测时，缺陷的回波高度完全消失的临界位置是难以界定的，所以，测量指示长度时，通常规定探头移动至使缺陷回波高度下降到一定程度（如下降 6dB）的位置，作为测长的端点。

根据测定缺陷指示长度时的基准不同，缺陷指示长度测定的方法有相对灵敏度测长法和绝对灵敏度测长法两类。

1）相对灵敏度测长法

相对灵敏度测长法是以缺陷最大回波高度为基准的测长方法。

相对灵敏度测长法的操作过程是，发现缺陷回波时，找到缺陷最大回波高度，以此为基准，然后沿缺陷长度方向的一侧移动探头，使缺陷回波下降到相对于最大高度的某一确定值，记下此时的探头位置。再沿着相反的方向移动探头，使缺陷回波在另一侧下降到同样高度时，记下探头的位置。量出两个位置间探头移动的距离，即为缺陷的指示长度。

根据缺陷回波相对于其最大高度降低的 dB 值，相对灵敏度测长法有 3dB 法、6dB 法、20dB 法等，使用较多的是 6dB 法。图 4-11 为 6dB 法的示意图。

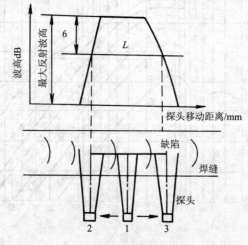

图4-11　6dB 法

6dB 法可采用如下的操作过程：检测中发现缺陷时，找到缺陷最大回波高度，用衰减器使缺陷最大回波高度达到基准波高（如垂直满刻度的 50%）。然后用衰减器将基准波高再增益 6dB。以缺陷最大回波高度点为起始点，沿缺陷长度方向分别向两侧移动探头，当缺陷回波高度降至基准高度时，记录探头位置。测量出两侧探头位置之间的距离即为缺陷的指示长度。

在实际检测中，常采用简单方便的操作方法，就是找到缺陷最大回波高度（不要使其饱和）后，沿缺陷长度方向向两侧移动探头，当缺陷回波高度降低一半时，标记探头位置，测量两侧两个标记点之间的距离，即为缺陷的指示长度。

有时，试件中有不规则的长条形缺陷时，探头沿缺陷的长度方向移动，缺陷各部位的回波高度可能会有多个高峰，此时将无法确定以哪一个峰值作为 6dB 法的最大回波高度，用 6dB 法难以给这样的缺陷定量，此时，要用端点 6dB 法。

端点 6dB 法的示意图见图 4-12。当缺陷有多个高峰时，分别将探头移到缺陷两端最后的峰值处，以该峰值为基准向外移动探头至回波幅度降低 6dB 处进行测长。

2）绝对灵敏度测长法

绝对灵敏度测长法是在仪器灵敏度一定的情况下，以缺陷回波幅度降低到某一确定高度时探头移动的距离来测量指示长度的方法。

绝对灵敏度测长法的操作过程为，发现缺陷后，保持确定的检测灵敏度不变，沿缺陷长度方向向两侧移动探头，当缺陷回波下降到规定的基准高度（如图 4-13 中的 B 线）时，探头左右（或前后）移动的距离即为缺陷的指示长度。

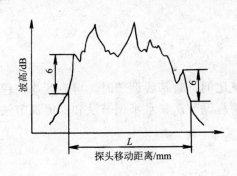

图4-12　端点6dB 法

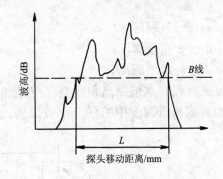

图4-13　绝对灵敏度测长法

（4）水浸法检测缺陷尺寸的评定　水浸法检测缺陷尺寸的评定可与接触法一样采用回波高度法，缺陷当量的评定通常采用试块对比法，缺陷指示长度的测量也可采用与接触法同样的方式。

需注意的是聚焦探头缺陷当量的评定，从理论上，聚焦探头是不能直接采用第 1 章中得到的规则反射体回波声压规律进行缺陷当量评定的，因其声场不符合公式推导的条件。但在声束直径大于平底孔直径时，同声程的平底孔反射声压与平底孔直径的平方也基本上是成正比的，可借用平底孔当量的概念用试块对比法进行缺陷当量的评定。但是，在严格采用缺陷当量对试件进行合格判定时，需要采用平探头对聚焦探头发现的缺陷进行评定。这样做的前提是，平探头能够发现聚焦探头检出的缺陷。因此，聚焦探头更适合于采用回波高度和指示长度测量结合的方法对缺陷大小进行评定。

4.5　斜射声束横波检测技术

如 3.3.2 节所述，斜射声束横波检侧最主要的应用有两类，一类是焊缝缺陷的检测，另一类是管棒类材料的检测。不同类型不同规格的试件，其检测灵敏度的调整方式和缺陷评定方式有很大的差异。各类材料特定的检测技术将在第 5 章至第 8 章的有关章节讲述。本节主要就横波检测时的通用技术进行介绍。

4.5.1　检测的准备与仪器的调整

1. 探头入射点与折射角的测定

斜探头入射点和折射角的测定在第 2 章中已有介绍。由于有机玻璃斜楔容易磨损，入射点和折射角的测定需在每次超声检测前进行。

2. 时基线调整

斜探头横波检测时，缺陷的水平位置和垂直深度均可以通过回波的声程和探头的折射角确定出来，如图 4-14 所示：

$$d = \frac{x}{\cos\beta} \qquad\qquad (4\text{-}18)$$

$$l = x\sin\beta \qquad\qquad (4\text{-}19)$$

式中　x——声程；
　　　d——垂直深度；
　　　l——水平距离。

可见声程、水平距离和垂直深度是相互成正比的。时基线调节时，可令其与声程、水平距离或垂直深度中的任一个成比例，称为声程调节法、水平调节法和深度调节法。

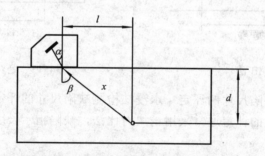

图4-14　斜探头横波检测缺陷位置的确定

横波时基线调整的比例，需根据检测时所用的横波声程范围确定。如图 4-15 所示，横波射入试件后到达底面之前的波称为一次波，用一次波进行缺陷检测，称为一次波法或直射法。经底面反射后的波称为二次波，用二次波进行缺陷检测，称为二次波法或一次反射法。通常在一次波法检测时，要使时基线范围包含与试件厚度相对应的声程。二次波法检测时，则需使时基线包含与 2 倍厚度相对应的声程。时基线调整的其他要求与纵波检测时相同。

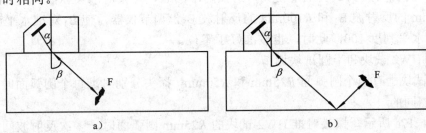

图4-15　直射法与一次反射法

a）直射法　b）一次反射法

时基线调整中的零位调节对斜探头检测意义更明显，可以扣除斜楔中的声程，使声束在试件上的入射点作为时基线的零点。

时基线调整常用的试块有 CSK－IA 试块、IIW 试块、IIW2 试块、半圆试块等，也可以用试件棱角来调节。

（1）声程调节法　声程调节法就是使时基线的刻度值与声程成比例的调节方法。声程调节法常用于非 K 值探头检测。

1）用 IIW 试块调节

因为 IIW 试块上的 R100mm 圆心处没有沟槽，在 R100mm 圆弧面上不能产生多次反射波，所以，只用 R100mm 圆弧面是不能调节时基线比例的。但是，钢中纵波传播 91mm 的时间恰好相当于横波传播 50mm 的时间，因此，可以利用 IIW 试块上 91mm 处产生二次反射纵波来调节横波检测的时基线比例。

以横波声程 1:1 调节为例，如图 4-16 所示，将直探头对准 91mm 处的底面，调节仪器，使一次底波 B_1 对准水平刻度 50，二次底波 B_2 对准水平刻度 100，这时时基线比例恰好为横波声程 1:1。为进行零位调节，换上横波探头，将横波斜探头入射点和 R100mm 圆心重合（此时荧光屏上可能无反射波）。调节延迟旋钮，使 R100mm 圆弧面反射波 B_1 对准水平刻度 100。

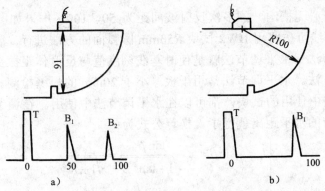

图4-16　用 IIW 试块按声程调节时基线

为解决上述调节中调换探头的麻烦，我国 CSK－IA 试块在 $R100mm$ 圆弧面上增加了一个 $R50mm$ 圆弧面，利用这两个圆弧面，按声程调节时基线很方便。按声程 1:1 调节时基线时，将探头放到试块上，使其入射点对准圆心，声束对准圆弧面，荧光屏上同时出现 $R50mm$ 的反射波 B_1 和 $R100mm$ 的反射波 B_2，调节仪器，使 B_1 对准水平刻度 50，使 B_2 对准水平刻度 100，此时，也校准好了零位。

2）用 IIW2 试块和半圆试块调节

IIW2 试块上有两个圆弧面 $R25mm$ 和 $R50mm$，探头分别对准每个圆弧面时，反射波间距是不相同的。

如图 4-17a 所示，探头对准 IIW2 试块的 $R25mm$ 圆弧面时，多次反射波间距为 25、75、75……。按声程 1:1 调节时基线时，可使声束对准 $R25mm$ 圆弧面，调节仪器，使一次反射波 B_1 对准水平刻度 25，二次反射波 B_2 对准水平刻度 100（B_1 和 B_2 的间距正好为 100−25＝75）。这样，时基线比例和零位同时调整完毕。

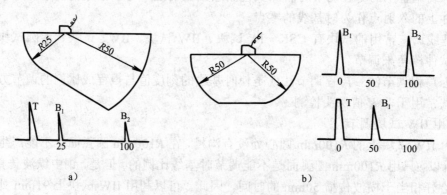

图4-17　用 IIW2试块和半圆试块按声程调节时基线

a）IIW2试块　b）半圆试块

探头对准 IIW2 试块的 $R50mm$ 圆弧面时，多次反射波间距为 50、75、75……。按声程调节 1:1 时，可将声束对准 $R50mm$ 圆弧面，调节仪器，使 $R50mm$ 一次反射波 B_1 对准水平刻度 0，使 $R50mm$ 二次反射波对准水平刻度 75。为了校准零位，再用延迟旋钮将 B_1 移到水平刻度 50 处。

半圆试块（圆心无槽沟）的多次反射波间距为 50、100……，如图 4-17b 所示。按声程 1:1 调节时基线可仿照用 IIW2 试块 $R50mm$ 圆弧面的方法进行。

（2）水平调节法　水平调节法就是使时基线刻度值与反射体距探头入射点的水平距离成正比的调节方法。水平调节法常用于板厚小于 20mm 的焊缝检测。

在声程调节法中使用的试块，都可以在水平调节法中使用。在调节前，只需要将两个声程换算成相应的水平距离就行了。换算公式为：

$$\begin{cases} l_1 = x_1\sin\beta = x_1\dfrac{\tan\beta}{\sqrt{1+\tan^2\beta}} = \dfrac{Kx_1}{\sqrt{1+K^2}} \\ l_2 = x_2\sin\beta = x_2\dfrac{\tan\beta}{\sqrt{1+\tan^2\beta}} = \dfrac{Kx_2}{\sqrt{1+K^2}} \end{cases} \qquad (4\text{-}20)$$

例如，用 CSK－IA 试块和 K2 探头按水平 1:1 调节时基线的步骤为：

1）换算水平距离。

$$x_1 = 50 \qquad l_1 = \frac{Kx_1}{\sqrt{1+K^2}} = \frac{2 \times 50}{\sqrt{1+2^2}} = 44.7\text{mm}$$

$$x_2 = 100 \qquad l_2 = \frac{Kx_2}{\sqrt{1+K^2}} = \frac{2 \times 100}{\sqrt{1+2^2}} = 89.4\text{mm}$$

2）将探头放到试块上，入射点对准圆心，调节仪器，使 $R50$ 反射波对准水平刻度 44.7，使 $R100\text{mm}$ 反射波对准水平刻度 89.4。

（3）深度调节法　深度调节法就是使时基线刻度值与反射体的垂直深度成正比的调节方法。深度调节法常用于板厚大于 20mm 的焊缝检测。

在声程调节法和水平调节法中使用的试块，原则上也可以在深度调节法中使用。在调节前，需要将两个声程（或水平距离）换算成相应的深度，换算公式为：

$$\begin{cases} d_1 = x_1\cos\beta = x_1 \dfrac{1}{\sqrt{1+K^2}} \\ d_2 = x_2\cos\beta = x_2 \dfrac{1}{\sqrt{1+K^2}} \end{cases} \qquad (4\text{-}21)$$

例如：用 CSK－IA 试块、K2 探头，按深度 1:1 调节时基线的步骤为：

1）换算深度

$$x_1 = 50 \qquad d_1 = \frac{x_1}{\sqrt{1+K^2}} = \frac{50}{\sqrt{1+2^2}} = 22.4$$

$$x_2 = 100 \qquad d_2 = \frac{x_2}{\sqrt{1+K^2}} = \frac{100}{\sqrt{1+2^2}} = 44.7$$

2）将探头放到试块上，入射点对准圆心，调节仪器，使 $R50\text{mm}$ 反射波对准水平刻度 22.4，使 $R100\text{mm}$ 反射波对准水平刻度 44.7。

3. 距离幅度曲线的制作

横波距离幅度曲线是相同大小的反射体随距探头距离的变化其反射波高的变化曲线。需采用检测用的特定探头，在含不同深度人工反射体的试块上实测（如 RB-2、RB-3 试块）横波距离幅度曲线。根据时基线调节的三种方法，距离幅度曲线也可按声程、水平距离和垂直深度绘制。

在横波检测中常采用距离幅度曲线进行缺陷尺寸的评定，尤其在焊缝检测中使用极为广泛，并形成了一定的通用做法，在标准中也有相应的规定。焊缝检测距离幅度曲线的具体做法将在焊缝检测技术的章节中介绍。

下面介绍采用平底孔作为人工缺陷时的一种做法。

采用图 4-18 所示的三角形试块。其材料与受检件相同，直角边侧面钻有等直径的平底孔，孔深为 10mm，孔距为 25mm。试块的斜角 β 应等于探头的折射角。测试步骤如下：

1）按声程调节好扫描范围；

2）将探头置于试块斜面上，对准试块上声程最大的平底孔，将反射回波调到某一特定高度（如：60%或80%），记录此时的衰减器分贝数；

3）将探头依次对准其余各孔，调节衰减器，记录反射信号达到同一特定高度时衰减器的读数。

4）以声程为横坐标，衰减器读数为纵坐标，绘制距离幅度曲线。

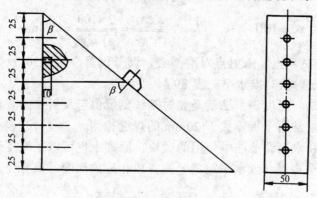

图4-18　三角形试块

4. 灵敏度调整

斜探头横波检测灵敏度调节的原则与纵波检测是相同的，横波检测的做法通常是采用试块中的某一特定反射体，将其反射回波调节到荧光屏满刻度的指定高度，有时根据要求的灵敏度，再用衰减器调节一定的增益量。

具体的试块、人工反射体类型、埋深、尺寸以及反射波调节的高度等，根据不同的检测试件有不同的规定。常用反射体有如图4-18所示的平底孔或RB-2等试块中的横孔，管材检测也常用槽形人工伤。

当试块与试件存在表面耦合损失的差异时，要进行传输修正。即在调整好的灵敏度基础上，用衰减（或增益）旋钮提高所测得的修正量。传输修正值的测定见下节。

5. 传输修正值测定

斜入射检测时灵敏度的调整采用试块法，传输修正主要考虑的是试块与试件表面损失的差异，要求试块与试件材质衰减相同。传输修正值可用单探头法测定，也可用双探头法测定。

（1）单探头法测定　采用和试件相同厚度试块，测定方法如图4-19所示。

1）将探头放在试块上，移动探头使试块棱角A处的反射波达到最高，并调节增益旋钮和衰减器旋钮，使其达到基准高度（如满刻度的60%），记录下此时的衰减器读数 V_1。

2）将探头放到试件上与试块相应的位置上，移动探头使试件 A 处的反射波最高。调节衰减器旋钮，反射波高度达到基准高度（满刻度的60%），记录下此时的衰减器读数 V_2。

3）计算传输修正值：

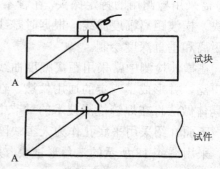

图4-19　单探头法测传输修正值

$$\Delta dB = V_1 - V_2 \qquad （衰减型）$$

$$\Delta dB = V_2 - V_1 \qquad （增益型）$$

ΔdB 即为传输修正值。ΔdB 为正值，表示试件的表面损失大于试块，调整灵敏度时应提高增益；ΔdB 为负值，表示试件的表面损失小于试块，调整灵敏度时应降低增益。

（2）双探头法测定　斜入射检测用一发一收的双探头法来测定传输修正值，可以采用与试件厚度相同的试块，也可以采用与试件厚度不同的试块。

1）试件与试块的厚度相同

如图 4-20 所示，将探头相对放置，当发射探头发出的声波经底面一次反射后被接收探头接收到的信号幅度为最大时，两探头间距恰为声波经一次底面反射之后到达表面的点与发射探头入射点之间的水平距离，这一距离称为一个跨距，用 1S 表示。

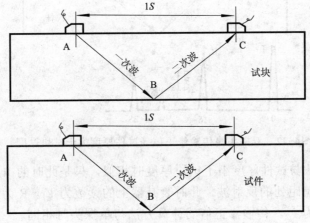

图4-20　双探头测传输修正值

将两个相同的斜探头按图 4-20 所示方式放置，间距为一跨距。依次测出在试块和试件上底面的回波幅度值，其分贝差即为传输修正值。测试步骤和传输修正值的计算方式与单探头测定相同。

2）试件厚度小于试块厚度

如图 4-21 所示。试件厚度小于试块厚度时，采用如下方法测定传输修正值：

① 将接收探头放到试件上距发射探头一个跨距的位置，调节仪器，使荧光屏上显示出反射波 R_1，并记下 R_1 波高和位置，以及衰减器的读数 V_2。

② 将接收探头移到距发射探头两个跨距的位置，使荧光屏上显示出反射波 R_2，并记下 R_2 波高和位置。

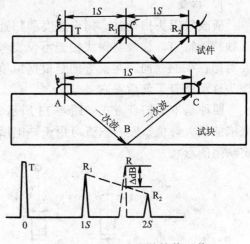

图4-21　双探头测传输修正值
（试件厚度小于试块厚度）

③ 将接收探头放到试块上距发射探头一个跨距的位置，使荧光屏上显示出反射波 R。

④ 在 R_1 和 R_2 两波峰之间连一直线，用衰减器将 R 调到 R_1 和 R_2 的连线上，并记下此时的波高 V_1。

⑤ 按照单探头测定步骤 3）的方法计算 ΔdB 并进行传输修正。

3）试件厚度大于试块厚度

如图 4-22 所示。

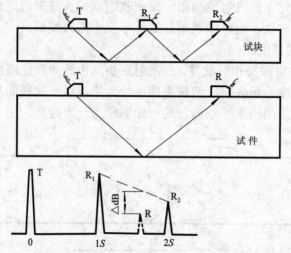

图4-22　双探头测传输修正值（试件厚度大于试块厚度）

采用的测试方法与试件厚度小于试块厚度时相似，只是此时的 R_1 和 R_2 为试块上一个跨距处和两个跨距处的反射波，此时衰减器上的读数为 V_1。R 为试件上一个跨距处的反射波，其波高为 V_2。传输修正值的计算方法与单探头时相同。

4.5.2　检验

1. 扫查

横波斜探头扫查时，扫查速度和扫查间距的要求与纵波检测时相似。但扫查方式有其独特的特点，横波斜探头扫查不仅要考虑探头相对于试件的移动方向、移动轨迹，还要考虑探头的朝向。声束方向是根据拟检测缺陷的取向而确定的，声束方向确定之后，探头移动就有了前后左右之分。

四种基本的扫查方式如图 4-23 所示。通常前后左右扫查用于发现缺陷的存在，寻找缺陷的最大峰值，左右扫查可用于缺陷横向长度的测定，转动扫查和环绕扫查则为了确定缺陷的形状。

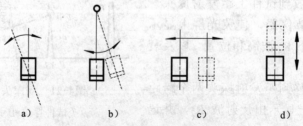

图4-23　斜探头的扫查方式

a）转动扫查　b）环绕扫查　c）左右扫查　d）前后扫查

2. 非缺陷回波判定

与纵波直探头检测一样，横波斜探头检测也会出现一些非缺陷回波，而且比纵波检测时还要多。其中最主要的一类是各种轮廓回波，如：端角反射。由于端角反射很强，有时试件表面或侧壁上一些稍深的划痕或加工痕迹也会产生干扰信号，这些信号可用粘油的手拍打表面相应部位观察波幅变化来进行判断。另一类常见的干扰回波是斜探头产生的表面波，这些波在表面传播，遇到拐角处或表面凹坑则会产生反射，用手指按探头前面的试件表面，可看出信号幅度的变化。此外，试件表面的耦合剂过多时，横波在表面反射点处的油滴也会产生反射信号，这种信号在擦去表面油滴后即消失。

焊缝超声检测中由于焊缝表面的不平整和焊缝余高的存在，还有一些特殊的干扰回波，将在第 7 章相应章节中讲述。

4.5.3　缺陷的评定

斜探头横波检测中缺陷的评定包括缺陷水平位置和垂直深度的确定以及缺陷的尺寸评定。

缺陷的水平位置和垂直深度是根据缺陷反射回波幅度最大时，在经校准的荧光屏时基线上缺陷回波的前沿位置所读出的声程距离或水平、垂直距离，再按已知的探头折射角计算得到的。与纵波直射法不同，横波斜射法时基线上最大峰值的位置是在探头移动中确定的，定位准确度受声束宽度的影响，而且，多数缺陷的取向、形状、最大反射部位也是不确定的，因此，所确定的缺陷位置不是十分精确的。

缺陷的尺寸也是通过测量缺陷反射波高与基准反射体回波波高之比，以及测定缺陷的延伸长度而进行评定的。

1. 平表面缺陷位置的确定

斜探头横波检测时，缺陷位置的确定方法与时基线调整的方法有关。按时基线读出的是声程、水平距离或垂直深度，需采用不同的方法计算缺陷的水平距离与垂直深度。

（1）按声程定位　假设超声检测仪按声程 $1:n$ 调节时基线，读出缺陷回波前沿在时基线上的刻度值为 τ，则缺陷至声束入射点的声程为 $x_f = n\tau$。

如图 4-24 所示，缺陷距入射点的水平距离 l_f 和埋藏深度 d_f 为：

一次波法，
$$
\begin{cases}
l_f = x_f \sin\beta = \dfrac{x_f K}{\sqrt{1+K^2}} \\[2mm]
d_f = x_f \cos\beta = \dfrac{x_f}{\sqrt{1+K^2}}
\end{cases}
\tag{4-22}
$$

二次波法，
$$
\begin{cases}
l_f = x_f \sin\beta = \dfrac{x_f K}{\sqrt{1+K^2}} \\[2mm]
d_f = 2T - x_f \cos\beta = 2T - \dfrac{x_f}{\sqrt{1+K^2}}
\end{cases}
\tag{4-23}
$$

（2）按水平距离定位　假设超声检测仪按水平距离 1:n 调节时基线，缺陷回波的水平刻度值为 τ，则缺陷至探头入射点的水平距离为 $l_f=n\tau$。

可计算缺陷的垂直深度 d_f 为：

一次波法，
$$d_f = \frac{l_f}{K} \tag{4-24}$$

二次波法，
$$d_f = 2T - \frac{l_f}{K} \tag{4-25}$$

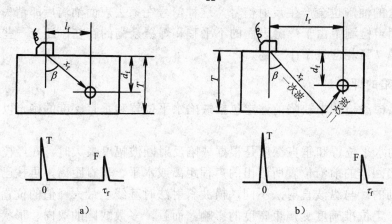

图4-24　横波斜探头检测缺陷定位

a）一次波法　b）二次波法

（3）按深度定位　假设超声检测仪按垂直深度 1:n 调节时基线，缺陷回波的水平刻度值为 τ。

可计算缺陷的垂直深度 d_f 和距入射点的水平距离 l_f 为：

一次波法，
$$\begin{cases} d_f = n\tau \\ l_f = n\tau K \end{cases} \tag{4-26}$$

二次波法，
$$\begin{cases} d_f = 2T - n\tau \\ l_f = n\tau K \end{cases} \tag{4-27}$$

从上面三种定位法的所有计算公式可以看出，缺陷的埋藏深度计算与其是一次波发现还是二次波发现的有关。检测中发现缺陷后，必须先判断是一次波还是二次波，才能正确计算缺陷的垂直深度。具体的判断方法可有不同，一种方法是在时基线调整完成后，在时基线上作出与试件一倍厚度和二倍厚度相对应的水平位置标记，从而可根据缺陷出现在哪一区间直接作出判断；也可以先按一次波方法直接计算出深度，如果大于试件厚度，则说明是二次波发现的，再改用二次波公式计算。

2. 曲面上缺陷定位的修正

用横波斜探头在曲面上沿周向进行检测时，时基线通常仍按平面检测时的方法进行调节。在缺陷定位时，若仍按平面的方法进行计算，则得到的水平距离和垂直深度无法与在曲面上的位置相对应，因此，必须对其进行修正。下面以沿外圆周向检测为例，介绍横波周向检测时缺陷定位的修正方法。

如图 4-25 所示，假设探头在外圆的 A 位置探测到工件内 B 位置处有一缺陷，用平面上的方法计算出的水平距离为 l、埋藏深度为 d。B 位置在外圆上的定位应该由距外圆面的深度 H 和距探头 A 的弧长 L 来表示。由几何关系可以得到：

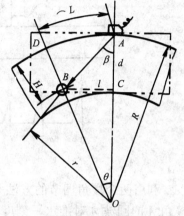

$$\hat{L} = \frac{2\pi R\theta}{360} = \frac{\pi R}{180} \tan^{-1} \frac{dK}{R-d} \qquad (4-28)$$

$$H = DO - BO = R - \sqrt{(dK)^2 + (R-d)^2} \qquad (4-29)$$

式中　R ——外圆面的半径；

　　　d ——按平面件方法得到的缺陷埋藏深度；

　　　K ——探头的 K 值。

由图中可以看出，缺陷距探头的弧长 L 总是比水平距离 l 的值大，而缺陷距外圆面的埋藏深度 H 总是比在平面上探伤时的埋藏深度 d 值小。

图4-25　外圆周向定位

3. 缺陷尺寸的评定

横波检测进行缺陷尺寸的评定中，缺陷回波高度是一个重要依据。在规定的灵敏度下，有时直接用波高作为判废的依据。

缺陷当量尺寸的评定，依据的同样是规则反射体的回波高度与其尺寸的关系，常用试块对比法或实测距离幅度曲线进行评定。试块对比法可用图 4-18 所示的三角形平底孔试块进行，评定的方法与纵波检测时相似。当量尺寸的评定也可以利用试块上测得的距离幅度曲线进行。

缺陷指示长度也是横波缺陷评定的重要指标，与纵波一样，测长方法也有相对灵敏度法和绝对灵敏度法，其原理和操作过程与 4.4.3 节所介绍的相似。

4.6　表面波检测技术

4.6.1　仪器的调整

1. 时基线的调整

表面波检测时，超声波的衰减比较大，所以超声波不能像纵波那样传播得很远，当试件表面需要检测的范围较大时，需要分段进行检测。

表面波一次检测的范围，需根据试验确定。可在所要求的检测灵敏度下，将探头对准人工伤由近向远移动探头，找出人工伤反射回波可以清晰辨别（可规定为不低于荧光屏的某一高度）的最远距离，即为一次扫查的检测范围。

表面波时基线调节，可以直接在试件上进行，利用试件的一个棱角或两个棱角的反射回波作为调节时基线的参考波。如图 4-26 所示。

用一个棱角调节表面波时基线，可以通过改变探头的位置来实现。首先选定距棱边的两个距离 a 和 b，在试块上 A 和 B 处作出标记线，分别将探头前缘对准 A 线和 B 线，调节仪器,使棱角 C 在 A 处的回波对准水平刻度 a,使棱角 C 在 B 处的回波对准水平刻度 b。

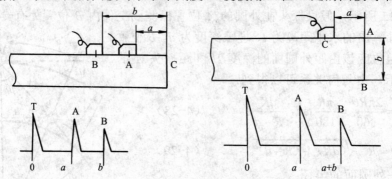

图4-26 表面波时基线的调节

利用两个棱角调节的方法是,将探头放在距棱角 A 距离为 a 的 C 处,调节仪器,使棱角 A 的回波 A 对准水平刻度 a,使棱角 B 的回波 B 对准水平刻度 $a+b$。

2. 检测灵敏度的调整

表面波检测时,通常利用对比试块调整检测灵敏度,对比试块中的人工反射体常采用表面刻槽的形式。表面波对垂直于表面的缺陷很灵敏,为检测表面裂纹,刻槽的深度可取 0.1mm 左右。

需注意表面波检测对表面粗糙度的要求比纵波与横波检测时更高,灵敏度的选择也要考虑表面状态的影响。需在与受检件相同材质和表面状态的试样上通过试验确定可用的灵敏度。工艺文件中应规定对比试块人工刻槽的尺寸,并规定调整灵敏度时探头距刻槽的距离和槽反射信号应达到的屏幕高度。

4.6.2 扫查

表面波的扫查方式根据试件情况有所不同,如果为了在一个较大的面积上检测表面伤,可采用间隔一定行距(不超过最大检测范围)横向扫查的方式。有时,表面波检测是为了检测特定部位的缺陷,则可以固定在一条线上或一个圆周上扫查。

扫查过程中需特别注意的有以下几点:

(1)探头的前方不可以有残留的耦合剂,因试件表面的油层会使衰减增大,同时,残留的油滴也会形成干扰反射。

(2)检测表面的锈蚀和和其他附着物也会对声波有较大衰减,需及时清除。

(3)需注意试件表面粗糙度的差异与变化,严重时会引起声波的散射与衰减,必要时应重新加工表面。

(4)发现有反射信号时,可用沾油的手指按在探头前方的表面上寻找反射点的位置,如果是按在表面波传播通道上,则波幅会降低,以这种方法可帮助判断反射波的来源。

4.6.3 缺陷的评定

1. 缺陷位置的确定

用表面波检测时,因为缺陷在工件的表面或者是埋藏深度比较浅,所以,表面波检测时的缺陷定位只需要确定缺陷的平面位置，其定位的方法和纵波直探头直接接触法探伤的缺陷定位方法相同，即根据缺陷回波在荧光屏水平刻度线上的位置来确定缺陷至探头端面的距离。

需注意曲面检测时表面波速度的变化，凸面上的传播速度大于平面上的传播速度，凹面上的传播速度低于平面上的传播速度，因此，在曲面上定位时，需用曲面试块调整仪器时基线，或在表面上用按压方法，实际确定反射点的位置。

2. 缺陷大小的评定

表面波检测时，无法象纵波和横波那样评定缺陷的当量尺寸。其检测目的主要是发现表面存在的裂纹等危险缺陷，因此，调整好起始灵敏度后，检测过程中发现的缺陷均要进行记录。

不同形状的缺陷对瑞利波的反射能力有明显的不同。对于暴露在表面上有尖锐棱角的缺陷，反射波较强。当棱边的曲率半径较大（约大于五个波长）时，瑞利波甚至可全部通过。随着缺陷距表面的深度的增加，反射能力也将迅速下降。

对于长度大于声束宽度的缺陷，可仿照横波与纵波对缺陷指示长度的测量方法，进行缺陷横向指示长度的测量。

4.7　影响检测结果的因素

4.7.1　超声检测影响因素分析

超声检测的整个过程，目的都是要保证试件中所要求检测的缺陷能够检测出来，并能对其位置与尺寸进行正确评定。检测的结果是否准确，将会影响到试件合格与否的评判。因此，需要了解掌握影响缺陷检测结果的各个因素，一方面为了保证获得检测技术所能提供的最佳的、具有可比性和可重复性的检测结果；另一方面，也可了解检测技术本身尚不能解决的检测结果的不确定性，以对检测结果作出正确的解释与判断。

超声检测影响缺陷检测结果的各个因素可分为两类，一类是可控因素，另一类是不可控因素。

可控因素包括检测技术选择的正确性，检测系统的选用（包括仪器、探头特性与参数的选择、耦合剂与电缆线的选择与使用），检测过程中仪器调整的正确性（包括时基线与灵敏度的调整、仪器各旋钮的设置），对试件表面状态与材质差异的修正，扫查操作的正确性，缺陷评定方法的正确性等。这些因素均可通过检测工艺的正确制订和检测操作的正确实施加以保证，在本教材前几章和本章前几节中已经进行了详细的讨论。

不可控因素是指在正确地实施检测过程之后，仍存在的一些可能使得缺陷的评定结果不准确或不真实的因素。这些因素包括，仪器、探头经校准后在允许范围内的误差，材质的不均匀性，缺陷自身特性的影响等等。本节重点就这些因素进行讨论。

4.7.2　检测设备与器材的影响因素

1. 超声检测仪

超声检测仪发展至今，水平线性和垂直线性等影响检测误差的因素在多数仪器上均已做的很好，通常均可满足检测要求。但不同仪器在发射脉冲频带宽度，接收系统频带宽度、电噪声、分辨力等方面，均存在着较大的差异，有些在仪器的基本性能参数中未有体现，在使用时，却可能产生不同的检测结果。如信噪比和分辨力的差异，影响到对微小缺陷、近表面缺陷的检出能力，接收系统带宽的不同，也可能对缺陷回波的幅度产生影响。

2．探头

超声波探头的一个特点是，同样参数（频率、晶片直径）的探头，由于制作工艺的差异，其性能会有很大的不同。因此，检测时虽然确定了探头参数，但其中心频率、频谱特性会有差异，这种差异对探头的声场会有所影响，频带的宽窄或脉冲宽度对声波在材料中的衰减和信噪比、分辨力也有明显的影响。因此，不同探头检测同一试件时，可能会给出不同的结果。

3．对比试块

对比试块的材质和表面状态均是有一定要求的，其中的人工伤也是要求进行检验的，但即便如此，材质、尺寸规格均相同的试块，其人工伤反射回波还是会有 1～2dB 的差异。有时，在用幅度作为判定依据时，会出现争议。

4.7.3 人员操作的影响因素

接触法手工检测时，耦合剂的施加存在一定的不确定性，耦合层的厚度对缺陷回波幅度有较大的影响。当耦合剂厚度为$\lambda/2$ 的整数倍或者很薄时，声能进入工件的透射率大，缺陷的回波高度高。当耦合剂厚度为$\lambda/4$ 的奇数倍时，声能进入工件的透射率小，缺陷的回波高度低。因此，在不影响耦合的情况下，耦合剂的厚度涂得越薄越好，否则会影响缺陷定量的准确性。

手工检测时，由于压力难以保持得很稳，尤其是操作人员不够熟练的时候，会由于调整仪器时和扫查时、缺陷评定时对探头施加的压力不同，使缺陷幅度的评定出现误差。

手工操作时，扫查过程中速度与间距的控制存在的人为误差以及目视观察时的疏忽，是造成小缺陷漏检的一个因素。

4.7.4 试件与缺陷本身特性的影响

1．试件的形状、材质和表面状态

试件形状的影响主要是侧壁干涉的影响。纵波探头靠近试件侧壁进行检测时，从侧壁上反射的纵波 L 和波型转换产生的横波 S 都有可能与直接射向缺陷的声波发生干涉。由于侧壁干涉，使探测的灵敏度下降，位于侧壁附近的小缺陷就有可能漏检。

试件材质的影响主要指材质非均匀性和各向异性的影响。一些金属材料以及复合材料等，其内部结构是非均匀或各向异性的，其声学特性也是不均匀的。这种非均匀性的具体分布，很多是无法预先得知的，在检测时，会引起声速、声束方向、声阻抗的改变，从而影响缺陷位置的确定以及缺陷回波幅度的评定。

试件表面粗糙度的不均匀性，可能造成扫查过程中不同位置灵敏度的差异，以及缺陷幅度评定的差异。

2．缺陷特性

超声检测评定缺陷大小依据的是缺陷尺寸与回波高度的关系，除缺陷尺寸以外，缺陷的其他特征对缺陷的回波幅度也有影响，这些特征主要是缺陷的取向、形状、性质和缺陷表面粗糙度和指向性。

（1）缺陷取向的影响　当缺陷的反射面与声束轴线垂直时，缺陷回波高度最高。但实际上缺陷的反射面与声束轴线常常是不垂直的，因此，缺陷的当量往往比实际尺寸偏小。

图 4-27 是光滑平面的回波波高随声束入射角的变化情况。可以看出，缺陷波高随倾角的增大而急剧下降。声束入射角为 2.5° 时，波高已下降到垂直入射时的 1/10；倾斜约 12° 时，则下降至 1/1000。

缺陷反射面与声束轴线不垂直还会出现另一个问题，当获得缺陷的最大回波时，缺陷可能不在声束轴线上，此时回波声压同时受探头发射声波的指向性与缺陷反射声波的指向性影响。

（2）缺陷形状的影响　实际缺陷的形状是多种多样的，在 1.5 节关于规则反射体回波声压的讨论中，已看到不同形状反射体其回波声压是不同的。图 4-28 画出了计算所得的几种形状的缺陷声压反射系数与缺陷投影面积平均直径间的关系（此处反射系数定义为缺陷反射波高与同距离处无限大底面的底波波高之比，缺陷投影面积平均直径是按圆片形缺陷面积换算而得）。

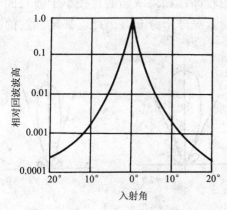

图4-27　光滑平面的回波波高
随声束入射角的变化

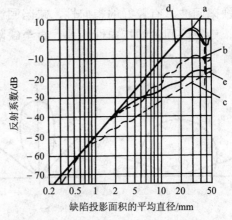

图4-28　缺陷形状与其反射系数的关系

a—圆片形　b—短柱孔　c—球孔

d—正方形板　e—局部球面

由图 4-28 可以看出，当缺陷的平均直径大于 2mm 时，尺寸相同而形状不同的缺陷回波声压（波高）有较大的差别，圆片形缺陷的回波比圆柱形缺陷的回波高，而圆柱形缺陷的回波比球形缺陷的回波高。当缺陷的平均直径小于 1mm 时，缺陷的形状对缺陷的回波高度影响就变得很小。

此外，缺陷自身厚度很薄时，其回波高度与厚度也有关。具体影响情况可参考 1.3.3 节关于声波穿过异质薄层时的反射率与透射率分析。

（3）缺陷性质的影响　由于入射声波在界面上的声压反射系数是由界面两侧介质的声阻抗决定的，界面两侧介质的声阻抗差异越大，声压反射率越高，即缺陷的回波高度越高。因此，大小相同的两个缺陷，如果其声阻抗与基体声阻抗的差异不同，则回波高度也不同。

通常含有气体的缺陷，如钢制工件中的气孔等，缺陷的声阻抗与钢的声阻抗相差较大，可以近似地认为声波在缺陷表面是全反射。但对非金属夹杂物等缺陷，缺陷与钢之间的声阻抗差异较小，入射声波在界面不仅有反射，还会有透射，因此，缺陷回波高度相对于缺陷为气体时较低。

（4）缺陷表面粗糙度的影响　当超声波垂直入射到表面粗糙的缺陷上时，由于声波被表面的凹凸不平乱反射，使沿原方向返回的缺陷反射波能量减少，探头接收的回波高度随着粗糙度的增大而降低。

当超声波倾斜入射到缺陷表面上时，对于光滑表面，由于镜面反射，声波不能沿原方向返回而被探头接收。而对于表面粗糙的缺陷，入射声波因表面的凹凸不平向各方向散射，则可能有一部分声能沿原方向回到探头。这样产生的缺陷回波高度将随着粗糙度的增大而增高。当表面凹凸程度接近于波长时，即使入射角较大，也可以接收到缺陷回波。

（5）缺陷回波指向性的影响　缺陷回波的指向性和缺陷的大小有关。如图 4-29 所示，当超声波垂直入射到圆片状缺陷反射面上时，如果缺陷的直径ϕ大于波长λ的 2 倍，则缺陷回波具有较好的指向性，缺陷回波的高度也较高；如果缺陷的直径小于波长的 2 倍，则缺陷回波的指向性变差，直至缺陷回波的能量呈球形分布，因此，缺陷回波的高度降低。

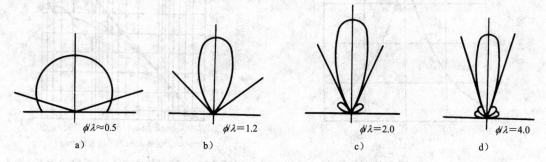

$$\phi/\lambda \approx 0.5 \qquad \phi/\lambda = 1.2 \qquad \phi/\lambda = 2.0 \qquad \phi/\lambda = 4.0$$
a)　　　　　　　　b)　　　　　　　　c)　　　　　　　　d)

图4-29　圆片状缺陷回波的指向性

当缺陷直径大于波长的 3 倍时，不论是垂直入射还是倾斜入射，均可把缺陷对声波的反射看成是镜面反射。

4.8　记录与报告

4.8.1　记录

记录的目的是为对材料或零件进行无损检测质量评定（编发检测报告）提供书面的依据，并提供质量追踪所需的原始资料。记录的内容应尽可能全，包括：送检部门、送检日期、检测日期、受检件名称、图号、零件号、炉批号、工序号及数量、所用规程或说明图表的编号，任何反射波高超过规定质量等级中相应反射体波高的缺陷平面位置、埋藏深度、波高的相对分贝数，以及其他认为有必要记录的内容（如未按规程要求检测的情况，由于某种原因仪器参数调整的变化，未达到记录水平的反射波情况，检测过程中出现的难以肯定的异常情况等）。若规程中未详细规定仪器和探头的型号和编号、仪器调整参数及所用反射体的埋深等，则应在记录中详细记录这些内容。记录应有检测人员的签字并编号保存，保存期限按有关部门的要求确定。

4.8.2　检测报告

检测报告可采用表格或文字叙述的形式，其内容至少应包括：受检件名称、图号及编号，检测规程的编号，验收标准，超标缺陷的位置、尺寸，评定结论等。报告中最重要的部分是评定结论，需根据显示信号的情况和验收标准的规定进行评判。若出现难以判别的异常情况，应在报告中注明并提请有关部门处理。

复 习 题

1. 检测面的选择需要考虑哪些问题？
2. 超声检测频率对检测能力有哪些影响？应如何选择？
3. 超声探头的晶片直径对声场有哪些影响？如何根据检测需要选择晶片直径？
4. 水浸聚焦探头的焦距应如何选择？
5. 时基线调整的目的是什么？
6. 时基线调整为什么必须采用两个回波信号？
7. 横波时基线调整有什么特点？
8. 检测灵敏度调整的目的是什么？
9. 纵波试块对比法调整检测灵敏度应如何选择试块中平底孔的埋深？
10. 应用试块计算法和底波计算法调整灵敏度有什么限定条件？
11. 什么是传输修正？超声检测过程的哪些步骤需考虑传输修正？
12. 超声检测中测量衰减系数的目的是什么？如何应用？
13. 纵波与横波检测各采用什么方法测定传输修正值？
14. 纵波检测时缺陷的平面位置和深度如何确定？
15. 横波检测时如何确定缺陷的位置？
16. 当量尺寸评定和缺陷指示长度测定的方法评定缺陷尺寸各用于什么情况？
17. 用计算法评定缺陷当量的前提条件是什么？
18. 缺陷指示长度有哪些测量方法？
19. 表面波检测如何调节时基线？如何确定缺陷的位置？
20. 水浸法检测水距应如何选择？
21. 扫查速度确定的原则是什么？
22. 扫查间距应如何确定？
23. 超声检测系统有哪些因素会影响检测结果？
24. 缺陷的哪些特性会影响其对超声波的反射幅度？

第5章　锻件、铸件、粉末冶金制件检测

5.1　锻件检测

5.1.1　常见锻件类型

锻件是将铸锭或锻坯在锻锤或模具的压力下变形制成的一定形状和尺寸的零件毛坯。根据不同的锻造设备类型和锻造方法的不同，锻件可分为自由锻件或模锻件。锻件的种类和规格很多，常见的类型有：饼盘件、环形件、轴类件和筒形件等。

锻件的特点是，其组织经热变形可以变得很细，并且缺陷的取向、形态和分布情况受变形量和变形方向影响明显，锻件中的缺陷多呈现面积型或长条形的特征。由于超声检测技术对面积型缺陷检测最为有利，因此锻件是超声检测实际应用的主要对象之一。

5.1.2　锻件中的常见缺陷

锻件中的缺陷主要来源于两个方面：一种是由铸锭中缺陷引起的缺陷；另一种是锻造过程及热处理中产生的缺陷。

锻件中常见的缺陷类型有：

1. 缩孔

缩孔是铸锭冷却收缩时在头部形成的缺陷，锻造时因切头量不足而残留下来，多见于轴类锻件的头部，具有较大的体积，并位于横截面中心，在轴向具有较大的延伸长度。

2. 缩松

缩松是在铸锭凝固收缩时形成的孔隙和孔穴，在锻造过程中因变形量不足而未被消除。缩松缺陷多出现在大型锻件中。

3. 夹杂物

根据其来源或性质，夹杂物又可分为：内在非金属夹杂物；外来非金属夹杂物；金属夹杂物。

内在非金属夹杂物是铸锭中包含的脱氧剂、合金元素等与气体的反应产物，尺寸较小，常被熔液漂浮，挤至最后凝固的铸锭中心及头部。

外来非金属夹杂物，是冶炼、浇注过程中混入的耐火材料或杂质，尺寸较大，故常混杂于铸锭下部。偶然落入的非金属夹杂则无确定位置。

金属夹杂物是冶炼时加入合金较多且尺寸较大，或者浇注时飞溅小粒或异种金属落入后又未被全部熔化而形成的缺陷。

4. 裂纹

锻件裂纹的形成原因很多。按形成原因，裂纹的种类可大致分为以下几种：

因冶金缺陷（如缩孔残余）在锻造时扩大形成的裂纹。

因锻造工艺不当（如加热温度过高、加热速度过快、变形不均匀、变形量过大、冷却速度过快等）而形成的裂纹。

热处理过程中形成的裂纹：如淬火时加热温度较高，使锻件组织粗大，淬火时可能产生裂纹；冷却不当引起的开裂，回火不及时或不当，由锻件内部残余应力引起的裂纹。

5. 折叠

热金属的凸出部位被压折并嵌入锻件表面形成的缺陷，多发生在锻件的内圆角和尖角处。折叠表面上的氧化层，能使该部位的金属无法连接。

6. 白点

钢锻件中由于氢的存在所产生的小裂纹称为白点。白点对钢材的力学性能影响很大，当白点平面垂直方向受应力作用时，会导致钢件突然断裂。因此，钢材不允许白点存在。白点多在高碳钢、马氏体钢和贝氏体钢中出现。奥氏体钢和低碳铁素体钢一般不出现白点。

锻件中缺陷所具有的特点与其形成过程有关。铸锭组织在锻造过程中沿金属延伸方向被拉长，由此形成的纤维状组织通常被称为金属流线。金属流线方向一般代表锻造过程中金属延伸的主要方向。除裂纹外，锻件中的多数缺陷，尤其是由铸锭中缺陷引起的锻件缺陷常常是沿金属流线方向分布的，这是锻件中缺陷的重要特征之一。

5.1.3　锻件超声检测的特点

锻件可采用接触法或水浸法进行检验。随着计算机技术的发展，以及人们对于水浸法便于实现自动检测、人为因素少、检测可靠性高的特点的认识不断加深，那些要求高分辨力、高灵敏度和高可靠性检测的重要锻件，越来越多地采用水浸法进行检测。锻件的组织很细，由此引起的声波衰减和散射影响相对较小，因此，锻件上有时可以应用较高的检测频率（如 10MHz 以上），满足高分辨力检测要求，以及实现较小尺寸缺陷检测的目的。

由于经过锻造变形，锻件中的缺陷一般具有一定的方向性。通常冶金缺陷的分布和方向与锻造流线方向有关。因此，为了得到最好的检测效果，锻件检测时声束入射面和入射方向的选择需要考虑锻造变形工艺和流线方向，并应尽可能使超声声束方向与锻造流线方向垂直。以模锻件为例，模锻件的变形流线是与外表面平行的，因此检测时一般要求超声声束方向应与外表面垂直入射，扫查需沿着外表面形状进行，通常需要采用水浸法或水套探头方可实现。

锻件常用于使用安全要求较高的关键部件，因此，通常需要对其表面和外形进行加工，以保证锻件具有光滑的声入射面满足高灵敏度检测的需要，同时使其外形尽可能为超声波覆盖整个锻件区域提供方便的入射面。

锻件检测的时机，原则上应选择在热处理后，冲孔、开槽等精加工工序之前进行。因为孔、槽、台阶等复杂形状会形成超声声束无法到达的区域，增加检测的盲区，同时可能产生因形状引起的非缺陷干扰波，影响缺陷的检测和判别。在热处理后进行检测，有利于发现热处理过程中产生的缺陷，如热处理裂纹等。

锻件超声检测常用技术为：纵波直入射检测、纵波斜入射检测、横波检测。由于锻件外形可能很复杂，有时为了发现不同取向的缺陷，在同一个锻件上需同时采用纵波和横波检测。

5.1.4　常见类型锻件的超声检测

1.　饼盘件的超声检测

由于饼盘类锻件中心部位常常成为缺陷集中的部位，而且也常是使用时的主要受力部位，因此，中心部位是通常超声检测的重点部位。对于在轮缘部位开槽安装叶片的盘坯来说，加强轮缘部位的检测也是很重要的。

饼盘件的锻坯一般是采用棒材或铸锭镦粗锻造而成，锻造主流线通常沿表面形状延伸。冶金缺陷方向多与金属流动方向一致，并有可能在锻造变形的过程中破碎，沿金属流动方向分布，而金属流线方向基本平行于端面。因此对于饼盘件来说，两端面是主要锻造受力面，是可供选择的合适的声束入射面。所以，饼盘件超声检测常采用纵波直入射技术，在端面上进行检测，如图5-1所示。

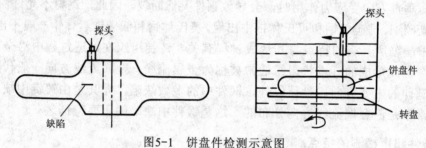

图5-1　饼盘件检测示意图

纵波常用检测条件为：

探头：常用频率为 2～10MHz，晶片直径常用 10～30mm。当厚度很大，表面较粗糙时，可考虑选用晶片直径较大的探头，增加入射声波的能量，此时也可考虑用低于 2MHz 频率的探头；反之，厚度较小，表面较光滑，质量要求高的饼盘件，可选用 5～10MHz 甚至更高的频率。

检测灵敏度：根据锻件的材料特性、使用部位和要求，在锻件技术条件或图样中会对超声检测验收级别进行规定。根据验收要求，在检验规程中应给出灵敏度的调整方法。一般来说，动态条件下工作的锻件，如航空航天发动机用的转动件，检测要求较高，相应检测灵敏度要求也高，有时要求检出当量尺寸为 $\phi 0.8mm$ 的缺陷，调整灵敏度用的平底孔为 $\phi 0.8mm$；对于封头类的静态下工作的盘件，调整灵敏度常用的平底孔为 $\phi 4mm$。

对于变形量较大的饼盘件，在饼盘件外缘或某些特殊部位可能存在与端面倾斜的流线，此时，除纵波直入射检测外，还需要根据流线分布，增加特定角度的纵波斜入射检测和横波检测。

对于有些材料的饼盘件，锻造过程中容易产生危险性较大的裂纹，如钛合金常产生与表面成 45° 的裂纹，某些高温合金易产生垂直于端面的径向裂纹，此时，纵波垂直入射不易检出，需采用横波斜入射进行检测。为发现 45° 裂纹，横波声束入射方向可为径向 45° 入射；为发现径向裂纹，横波可采用周向 45° 入射。同时，纵波垂直入射检测时进行底波幅度的监控，也是发现倾斜型缺陷的有效方法之一。

对于重要盘件常用水浸法检测。采用水浸自动检测设备，放置盘件的转盘自转，而水浸探头在盘件上方沿径向步进，进行盘件的扫查。在多数情况下进行 C 扫描成像，然后采用自动或人工的方法确定缺陷的深度和当量值。

2. 轴类锻件的超声检测

本节只涉及实心轴类件。轴类件中最常见的缺陷是位于中心沿轴向延伸的缺陷，但同时还可能存在径向和其他方向的缺陷。因此为尽可能发现各种取向的缺陷，轴类件检测常采用以下几种方式进行：

（1）直探头径向检测　径向检测的目的是发现最常见的轴向缺陷，是轴类件检测的主要方式。检测时纵波直探头置于轴的外圆 A 面上，使声束沿轴的半径方向入射，如图 5-2 所示。

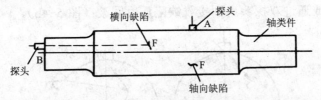

图5-2　轴类件径向和轴向检测示意图

径向检测灵敏度的调整，可根据具体检测要求确定，常用的方法有平底孔试块法和底波计算法。当轴的直径大于探头近场长度的三倍时，可使用底波计算法。底波计算法采用的是轴本身的底面作为灵敏度校验基准，因此应选择完好无缺陷，并确认波束不射及侧面的位置进行灵敏度调整。底波计算法的采用可避免制作试块，但无法对三倍近场长度内的缺陷进行评定；当轴的直径小于探头近场长度的三倍时，需采用试块法。使用试块法时，需要注意的是，最好采用材质、外形和表面粗糙度均与轴类件相同的试块进行灵敏度调整和缺陷评定，以避免修正的困难。如果轴的直径相当大，接近平面时，可以考虑采用平面试块，但应根据使用的检测条件以及零件情况，进行适当的修正。

当纵波直探头沿周向移动以确定缺陷的横向延伸度时，由于几何形状的影响，探头移动的距离比缺陷延伸度扩大很多，应通过计算进行修正。图 5-3 介绍了两种修正方法，图 5-3a 为 6dB 法，缺陷横向延伸度为 $l \approx L\dfrac{R-h}{R}$ 或 $l = 2(R-h)\tan\varphi$；图 5-3b 为 20dB 法，

$$l \approx L\left(\frac{R-h}{R}\right) - 2h\tan\theta。$$

a）　　　　　　　　　b）

图5-3　缺陷测长法

a）6dB 法　b）20dB 法

（2）直探头轴向检测 轴向检测主要用于发现与轴线垂直的横向缺陷。纵波直探头放置在轴的端头 B 面上（见图 5-2），使声束沿轴向入射。进行轴向检测时，如果轴的长度很长，则应注意侧壁影响，同时该方向可探测的深度也是有限的。

通常检测灵敏度的调整，是在假定缺陷与声束轴线相垂直的前提下进行的，对于轴类件圆周面或接近圆周面表面的横向缺陷，由于几何形状的限制，超声波束中心无法到达，且存在侧边界面的影响，因此如需采用直探头轴向检测方式检测这种类型的缺陷，应采用模拟该种情况专门制作的试块。

（3）斜探头周向检测 当缺陷呈径向且为单片状时，直探头径向和轴向检测方式很难发现，因此，需要采用适当折射角的斜探头作周向检测，使波束尽可能垂直入射到缺陷上（图 5-4a），或通过双探头串列接收缺陷反射回波（图 5-4b）。

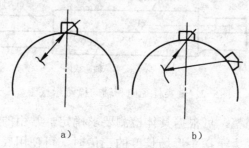

图5-4 斜探头周向检测

a）单斜探头 b）双斜探头

对于斜探头，为了增加接触面，改善耦合条件，有时可将有机玻璃透声斜楔声入射面磨成与检测面曲率相同或接近的弧面。由于缺陷可能存在不利的取向，斜探头的周向检测应分别沿正反两个方向进行。

（4）斜探头轴向检测 当轴的长度较大，直探头从端面检测横向缺陷灵敏度不够时，或存在未能覆盖的检测区域时，可采用图 5-5 所示的单斜探头或双斜探头串列法进行检测。与斜探头周向检测一样，斜探头的轴向检测也应分别沿正反两个方向进行。

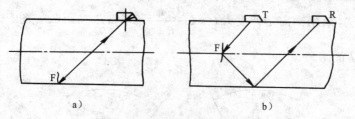

图5-5 斜探头轴向检测

a）单斜探头 b）双斜探头

轴类件检测常用的检测条件为：

采用脉冲反射法，常用检测频率为 2～10MHz。对于尺寸较大的轴类件，尤其是坯料，一般采用晶片直径大的探头，使足够的声能入射到检测部位。同样，对于纵波直探头轴向检测，一般也采用大尺寸的探头。常用晶片直径为 20mm 或 25mm 的探头。

进行轴类件检测时，常将轴水平放置，曲面上的耦合剂比平面易于流失，使耦合条件变差，影响声能的进入，另外如果采用平面探头，探头与轴圆周面接触面减小，增加了耦合的难度，因此，在检测时除应给探头施加稳定均匀的压力外，应使用粘度较大的耦合剂，改善耦合条件，降低操作难度。由于耦合困难，实际操作时允许使用较高灵敏度检测，避免因耦合不好、灵敏度下降造成的漏检现象出现。但提高灵敏度应以不出现干扰杂波为前提，且不得影响近表面缺陷的分辨，在评定缺陷时，则应恢复到规定的灵敏度。

3. 筒类锻件或环形件的超声检测

空心圆柱体锻件，如它的内孔直径很大，又有一定壁厚，则可称为筒或环。筒体采用整锻结构时，常用于承受高压运转的部件，因此质量要求很高。

筒类锻件锻造一般采用镦粗、冲孔、扩孔、拔长等过程，造成缺陷的取向复杂，并且既有表面缺陷，也有内部缺陷。根据筒形件制造工艺不同，应选择采用以下一种或几种方式进行检测：

（1）直探头径向和轴向检测　如图 5-6 所示，直探头在外圆周径向检测，其目的是检测与轴线平行的周向缺陷，如分层。直探头在端面轴向检测，目的是检测与轴线垂直的横向缺陷，但仅适用于长度不大的筒形件，如环形件。如果筒壁较薄或需要探测近表面缺陷，则可以选用双晶探头。

（2）斜探头周向检测　如图 5-7 所示，斜探头置于筒体外圆作周向扫查，主要用于发现外壁和内壁的径向缺陷。通常呈径向的缺陷多数为裂纹，危害性很大，因此斜探头周向检测常常是筒类锻件检测的主要方式之一。

（3）斜探头轴向检测　如图 5-8 所示，斜探头放置于筒体外圆作轴向扫查，主要用于发现内壁和外壁横向缺陷，主要是横向裂纹。

在筒形件实际检测时，常常需要通过了解被检筒形件的制造工艺和变形特点，分析该筒形件中可能出现的缺陷的取向和分布后，确定应采用的检测技术。下面以环形轧制件为例，说明检测技术选择的过程。环形轧制件制造过程一般为：将坯料镦粗，冲孔后，放在轧机上旋转的轧辊之间，通过轧辊的压力作用产生塑性变形，不断扩孔从而获得规定尺寸和性能要求的环形件。如果扎制扩孔的变形量很大，认为该变形方向为主要变形方向，同时环形件壁厚尺寸较小，如环形件高度与壁厚之比已大于 3:1，此时可考虑选外圆周纵波径向检测为主要检测方式，同时根据变形工艺和材料特性，与制造人员共同分析裂纹出现的可能性和加工余量等情况，再确定是否进行周向或横向横波斜探头的检测。

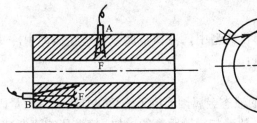
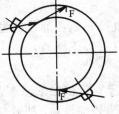
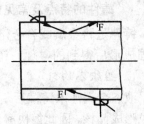

图5-6　直探头径向和轴向检测　　　图5-7　斜探头周向检测　　　图5-8　斜探头轴向检测

筒类件和环形件检测常用检测条件为：

常用频率 2～5MHz；探测距离较大时，可采用 2MHz；探测距离较小时，采用 5MHz。

对于一些粗晶材料，如奥氏体钢，可用低于 2MHz 的频率。

对于斜探头，应尽量减小斜楔内的声程，以及缺陷至入射点的距离，以减少声能的损失。

关于灵敏度的调节，直探头检测通常采用平底孔试块进行；被检部位厚度大于 3N 时，也可用底波法调节。

对于筒类锻件，底波法灵敏度计算要考虑声束的发散或会聚情况，公式如下：

$$\Delta dB = 20\lg\frac{\pi D_p^2}{2\lambda x} \pm 10\lg\frac{D}{d} \qquad (5\text{-}1)$$

在外圆检测取"+"，内圆检测取"−"号。

式中　　D —— 筒外径；

　　　　d —— 筒内径；

　　　　λ —— 波长；

　　　　D_p —— 要求检测的平底孔直径；

　　　　x —— 被检部位厚度。

用斜探头检测，可采用在筒形件试样上制作一定尺寸的 V 形槽作为灵敏度调整的基准，将试块上规定尺寸的槽反射回波调到规定高度作为检测灵敏度。检测壁厚 3～25mm 的筒形件时，可采用图 5-9 所示的试块，以平底孔的孔底模拟缺陷。

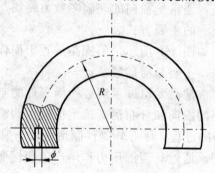

图5-9　筒形件对比试块

5.2　铸件检测

5.2.1　铸件的特点及常见缺陷

铸件是将金属或合金熔化直接充填在静止铸型中，液体金属或合金在铸型中冷却，凝固成形后得到的零件。铸件具有以下特点：

1. 组织不均匀

液态金属注入铸模后，与模壁首先接触的液态金属因温度下降更快且模壁有大量固态微粒形成晶核，因此很快凝固成为较细晶粒。随着与模壁距离的增加，模壁影响逐渐减弱，晶体的主轴沿散热的平均方向而生长，即沿与模壁相垂直的方向生长成彼此平行的柱状晶体。在铸件的中心，散热已无显著的方向性，冷却凝固缓慢，晶体自由地向各个方向生长，形成等轴晶区。显然，铸件的组织是不均匀的，并且一般来说，晶粒比较粗大。

2．组织不致密

液态金属的结晶是以树枝生长方式进行的，树枝间的液态金属最后凝固，但树枝间很难由金属液体全部填满，造成铸件普遍存在的不致密性。另外，液态金属在冷却凝固中体积会产生收缩，如果得不到及时、足够的补充，也可形成疏松或缩孔。

3．表面粗糙，形状复杂

铸件是一次浇铸成形的，形状往往复杂且不规则，表面常常难以加工。

4．缺陷的种类和形状复杂

铸件中主要的缺陷类型有：孔洞类缺陷（包括缩孔、缩松、疏松、气孔等）、裂纹冷隔类缺陷（冷裂、热裂、白点、冷隔和热处理裂纹）、夹杂类缺陷以及成分类缺陷（如偏析）等。由于应力的原因，裂纹多出现于冷却速度快、几何形状复杂、截面尺寸变化大的铸件中，是具有危险性的缺陷。

5.2.2　铸件超声检测特点

上述铸件的特点，给超声检测带来了不利的影响，形成了铸件超声检测的特殊性和局限性。

1．超声波穿透性差

铸件中粗大的晶粒、不均匀的组织、粗糙的表面都导致超声散射增大，声能损失严重，与锻件相比，铸件的可探厚度减小。另外粗糙的表面使耦合变差，也是造成铸件检测灵敏度低的原因。

2．杂波干扰严重

铸件中不致密和不均匀的组织，以及粗大的晶粒，使超声波产生严重的散射，被探头接收后，在荧光屏上显示为较强的草状杂波信号；粗糙的铸造表面对声波的散射会形成杂波信号；铸件形状复杂，容易产生外轮廓反射回波以及迟到回波。这些干扰信号可能会妨碍缺陷信号的识别。

3．缺陷检测要求较低

铸件中一般允许存在的缺陷尺寸较大，数量可较多，特别是工艺性的检测，有的只要求检出危险性的缺陷，以便修补处理。

5.2.3　铸件超声检测常用技术

1．检测技术

根据铸件的不同情况，可选择相应的检测技术。

（1）缺陷反射波法　对于厚度较大，表面较光滑的铸件，可采用纵波直探头检测，通过观察一次底回波之前是否出现缺陷信号进行检测。如需检测裂纹，或由于形状和缺陷取向原因无法采用纵波检测的部位，可采用斜探头检测。要检测近表面缺陷，可采用双晶探头。

（2）二次缺陷反射波法　对于厚度不大，表面较粗糙的铸件，可采用纵波直探头检测，通过观察一次底和二次底回波之间是否出现缺陷信号进行判断。

（3）多次回波法　对于厚度较薄，材质均匀，探测面与底面平行的铸件，可采用纵波直探头，通过底面多次回波法检测。

（4）分层检测法　厚度特大的铸件，如果用缺陷回波法检测，通常检测灵敏度需按最大厚度调整，使得仪器增益设置很大，根据超声波的衰减特性，势必造成靠近表面位置的信号幅度过高，散射引起的杂波信号幅度也增高。如果该部位存在缺陷，则缺陷信号将混于杂波信号中，无法分辨。因此对于厚度特别大的铸件，一般采用分层法检测，即检测时将铸件厚度分为若干层，每一层分别采用该层的深度调整灵敏度进行检测，如图 5-10 所示。对于近表面层，由于该层厚度小，声衰减较小，需要的仪器增益相对较低，杂波幅度也可相应下降，采用一般全厚度检测的缺陷回波法无法分辨的缺陷，此时有可能被观测到。这样既满足了深层缺陷检测灵敏度要求，也解决了较小厚度部位的缺陷检测问题。可见，分层检测法是解决铸件检测时杂波干扰的一种有效措施。

在实际检测时，利用仪器的距离幅度补偿（DAC）功能，不分层检测，也可达到与分层检测同样的效果。

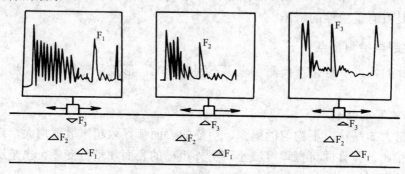

图5-10   大厚度铸件分层检测示意图

2. 检测条件

检测频率的选择由铸件厚度及其热处理状态决定，一般厚度不大又经过热处理，材质得到改善的铸件，检测频率可采用 2～5MHz；厚度较大或未经热处理的铸件，多采用 0.5～1MHz，有些铸件，如奥氏体钢，由于晶粒过于粗大以及组织的不均匀性，即使采用更低频率也难以进行检测。

由于铸件表面较为粗糙，检测时，可选用粘度较大的耦合剂，如全损耗系统用（机油）油、甘油等；更粗糙的表面可用水玻璃作耦合剂，用带软保护膜的探头；水浸法也是解决耦合条件差的方法之一。

铸件检测灵敏度可用平底孔试块或铸件底面进行调整，根据对铸件的质量要求而定。考虑到缺陷的形态和取向，超声检测应尽可能从两面进行检测。

缺陷的评定：

一般铸件中允许存在的缺陷较大，常用测长法确定缺陷的面积。铸件检测对缺陷的定位要求较高，精确定位可提供挖补区的具体位置。铸件中的缺陷多为体积形的，有时需要从几个方向进行测定，以确定缺陷的大小。

*5.3   粉末冶金制件检测

粉末冶金是指用金属粉末作原料，经过固结，制成材料或制品的方法。粉末冶金制件的制造一般由以下几个工艺过程完成：

① 金属粉末的制取，方法为机械法和物理化学法，机械法是将原材料作机械粉碎获得粉末的方法，化学成分基本不发生变化，常用的方法是雾化法；物理化学法是借助物理或化学的作用，改变粉末的化学成分或聚集状态而获得粉末的方法，常用的有还原法和电解法。

② 粉末的固结，方法为压坯、烧结以及热等静压（HIP）。粉末热等静压技术，是将合金粉末装入密封的金属包套中，在充满高压气体的压缸内，粉末在高温和各向相等均匀高压的同时作用下压实成形。由于粉粒很小且快速冷凝，从根本上解决了偏析问题。均匀的组织可消除合金的热脆性，减少性能的分散性，提高低周疲劳性能。该方法已用于火箭喷管、导弹鼻锥、航空发动机涡轮盘和其他重要高温合金零件的生产。

③ 根据不同使用要求，经过固结的型坯，还可通过锻造和热处理，来达到改善组织、消除晶界的有害相，提高性能的目的。

由于粉末冶金工艺可制造出其他方法难以生成的特殊性能材料，如硬质合金、高温金属陶瓷等；能制造成分、组织均匀的难熔细晶合金，如耐热合金；并且零件具有无需加工或少量加工的特点，在工业生产中得到了广泛应用。在国防工业中，常见的粉末冶金制件分为两类：一类是难熔的贵金属如钨、钼等用粉末冶金工艺制成的、具有高衰减特性的烧结金属，如钨棒。另一类是高温合金粉末经热等静压和挤压锻造等工艺过程制成的制件，如粉末高温合金涡轮盘。

下面将以钨棒和粉末高温合金涡轮盘为例，介绍上述两种粉末冶金制件中的常见缺陷和常用的超声检测技术。

5.3.1　粉末冶金制件中常见缺陷

1. 粉末高温合金涡轮盘中常见缺陷

粉末高温合金涡轮盘是采用热等静压技术制成的零件，这种制件中存在的缺陷类型主要有三类：

（1）夹杂物　包括非金属夹杂和异金属夹杂。非金属夹杂主要来源于母合金熔炼时的坩埚和制粉装置中坩埚或喷嘴的陶瓷颗粒。夹杂物随机分布在合金中，成为疲劳断裂源，是影响材料断裂韧度和疲劳断裂寿命的主要因素。在该种粉末制件中夹杂物的特点是，尺寸较小，通常在几十至几百微米量级；另外，热等静压状态的制件中，夹杂物形状复杂，取向具有任意性；经过锻造变形的制件，夹杂物的形态特征类似于前面讲过的锻件中缺陷的特征，即具有一定的取向，有些在锻造过程中被破碎。夹杂物检测是超声检测的最重要内容。

（2）热诱导孔洞　粉末中含有的空心粉，或包套过程中泄露的气体，在致密化过程中被压缩。因这些气体不溶于合金，在后续的热处理工序中，将膨胀而形成热诱导孔洞，进而成为合金的断裂源。热诱导孔洞含量是反映材料致密性的重要参数。

（3）原始颗粒边界　粉末颗粒表面容易沉积大量的碳化物或碳氧化物，在成形过程中如果不能将其薄膜破碎和溶解，它们就会大面积地聚集在合金的原始颗粒边界，阻碍金属颗粒间的扩散和连接，使合金处于脆性状态。

由于粉末冶金制件对缺陷十分敏感，微小缺陷对制件的性能和使用安全性就将产生较大的影响，因此对其进行超声检测是十分必要的，通过在粉末制件的生产过程中和最终验收阶段，对上述各种缺陷进行检测和评价，可及早发现问题，节约制造成本，保证产品质量。

2. 烧结钨棒中常见缺陷

烧结钨棒中的缺陷类型比较多，常见的有以下几种：

（1）夹杂物。钨棒是以钨粉为主，加入少量镍粉、铁粉、铜粉烧结后形成的钨合金。钨棒中夹杂物的主要来源是混料过程中混入的外来物，以及在烧结过程中烧结炉中的脱落物。

（2）裂纹。裂纹有以下几种类型：压制过程形成的压制裂纹、坯料干燥过程形成的氧化裂纹，以及热处理裂纹和锻造裂纹等。裂纹是造成钨棒断裂最危险的缺陷。

（3）孔洞。由于粉末表面吸附的气体和烧结过程中产生的气体聚集，形成的密集缺陷。

（4）膨泡。如果在钨棒的近表面有孔洞等缺陷，则会形成凸起，常称为膨泡。

（5）黑心。钨棒中的疏松常被称为黑心

（6）过烧。在烧结过程中，因温度过高，一些低熔点的金属会形成粘结相，一些高熔点的金属颗粒团则近乎熔化地涨大，称为过烧。

（7）欠烧。在烧结过程中，因温度过低，使一些低熔点的金属不能很好地熔化，而形成粘结相不良的缺陷，称为欠烧。

下面针对上述两种类型的粉末冶金制件，分别介绍在实际检测中常用的几种超声检测技术。

5.3.2 粉末高温合金涡轮盘超声检测

1. 微夹杂的超声检测

高性能粉末冶金制件的主要缺点是导致疲劳断裂的临界缺陷尺寸很小。为了检测材料中的微小缺陷，关键是要提高小缺陷反射的超声信号幅度和信噪比。利用聚焦探头水浸法检验与接触法平探头相比，可明显提高小缺陷检测的灵敏度和信噪比，其原因见第1章关于聚焦声场的分析，一方面，是由于聚焦声束在焦区能量高度集中，声压明显提高，因而小缺陷反射幅度高；另一方面，声束穿过的基体材料体积较小，相应引起的散射噪声也较小，使得信噪比较好。此外，水浸聚焦检测便于实现自动检测，可避免人为因素的影响，提高检测的可靠性。因此聚焦探头水浸法是检测粉末制件中微夹杂的主要检测技术。

聚焦探头水浸法检测，探头参数的选择十分重要。衡量聚焦声场特性的主要参数焦点直径 ϕ 和焦区长度 L 可由式（1-47）和（1-48）计算。以频率 10MHz，晶片直径 12mm，焦距 125mm 的探头为例，计算得到的焦点处声束直径约为 1.5mm，焦区长度约 65mm。聚焦声场仅在焦区内有高灵敏度，因此，为了能够对零件进行完整的扫查，保证零件全厚度范围的检测灵敏度，适当选取探头与检测条件显得尤为重要。对于大厚度零件中小缺陷的检验，必要时需要采取多个不同参数的聚焦探头分别检验不同的深度区。

需要引起注意的是表面缺陷的检测。因为表面萌生的裂纹是暴露在空气中的，内部萌生的裂纹却处于真空状态。裂纹在空气中的扩展速度比在真空中快得多，表面缺陷比内部缺陷危害更大，因此除在制造工艺上采取表面强化处理以提高其表面质量外，加强表面缺陷的检测是十分重要的。

检测条件：

探头：常用频率为 10～25MHz，晶片直径常用 10～25mm。当厚度很大时可考虑选用晶片直径较大的探头，增加入射声波的能量；对质量要求高的盘件表面缺陷的检测，可选用 25MHz 的频率。

检测灵敏度：根据粉末制件的材料特性、使用部位和要求，在零件技术条件或图纸中会对超声检测验收级别进行规定。根据验收要求，在检验规程中应给出灵敏度的调整方法。总的来说，重要的粉末制件检测灵敏度要求是相当高的，如航空航天发动机用的粉末制件，有时要求检出当量尺寸为 $\phi0.4$mm，甚至远小于 $\phi0.4$mm 的缺陷，相应检测灵敏度要求也很高，调整灵敏度用的平底孔为 $\phi0.4$mm，有时检测灵敏度在 $\phi0.4$mm 平底孔反射波高达到 80% 的基础上还要再提高十几分贝。

夹杂物与基体所构成界面上声阻抗的差异决定着声反射系数，直接影响夹杂物的检出和定量。不同夹杂物声反射系数和相关物理参数见表 5-1。由此可见，不同性质的夹杂物，即使尺寸相同，反射波幅度也可能相差很多。同时也可以看出，用超声法检测粉末冶金制件时，要建立夹杂物尺寸和相应回波幅度间的关系是很困难的。

表 5-1　不同夹杂物声反射系数和相关物理参数（基体为 Astroloy）

物质名称	密度 ρ / (g/cm^3)	声速 c / (m/s)	反射系数 R
Al$_2$O$_3$	4	10800	3%
SiO$_2$	2.52	6000	51%
MgO	3.59	9500	16%
水	1	1450	94%
空气	/	/	100%

2. 材料致密性的超声评价

（1）超声声速测量方法　对于经烧结或热等静压形成的制件中热诱导孔洞等类型的微小孔隙，因其尺寸通常约为 5～10μm，远远小于常用的入射超声波的波长，不会因波的散射而形成草状回波，但如果能引起密度、弹性模量的改变，则可利用超声声速和密度之间的关系，用超声纵波速度漂移的测量，来评价致密性、检测原理如下：

对于各向同性均匀多晶材料，纵波声速 c_L 可用式（1-8）表达（参见 1.2.3 节）：

$$c_L = \sqrt{\frac{E}{\rho}} \sqrt{\frac{1-\sigma}{(1+\sigma)(1-2\sigma)}}$$

对于金属而言，$\sigma=0.3$，因而上式可写成：

$$c_L \approx \sqrt{\frac{E}{\rho}} \tag{5-2}$$

当材料中存在孔隙时，材料密度下降，弹性模量也将引起变化，并且 E 的减小（增大）比密度的减小（增大）更快，即弹性模量的密度导数大于 1（$|\partial E/\partial \rho|>1$），而孔隙的

出现恒导致密度下降，故可用声速的降低来评估材料中孔隙的含量。在物理学上的含义为：如果介质的可压缩性较大，则一个体积元状态的改变须要经过较长的时间才能传到周围相邻的体积元，因而声扰动传播的速度就较慢，反之，声扰动的传播速度就会较快。

许多材料的密度与声速间存在恒定的对应关系，从而可以用声速的测量来评估材料中孔隙的含量。尽管有其他非无损的方法确定零件的致密性，从目前声速测量的精度分析，该方法也无法完全取代破坏性的取样测量方法。然而声速评价致密性的方法仍是十分实用的，并且有非常大的优势：操作简单，可以评价整个零件密度均匀性，可以及早发现工艺过程中出现的因包套漏气引起的致密性降低，从而降低生产和加工成本。

声速测量的方法有很多，对于上下表面平行的制件，常用的方法是用千分尺测量试件厚度 h，再用示波器测量超声波在试样厚度上往返一次的传播时间 Δt，则纵波速度 c_L 为：

$$c_L = \frac{2h}{\Delta t} \qquad\qquad (5-3)$$

由于微小的成分变化等因素可能会对声速产生影响，因此对于特定的材料和工艺建立特定的孔隙（密度）－声速关系曲线是必要的。在一般情况下，晶粒尺寸大小对声速的测量没有明显影响。

考虑到孔隙在热处理后会明显膨胀或聚集，声速测量应选择在制件热处理后进行。

（2）微孔隙的超声散射　尺寸小于 10μm 的微孔隙，对于常用的超声波基本不形成散射信号。当尺寸增大到 20μm 以上时，微孔隙不仅可引起声速的降低，也可形成反向散射信号，可用反向散射法进行检测。反向散射信号可定义为：在给定的时间范围内，入射超声场中各单个散射体引起的信号相干涉所形成信号的反向散射部分，在荧光屏上以噪声信号的形式出现。作为单个散射体可以是微孔隙，也可以是晶粒。散射的量不仅取决于输入功率和入射的波形，还取决于散射体的密集程度及散射体尺寸与所用超声波波长之比。

由此可见，选择适当的检测条件是很重要的，常用 30MHz 以下的平探头。而带延迟块的探头由于在边界处的波形转换和反射会引入附加的超声信号，因此不宜采用。

需要注意的是，一些大尺寸的孔洞，可能不引起声速的变化，也不存在散射的条件，而是以反射信号的形式表现出来。

3. 检测实例

（1）航空发动机用粉末高温合金盘件夹杂物的检测　检测条件：内部缺陷的检测，应根据被检测部位的厚度和加工余量等具体条件，选择适当参数的聚焦探头进行。探头频率可选择 10MHz，晶片直径不小于 10mm；表面缺陷的检测可选晶片直径 6mm，焦距 50mm 的 25MHz 聚焦探头进行；仪器发射电压不宜低于 300V；采取纵波直入射方式，水浸 C 扫描成像自动检测。灵敏度调整选用相同材料或声特性相同材料 $\phi 0.4mm$ 平底孔试块，按照检测要求进行，使被检测深度范围内灵敏度均达到规定要求。缺陷评定采用同声程试块评定法。

对于热等静压直接成形的盘件，由于缺陷呈体积型，缺陷方向具有随机性，因此应尽可能选择零件所有表面作为声束入射面，进行扫查，并同时进行纵波和横波检验。对于经过锻造的盘件，选择两端面为声束入射面，进行纵波直入射检验，必要时可根据流线的分布，进行圆周面的纵波直入射检测或斜入射检测。相对来说，同种材料的盘件，锻造可使其组织细化，缺陷呈面积型趋势，提高了在超声波检测中被发现的可能性。

采用上述方法检测粉末高温合金盘件发现的典型缺陷波形见图 5-11。经扫描电镜能谱分析，确认缺陷为氧化铝或氧化硅陶瓷夹杂。夹杂物的形状各异，有块状和条状等，经过锻造后的夹杂物，如果变形量较大，可能产生破碎，并且夹杂物周围形成与基体的反应区。图 5-12 为典型缺陷的照片。发现的夹杂物尺寸最小在 200μm 左右。

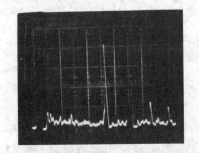
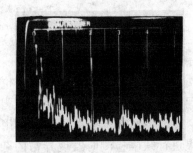

图5-11　粉末高温合金盘中夹杂物反射典型波形

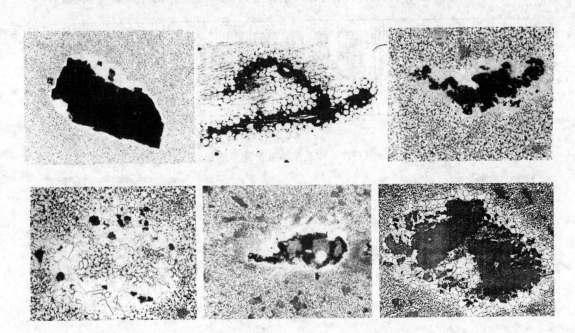

图5-12　粉末高温合金盘中夹杂物的照片

（2）航空发动机用粉末高温合金制件致密性的超声声速评价　经过测量得到的某高温合金材料声速和密度关系见图 5-13。由图可以看到声速和材料密度存在单调递增的关系，声速变化可以用来评价该材料的致密性。该合金声速正常值应在 6000m/s 左右。

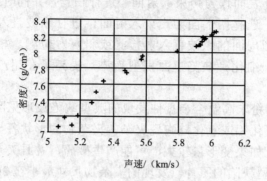

图5-13　某粉末高温合金声速和密度关系

检测条件：USIP12 型超声检测仪，5MHz 纵波直探头，晶片直径 10mm，LeCroy 数字示波器，游标卡尺。

利用示波器，测量零件某一位置处的一次底波和二次底波之间的时间间隔，用游标卡尺测量该位置处的厚度，计算得到声速值。

发现声速有降低现象时，再用反向散射法进一步确认。必要时，可选择更高频率。如果进行缺陷检测时发现异常的杂波信号增强时，也应考虑微孔隙引起散射信号增强的可能性。图 5-14 为微孔隙产生的反向散射典型波形，图 5-15 显示的是微孔隙的金相照片。

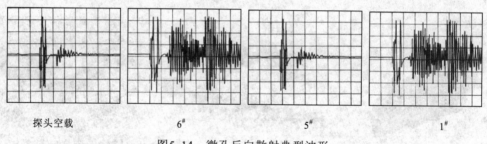

探头空载　　　　　　6#　　　　　　　　5#　　　　　　　　1#

图5-14　微孔反向散射典型波形

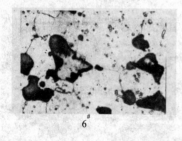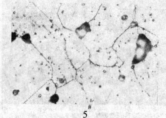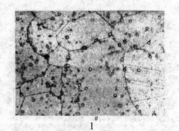

6#　　　　　　　　　　5#　　　　　　　　　　1#

图5-15　微孔隙金相照片

5.3.3　钨棒超声检测

1. 钨棒的声性能特点

烧结钨棒具有声能衰减大、水/钨界面声能透过率小、声速差异大的特点。

（1）声能衰减大　由于钨本身的衰减大，烧结钨棒中的钨颗粒团对超声波的散射衰减也大，造成钨棒检测时声能衰减大。例如，直径 30mm 左右的钨棒比同直径钢棒的衰减大十几分贝。

（2）水/钨界面声能透过率小 水浸法检测时，在水/钢界面上，超声波的透射率为 12.5%，在水/钨界面上，超声波的透射率仅为 6%。

（3）声速差异大 不同的烧结钨合金，声速在 5100～7000m/s 范围内变化。

2．常用检测技术

由于烧结钨棒形状简单，直径较小，不易耦合，多数情况下尺寸一致，又是批量生产，常采用棒材自动检测设备，进行水浸法自动检测。因此烧结钨棒的检测在很多方面具有棒材检测的特点。

由于制造工艺和使用要求的不同，烧结钨棒的检测还具有一定的特殊性。由于烧结钨棒中缺陷的种类多，取向具有随机性，同时对缺陷检测的要求较高，因此在检测时常同时采用底波衰减法、纵波反射法、周向横波法和轴向横波法等多种方法进行，以发现不同类型和取向的缺陷。

（1）底波衰减法 底波衰减法主要是为了发现钨棒中由小孔洞组成的密集型缺陷。该类型的缺陷，由于单个的缺陷尺寸较小，无法形成足够强的反射信号，因此采用通常的纵波反射法和横波检测时难以发现。但由于这些缺陷呈密集型分布，缺陷的存在会引起该部位底波的降低，因此通过底波的变化可以发现密集型缺陷。

底波衰减法检测时水距的选择应使二次界面波位于一次底波之后。灵敏度的调整采用棒材纵波检验试块，将探头通过试块中规定的平底孔时的底波高度，作为报警或记录灵敏度。

底波衰减法的缺点是不能确定缺陷的位置。

（2）脉冲反射法 径向纵波反射法是为了发现钨棒内部缺陷，周向横波法是为了发现钨棒表面附近的轴向缺陷，轴向横波法是为了发现横向缺陷。

钨棒超声检测时，检测条件的选择应注意以下几点：

① 应选用大功率、宽频带的超声检测仪，以解决钨棒声衰减大和声能透过率小的问题，以及棒材检测时常见的柱面反射波干扰。为提高检测效率，可采用多通道检测仪和检测系统。如果采用自动报警器的检查方式，仪器应具有负报警功能，以满足监控底波降低的要求。

② 探头可选择水浸平探头或水浸聚焦探头，频率为 5MHz，晶片直径不大于 10mm 或面积不大于 12mm×14mm，焦距应满足水距以及检测深度的要求。

③ 由于不同钨合金棒材声速差异很大，声速的差异会给缺陷评定和定位带来较大误差，在制作对比试块时应注意。试块的材质、直径、表面状态和制造工艺应与被检钨棒相同。

④ 机械转动装置应能使钨棒以合适的速度匀速转动，钨棒转动时水流尽可能平缓而不产生气泡。

复 习 题

1．铸锻件中常见的缺陷种类及其形成原因是什么？

2．锻件超声检测具有哪些特点？

3．为什么锻件检测通常应选择在热处理后，冲孔、开槽等精加工工序之前进行？

4．轴类锻件常用的检测方式有哪些？其目的是什么？

5．筒类锻件或环形件的超声检测常用方式有哪些？其目的是什么？

6．对于盘件中可能存在的与端面倾斜的缺陷，常采用哪些方式进行检测？

7．铸件检测时造成超声波穿透性差，杂波干扰严重的主要原因是什么？

8．什么是铸件分层检测法？采用该方法的原因是什么？为什么说该方法是解决大厚度铸件检测时杂波干扰的一种有效措施？

9．铸件检测时，频率的选择应考虑哪些因素？

10．铸件检测时应如何选用耦合剂？

11．粉末冶金件中主要缺陷的种类和形成原因是什么？特点是什么？

12．为什么粉末高温合金盘件中的夹杂物常采用水浸聚焦探头检测？根据粉末冶金件中夹杂物的特点，结合聚焦水浸检测的原理加以说明。

13．用声速测量来评估材料中孔隙含量的前提是什么？该方法的优点是什么？

14．对于直接热等静压的盘件和热等静压后又经过锻造的盘件，进行缺陷检测时有什么不同，为什么？

15．钨棒超声检测有哪些特点？简要说明原因。

第6章 棒材、板材和管材检测

6.1 棒材检测

6.1.1 棒材的特点

棒材通常是采用轧制、挤压或锻造工艺制成的半成品。棒材中的缺陷分为表面缺陷和内部缺陷两种，如图6-1所示。内部缺陷是由铸锭和坯料内的缺陷在轧制等工艺过程中延展而成，主要是位于中心部位的缩孔和夹杂物，以及变形过程中因这些缺陷而产生的裂纹等。表面缺陷主要是裂纹和折叠。棒材中的多数缺陷都沿纵轴方向延展，所以棒材检测时声束应从圆周面垂直入射和以一定的倾斜角入射，用于检测不同取向的缺陷，必要时，可采用表面波在圆周方向进行表面缺陷的检测。

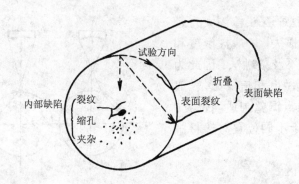

图6-1 棒材缺陷及主要检测方向

6.1.2 棒材超声检测常用技术

棒材的规格很多，直径从6mm到400mm，甚至更大。针对不同规格的棒材，需要采用不同的超声检测技术。

1. 大直径棒材检测

大直径棒材的超声检测与锻轴的检测基本相同。大直径棒材中的多数缺陷均位于棒材中心部位，因此圆周面的纵波直入射脉冲反射法是常用的技术，一般通过棒材旋转而探头沿纵轴平移，实现对棒材的全面扫查。为了发现近表面的裂纹、折叠等缺陷，可采用周向传播的斜入射横波进行检测。

检测分为接触法和水浸法两种方式。在大直径棒材的实际检测中，接触法使用较多。棒材检测时需考虑曲面对检测的影响，以及声波在棒材中传播时特有的规律，以便正确地识别和判断缺陷信号。

（1）接触法　在采用平探头接触法检测时，平面探头与棒材表面呈线接触，与平入射面相比，接触面积减小。即使耦合剂填充了线的周围区域，由于曲面接触时的耦合剂厚度比平面接触时厚且为曲面，声能的透射减小，也相当于减小了接触面积，从而使棒材横截面上声束的扩散角变大，声能分散，与平面接触相比，灵敏度降低，此时需要提高仪器放大器的增益方可达到与平入射面同样的检测灵敏度。

针对这种情况，为了改善耦合条件，可在探头晶片前安装一块与棒材表面相吻合的曲面，如常用的磨成曲面的有机玻璃斜楔，以增大探头与棒材表面的接触面积，使耦合稳定。此时，常会形成沿棒材表面传播的表面波，如果棒材表面有纵向裂纹，会在荧光屏上形成表面波反射信号，这种信号在探头绕棒周向运动时会前后移动。有时棒材表面的耦合剂也会形成表面波反射，但与缺陷信号不同的是，只要将耦合剂擦净，信号就会消失。见图6-2。

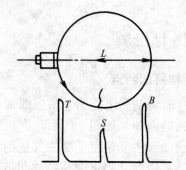

图6-2　棒材表面可能出现的表面波信号

（2）水浸法　水浸法平探头检测大直径棒材，由于水中声能的损失，一般灵敏度和信噪比不高，检测效果不及接触法。因此为了提高水浸法检测的灵敏度和信噪比，一般采用聚焦探头，并将焦点调整到适当位置。图 6-3 显示了焦点位于不同位置时棒材中声束的发散和收敛。

由于聚焦探头的焦区长度有限，一般很难用一个探头完成整个棒材的检测，此时可以使用多个不同焦距的探头分别进行不同深度范围内的缺陷检测。为了提高效率，实

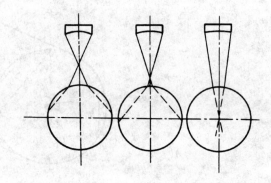

图 6-3　焦点位于不同位置时棒材
中声束的发散和收敛

际检测时应使用多通道检测系统，实现多个探头同时检测。对于深度较大部位的缺陷，需要采用晶片尺寸大的长焦距聚焦探头，这种探头往往需专门制作。

（3）棒材检验常用试块　棒材检验常用 2.4.3 节图 2-24 所示的试块。

2. 小直径棒材检测

小直径棒材中的缺陷沿轧制方向延伸，但在横截面上的分布不全集中于棒材中心，因此应采用纵波直入射检测，并辅以横波斜入射检测。如果纵波直探头受盲区限制，不能满足检测近表面分辨力要求，可采用联合双探头。

（1）联合双探头法　联合双探头法是检测小直径棒材的一种有效的方法。联合双探头的检测区是发射晶片和接收晶片的作用重合区。在接触式联合双探头两晶片之间，有一用软木做成的隔声层，检测时可做到没有界面回波，所以上盲区较小；另外联合双探头不仅对棒材中心的缺陷具有较高灵敏度，对不在中心区的径向缺陷也有较高的灵敏度，

如图 6-4 所示。

联合双探头法对于沿棒材纵轴方向延伸的组织不均匀性，如钛合金棒材中的条带组织，也很灵敏，组织不均匀引起的杂乱信号可能影响缺陷的判别，此时可考虑将联合双探头设计成沿棒的纵轴方向放置，此时条带组织平行于入射声束，形成的杂乱信号很弱。

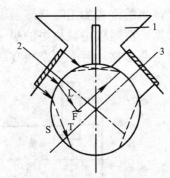

图 6-4 联合双探头检测棒材示意图

F—缺陷 L—纵波 T—横波 S—表面波

1—斜楔 2—发射 3—接收

（2）纵波单探头水浸法 与接触法相比，水浸检测法的近表面分辨力较好，适合小直径棒材的检测，同时易于实现自动化检测。为了避免声束在棒材中扩散严重，常采用聚焦探头。聚焦探头在提高检测灵敏度、分辨力和信噪比等方面效果明显。

（3）单探头斜角入射法 在联合双探头或直探头方法不足以检出表面和近表面裂纹、折叠等类型缺陷的情况下，单探头斜角入射法可作为一种补充的方法，如图 6-5 所示。探头的倾角可根据棒材直径确定。为增加接触面积，改善耦合条件，常将斜楔接触面按棒的曲面修磨，从图 6-6 可以看出，入射点由 A 点移到 A_0 点，探头前后沿入射角大小不同，$\alpha_1 < \alpha_0 < \alpha_2$，折射角也不同，$\beta_1 < \beta_0 < \beta_2$。探头前沿入射角可达到产生表面波的角度，从而在棒的表面产生表面波，后沿入射角可小于第一临界角，在棒中产生折射纵波，这些波均可对横波检测产生干扰，在修磨时应加以注意。

由于在棒中可能同时存在横波、表面波，甚至纵波，各波速度不同，在荧光屏上显示为杂乱的柱面反射波。但由于棒材是轴对称的，当棒材旋转时，这些波在荧光屏上的相对位置并不改变，而缺陷形成的反射波则随着棒的旋转，在荧光屏时间基线上的位置是变化的，即为游动信号，很容易与上述固定波区分。

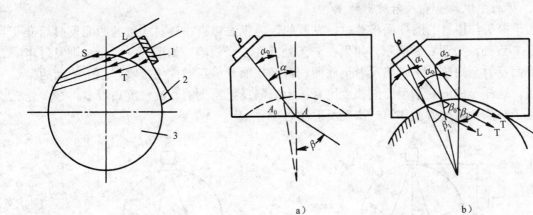

图6-5 斜角入射法检测棒材示意图

T—横波 S—表面波 1—晶片 2—斜楔 3—棒

图6-6 斜角纵波在棒材表面上入射时的情况

a）修磨前 b）修磨后

（4）对比试块 对于小直径棒材检测，可采用图 6-7 所示的对比试块，进行灵敏度调整。其中纵波检测用试块若因直径较大，平底孔孔深不能达到设计深度，可采用大直径棒材试块的方式加工阶梯平面。但小直径棒材中的缺陷反射波高与缺陷的大小并无一定的关系，更难以用试块中的平底孔进行当量对比，因为缺陷在横截面上的分布并不都在棒材中心部位。对于要求较高的棒材，一般发现缺陷后，就将含有缺陷的一段截去。

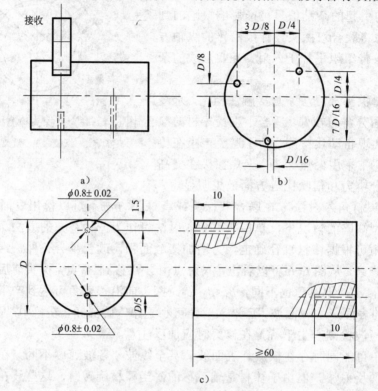

图6-7　小直径棒材检测用对比试块

a）用于纵波检测　b）用于棒材直径大于50mm斜入射横波检测　c）用于棒材直径小于50mm斜入射横波检测

3. 棒材中纵波垂直入射波形特点

当平探头与棒材的圆柱面接触时，发散的入射纵波声束在棒材底部的凹面反射后会聚焦在F点处，如图6-8所示，如果在F点处存在一个缺陷，如图6-9所示，则发射声波经底面反射至缺陷，从缺陷反射至底面，再经底面反射后被探头接收，由于凹面的聚焦作用，这样形成的缺陷反射波幅度比直接由缺陷反射得到的回波幅度高很多，在荧光屏上位于缺陷直接反射波和第一次底反射波之后。

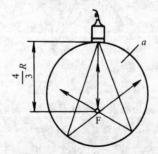

图6-8　球面波在棒材中的反射

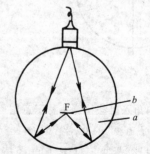

图6-9　处于F处的缺陷反射

当平探头与棒材的圆柱面接触时，发散的入射纵波声束可经圆柱面反射若干次后返回探头。如果一发射声束与探头声束轴线的夹角为30°，则可形成等边三角形的传播路径，如图6-10a所示，该反射信号在荧光屏上位于一次底反射信号的1.3倍处。

当发射声束与探头声束轴线成某一特定夹角时，声波入射到圆柱面上可产生水平方向变形横波，此横波射至对面再次转换成纵波并返回探头，形成等腰三角形传播路径，如图6-10b。该反射信号在荧光屏上位于一次底反射信号的1.67倍处。

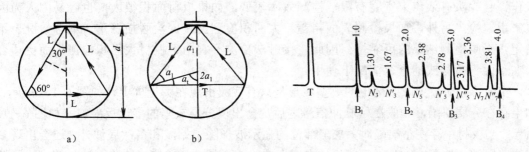

图6-10　棒材中的三角形反射

由于上述反射波均出现在一次底反射信号之后，对常用的利用一次底之前的信号判断缺陷的方法并无影响。但对于因盲区的影响不得不利用一次底和二次底之间的信号判断缺陷的情况，需要考虑上述波存在的可能性，否则可能引起误判。

6.2　板材检测

6.2.1　板材类型及常见缺陷

1. 普通板材

普通板材是由板坯轧制而成，板坯则可用浇铸法制成，或由坯料轧制或锻造制成。按照厚度，可将板材分为薄板和厚板。从超声检测的角度，将板厚在6mm以下的板材称为薄板，厚度大于6mm的称为厚板。

板材中的主要缺陷有分层、夹杂、裂纹、折叠、白点等。板材中的缺陷经过轧制等工序，大多呈平面状，并与表面平行。其中分层是最常见的内部缺陷，主要是由板坯中的缩孔、气泡或夹杂物等在轧制过程中未焊合形成的。当板材受垂直于表面的拉应力时，分层会严重影响板材的强度。分层常存在于板厚的中间部位和板宽的中间部位，对于那些并不延伸到板的侧面的分层，肉眼很难发现，超声检测是检查板材中分层缺陷的唯一可靠方法。

2. 复合板

复合板是由基材和复合层组成的，例如在碳素钢或低合金钢的基材上加有不锈钢或钛的复合层。复合层的作用是提高耐磨和耐腐蚀等性能，复合板强度则主要由基材保证。

复合层与基材的结合常用轧制法、爆炸复合法等。复合板中的缺陷主要是复合层和基材结合不良，界面处出现完全脱开或不完全脱开现象。

6.2.2 板材超声检测常用技术

1. 厚板检测常用技术

（1）检测方式

厚板超声检测常用技术是脉冲反射法，曾经使用的穿透法由于检测灵敏度低已逐步被脉冲反射法取代。在脉冲反射法中，常用的检测方式有以下几种：

1）纵波直探头接触法检测。接触法检测采用油或水作为耦合剂。由于接触法为人工操作，且探头有效声束宽度有限，检测效率较低，如果板材面积很大，也容易因人为因素产生漏检，另外，如果检测表面粗糙，大面积检测会使探头磨损严重，耦合情况也不稳定，影响检测结果的可靠性。因此，接触法检测不宜用于板材大面积检测，而更适合于在小面积检测或抽查等情况下使用。

实际检测时，无缺陷部位的典型波形是只有底波出现在荧光屏上，如图 6-11a 所示；如果存在分层缺陷，一般在始脉冲信号之后，会出现分层缺陷的多次反射波，如图 6-11c 所示；当板材中存在小缺陷时，缺陷部位的显示波形除了始波和多次底波外，还会出现多次缺陷回波，如图 6-11b 所示，并且由于小缺陷产生的叠加效应，缺陷回波从第一次回波开始，会出现二次、三次逐次增高的现象，图 6-12 所示为小缺陷叠加效应形成的典型波形。如果缺陷面积大于该处的声束截面时，底波消失，始波后会出现缺陷的多次反射信号。

需要注意的是，在采用纵波直探头检测板材时，经常使用的是探头的近场区，由于声束副瓣的影响，在缺陷反射波最高的位置的正下方，可能并不是缺陷的位置，解剖时常发现缺陷在稍偏离的位置出现。另外，近场区内发现的缺陷应用试块对比法进行当量尺寸的评定。

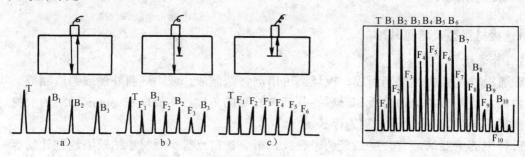

图6-11 单晶片直探头纵波直入射接触法检测典型波形　图6-12 小缺陷叠加效应形成的典型波形

a）无缺陷　b）小缺陷　c）大缺陷

2）纵波垂直入射水浸法检测。水浸法适用于大面积板材的自动化检测，通常采用多通道超声检测仪和多探头系统以提高检测速度，检测效率和可靠性较高。同时，水浸法的近表面分辨力也比接触法高，但水浸法检测需要配备专门的检测装置。

检测时，将板材全部浸入水中或局部喷水，探头与板材间保持一定的水层距离，声束垂直入射板材表面。在荧光屏上可以看到，入射声波形成板材界面的多次反射信号，以及板材底面多次反射信号，这些信号同时显示在荧光屏上，互相干扰，对判定缺陷情况有一定影响。因此，常通过调整水层距离，使板材界面的多次反射波与板材底面的多次反射波相重合，这样，检测波形清晰，便于分辨和解释，如图 6-13 所示，同时便于利用板材底波高度变化判断缺陷的严重程度。

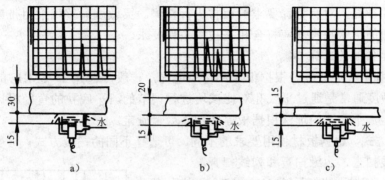

图6-13　多次重合法

a）二次重合　b）三次重合　c）四次重合

水程距离 H 与板材厚度 T 的关系为：

$$H = k \cdot \frac{c_水}{c_{板材}} T \tag{6-1}$$

式中　$c_水$——水中纵波速度；

$c_{板材}$——板材中的纵波速度；

k 表示此时的第二次界面回波与第 k 次底面回波重合。

对于钢板，其纵波速度约等于水中纵波速度的 4 倍，$H = k \cdot \frac{1}{4} T$，检测时常取水距等于钢板厚度，使第二次界面回波与第四次底面回波重合。检测时水层增大到一定程度，可使检测在探头的远场区进行，有利于灵敏度调整和缺陷评定。

3）双晶直探头检测。双晶直探头多用于厚度较小的板材，此时用单晶片纵波直探头往往检测盲区较大，无法满足近表面分辨力要求。利用双晶探头在声束会聚区灵敏度较高的特点，选择声束会聚区在近表面的探头，可解决小厚度板材检测盲区大的问题。需要注意的是，双晶探头声束会聚区外的部位灵敏度明显降低，因此检测时要根据板厚，选择声束会聚区合适的探头，满足整个板厚范围灵敏度和分辨力要求。

4）穿透反射法（反射板法）。如果板材厚度很小，难以清晰分辨界面回波和底波时，可采用穿透反射法。穿透反射法也适合于薄板的检测。采用纵波直入射，使超声束垂直穿透板材，并从一光滑平整的反射面反射，测量反射波穿透薄板返回后探头接收到的信号，由于缺陷的存在必然影响到声的两次穿透，从信号的幅度变化可判断出板材中有无缺陷存在。如图 6-14 所示。

穿透反射法对有一定面积的分层缺陷比较灵敏，但一般情况下对于小尺寸缺陷灵敏程度不如直接反射法。

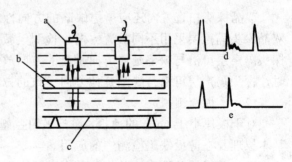

图 6-14　穿透反射法示意图

a—探头　b—板材　c—反射板　d—完好区　e—缺陷区

5）横波斜入射。横波对与表面成一定角度的缺陷较为灵敏。横波斜入射可作为纵波直入射方式的补充，对有特殊要求的板材进行检测。灵敏度调整可采用带切槽的对比试块进行，切槽的形状和尺寸应符合相关技术条件要求。

（2）检测条件的选择

1）检测频率和灵敏度。根据板厚和材质情况，一般可选择 2～5MHz 的检测频率。

检测灵敏度通常是通过平底孔对比试块进行调节的。平底孔的直径根据相应的技术条件要求确定，平底孔的埋深根据板厚和加工余量确定。

2）扫查方式。根据板材使用要求的不同，可选择不同的扫查方式。一般分为：全面扫查、格子线扫查、边缘扫查和列线扫查。

全面扫查：对板材进行 100%的扫查，要求相邻扫查线之间至少应有 10%的有效声束覆盖。单晶片纵波直探头的移动方向应垂直于板的压延方向。

格子线扫查：如图 6-15 所示。在板的边缘，如 50mm 以内，作 100%扫查，其余部分画成方格子线，如 200×200mm，探头沿格子线扫查，发现缺陷后，再在缺陷附近扩大扫查范围，进行进一步检查。

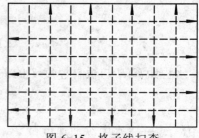

图 6-15　格子线扫查

边缘检查：只在板材边缘一定区域内 100%扫查，或在焊接件坡口线两侧，如 50mm 范围内 100%扫查。

列线扫查：如图 6-16 所示。在整个板材检测面上，沿垂直板的压延方向划出一定间隔（如 100mm）的直线，探头沿此直线扫查，发现缺陷后，再在缺陷周围扩大扫查范围。列线也可平行压延方向，视产品要求而定。

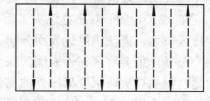

图6-16　列线扫查

双晶探头扫查方向还应考虑缺陷的方向性。对于细长的缺陷，相对于缺陷延伸方向，双晶探头隔声层采用不同放置方向，检测灵敏度明显不同。在测定缺陷的纵向长度时，探头隔声层可沿与缺陷延伸方向垂直的方向放置，并沿缺陷纵向移动；测定缺陷的宽度时，探头隔声层可沿与缺陷延伸方向一致的方向放置，并沿缺陷宽度移动。

*2. 薄板检测

对于板厚小于 6mm 的薄板，通常采用兰姆波进行检测。本节主要介绍兰姆波检测的基本原理及在薄板缺陷检测中的应用。

（1）兰姆波的速度　兰姆波是在薄板中形成的一种特殊形式的波。由于薄板上下界面的存在，声波在其中不断被反射并相互干涉，最终在厚度方向形成驻波，而在板的延伸方向形成兰姆波的传播。

兰姆波有对称型和反对称型两种基本形式，每种类型又可分成具有不同相速度 c_p 的多种模式。如果将频率与板厚的乘积（fd）作为一个因子考虑，则对于不同材料的薄板，可通过式（6-2），由材料的纵波速度和横波速度计算得到 fd 与 c_p 的关系曲线，称为相位速度曲线，图 6-17、6-18 分别显示的是钢板和铝板中兰姆波相速度曲线。图中的 S_0、S_1、S_2 模式……表示不同类型的对称型兰姆波，A_0、A_1、A_2 模式……表示不同类型的反对称型兰姆波。从图中可以看出，兰姆波的相速度是随频率、板厚、和兰姆波模式三个因素而变化的。

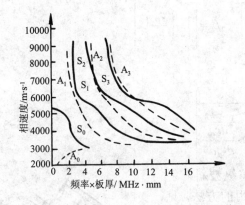

图6-17　钢板中的兰姆波相速度曲线

纵波速度5790m/s，横波速度3200m/s

图6-18　铝板中的兰姆波相速度曲线

纵波速度6350m/s，横波速度3045m/s

兰姆波群速度的严格计算是非常复杂的，为了方便起见，通常将一个脉冲波谐波中最大振幅的频率及其附近频率成分的群速度定为此脉冲波的群速度。根据式（6-3）可计算出钢板和铝板的群速度曲线，如图 6-19 和 6-20 所示。当板材厚度和频率一定时，根据所选择的兰姆波模式，从群速度曲线上可以得到群速度。例如，用 S_3 模检测厚度 5mm 的钢板，频率为 2MHz，此时 fd =10MHzmm，从图中可查出群速度为 5100m/s。显然，兰姆波群速度也是随着频率、板厚、和兰姆波模式三个因素而变化的。

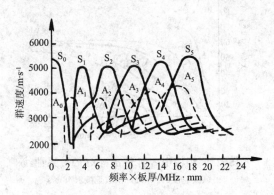

图 6-19　钢板中的兰姆波群速度曲图

纵波速度 5790m/s，横波速度 3200m/s

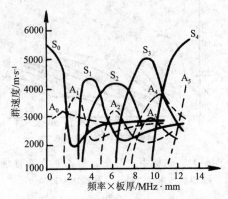

图 6-20　铝板中的兰姆波群速度曲线

纵波速度6350m/s，横波速度 3045m/s

用于计算兰姆波相速度 c_p 的公式：

$$\begin{cases} \text{对称型,}\quad \dfrac{\tanh \beta \dfrac{d}{2}}{\tanh \alpha \dfrac{d}{2}} = \dfrac{4\varepsilon^2 \alpha \beta}{(\varepsilon^2 + \beta^2)^2} \\[3mm] \text{反对称型,}\quad \dfrac{\tanh \beta \dfrac{d}{2}}{\tanh \alpha \dfrac{d}{2}} = \dfrac{(\varepsilon^2 + \beta^2)^2}{4\varepsilon^2 \alpha \beta} \\[3mm] \varepsilon = \dfrac{2\pi f}{c_p},\quad \alpha = \left[1 - \left(\dfrac{c_p}{c_1}\right)^2\right]^{\frac{1}{2}},\quad \beta = \left[1 - \left(\dfrac{c_p}{c_t}\right)^2\right]^{\frac{1}{2}} \end{cases} \tag{6-2}$$

用于计算兰姆波群速度 c_g 的公式：

$$c_g = c_p \left[1 - \dfrac{1}{\dfrac{c_p}{(fd)\cdot\dfrac{dc_p}{d(fd)}}}\right] \tag{6-3}$$

（2）兰姆波的激励和传播　通过透声斜楔将纵波斜入射至薄板，从而在薄板中激励兰姆波是目前最常用的方法，见图6-21。为得到较强的发射能量，入射角可由下式确定：

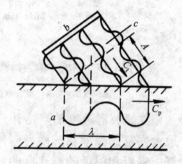

$$\sin \alpha = \frac{c_1}{c_p} \tag{6-4}$$

式中　c_1——透声斜楔中纵波传播速度；

　　　c_p——板中所激起的兰姆波相速度。

根据上面的公式和相速度曲线，可以得到入射角 α 与 fd 的关系曲线。图6-22和图6-23分别给出了钢板和铝板的曲线，斜楔为有机玻璃（c_1=2700m/s）。

图6-21　兰姆波的斜楔法激励

a—板材　b—探头晶片　c—斜楔

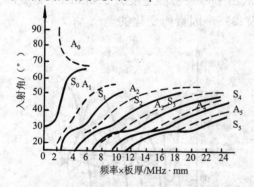

图6-22　钢板中入射角 α 与 fd 的关系曲线

钢纵波速度5790m/s，横波速度3200m/s

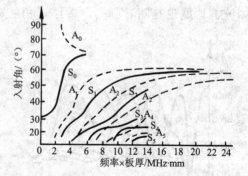

图6-23　铝板中入射角 α 与 fd 的关系曲线

铝纵波速度6350m/s，横波速度3045m/s

需要注意的是，兰姆波的激励与一般纵波、横波检测时的要求存在很大的不同，如：为了易于激励兰姆波，要求激励脉冲持续时间长，晶片尺寸大；为使激励的兰姆波模式相对单一，超声检测仪发射脉冲的带宽和接收放大器的带宽要求尽可能窄。目前市售的发射脉冲为方波的检测仪与普通的发射脉冲为尖脉冲的检测仪相比，更适合于兰姆波检测。为了达到最佳检测效果，兰姆波检测应选用具有窄带滤波的检测仪。

为了鉴别所激起的波为兰姆波而非横波，可将探头前沿垂直板的边缘放置在紧靠棱边处，再将探头垂直棱边后移，观察荧光屏上的棱边反射回波宽度及幅度的变化。用脉冲波激励兰姆波时，兰姆波是以群速度传播的，由于不同频率的相速度不同，随着探头的后移，探头与棱边的距离增大，棱边反射波的宽度会随之变宽，幅度逐渐变小。若激励的是横波，则当探头后移时，棱边反射波宽度不变，幅度则会作规律性的跳跃性的改变，与兰姆波之间的区别是明显的。见图 6-24。

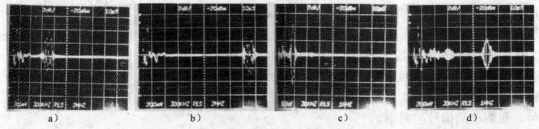

图6-24　横波和兰姆波板端反射波形特点

a) 横波短距离　b) 横波长距离　c) 兰姆波短距离　d) 兰姆波长距离

板波在传播过程中，如果遇到板的端面或缺陷，不仅会产生反射，而且根据缺陷形状的不同会产生兰姆波模式的转换。

（3）u、v 分量的计算　　所谓 u、v 分量指的是兰姆波在板中传播时质点振动的垂直位移分量 v 和水平位移分量 u。u 分量平行于传播方向，即板材延伸方向；v 分量垂直于传播方向，与板面垂直。u、v 分量沿板材厚度方向的变化曲线，代表着质点在两个方向上的振动幅度随距表面深度的变化。其中 u 分量的大小，与缺陷检测灵敏度直接相关。

图 6-25 给出了某钛合金材料在频厚为 10MHz·mm（2.5MHz·4mm）条件下几种典型模式兰姆波 u、v 分量在厚度方向的变化曲线。图中实线为质点水平振动曲线（$U-x$），虚线为质点垂直振动曲线（$V-x$）。

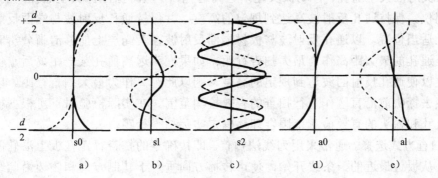

图6-25　典型兰姆波模式 u、v 分量图

（实线为 u 分量，虚线为 v 分量）

纵波声速6430m/s，横波声速3230m/s，fd=10MHz·mm

（4）兰姆波检测模式的选择　对于某一给定材料的薄板，当工作频率和板厚确定时，可通过改变入射角在板中得到不同模式的兰姆波。不同模式的兰姆波其灵敏度沿深度的

分布不同，为了可靠地发现距表面不同深度的缺陷，应选择两种甚至两种以上的模式，分别对同一板材进行检测。模式选择的方法如下：

1）根据测得的材料纵波速度和横波速度，计算并绘制该板材的相速度曲线和群速度曲线。

2）将选定频率的可变角探头放置在板材上，使其发射的超声束垂直于板的端面，在改变入射角的同时，观测板的端面反射信号的幅度变化，作出入射角与反射波高的关系曲线（如图 6-26），并根据 c_p 与 fd 的关系曲线，以及出现峰值时的相应入射角，确定各反射波的模式。

3）计算各反射波模式的 u、v 分量曲线。u 分量越大，发现该深度缺陷的能力越高。另外

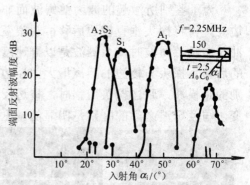

图6-26　不同入射角的反射波幅度变化

还应注意不宜选择群速度较慢的模，以免在端面反射波前出现由模式转换形成的附加信号，影响缺陷信号的判别。

（5）兰姆波对薄板缺陷的检测　对于特定的板材及选用的仪器，按照模式选择的方法正确选择模式后，还需选择适当的检测参数进行板材的扫查。

1）灵敏度调整。兰姆波检测用对比试块，可在板材上距端面一定距离处加工通孔，或在板材端面厚度方向上的某些位置加工切槽。

灵敏度调整时，将探头对准人工通孔，使探头前沿与人工通孔的间距等于所确定的扫查行距（见下段内容），擦净探头至通孔间的耦合剂，调整检测仪增益，使通孔反射波高达到规定的高度。

2）扫查行距确定。将探头对准人工通孔，调整仪器使孔反射回波达到调整灵敏度所要求的屏幕高度，然后将探头向通孔移近，以通孔反射波前沿与始波后沿刚好相交时，探头后沿至通孔的距离作为探头的前沿盲区。

将探头对准人工通孔，移动探头逐渐远离通孔，并随时擦净探头至通孔间的耦合剂，调整检测仪，保持通孔反射波高达到规定的高度，并保持通孔反射波与端面反射波位于荧光屏上适当位置，以通孔反射波与板材端面反射波在荧光屏上能够清晰分辨时，探头的前沿至通孔的最大距离作为最大扫查行距；如果探头远离通孔某一距离后，仪器灵敏度便不足以使通孔反射回波达到规定的高度，则以此距离作为最大扫查行距。以最大扫查行距减去探头前沿盲区作为行扫查的有效检测范围。在实际检验时，可根据板材受检方向的尺寸和探头的有效检测范围合理地确定实际扫查行距。

3）扫查方式选择。通常采用列线法扫查。即按确定的扫查行距在板上沿轧制方向画线，探头从板边最近的一条线开始，使声传播方向垂直于轧制方向和侧边沿此线移动，扫查完毕后，再沿相邻的一条线继续扫查。全面扫查一遍后，将探头转 180° 后再扫查一遍。改变入射角，按照同样方法，用另一模式再对板材进行扫查。

由于兰姆波在整个板厚范围内传播，只要模式选择合适，在整个板厚范围内的灵敏度满足要求，板的检测从一面进行即可，无需正、反两面进行。

扫查前必须将板的正反两面擦拭干净，在沿下一条线扫查时也要注意前一条线上的残留

耦合剂是否擦拭干净,否则将影响波的正常传播;油滴、污物均可产生反射信号造成误判。

4) 缺陷的评判。缺陷在板中的位置可通过荧光屏上端面反射波前的缺陷回波的位置确定,或在声束传播路径上利用油滴或用沾油的手指压按法判断,在缺陷迎波面边缘前拍打,缺陷反射波会减小或消失,在缺陷迎波面边缘后拍打,缺陷反射波幅度不变。

兰姆波的反射波高与缺陷迎波面的形态有关,与缺陷面积并无一定关系。因此,兰姆波检测不能根据反射波高度确定缺陷的大小。对于大面积的缺陷,如分层,可使波从四周入射,以定出周界或确定长度。

板材中的有些分层,由于迎波面开口太小,即使其所处位置的 u 分量并不小,反射波也可能极弱,有时甚至看不到反射,从而造成漏检。此时,由于分层的存在会使板厚被分成两层 d_1、d_2,入射波能量除部分反射外(极弱),板中原来的兰姆波模式可能会被转换成在 d_1、d_2 中存在的其它模式继续前进,到达板端后返回的兰姆波回到原厚度的部分,又还原成原模式被探头接收。不同模式的兰姆波速度不同,与无缺陷区相比,当探头距离板端距离相同时,板端回波在荧光屏上的位置可能会发生变化,因此实际检测时,检测人员不仅要观察有无缺陷波出现,还应注意板端回波的变化情况。但如果兰姆波速度相差太小,则难以分辨其变化。

3. 复合板检测

复合板的检测主要根据结合面回波情况进行。对于结合良好的复合板,由于基材与复合层声阻抗不同,声波入射到结合面上也会产生反射,形成结合面回波信号。结合面回波信号的强弱程度与复合板基材与复合层声阻抗差异程度有关。如钢的声阻抗 Z_2 为 $46 \times 10^6 kg/m^2 s$,表 6-1 列出了基体为钢,复合层分别为不锈钢和钛时的声压反射系数。可以看到,复合层为 18-8 不锈钢,结合面反射回波极小;而钛复合钢板,则结合面反射回波相当大。

表 6-1　复合钢板复合层的声压反射系数 (钢 $Z_2 = 46 \times 10^6 kg/m^2 s$)

复合层	$Z_1/(10^6 kg/m^2 s)$	Z_1/Z_2	声压反射系数 r
18-8 不锈钢	45.7	0.993	0.0035
钛	27.4	0.596	0.253

可见,对于复合板的检测,可分为两种情况:

1) 结合良好时基本上没有结合面回波信号,如不锈钢复合钢板,结合不良时入射声波在结合面形成反射信号。由于复合层的厚度大多为 3~6mm,从复合层一侧检测时,很难将结合面处的缺陷回波一一分离,这时,可用一定灵敏度下的多次反射波宽度来表示结合不良的程度。另外,如果结合不良的面积较大,底反射信号会减弱或消失,因此,根据底反射信号的变化也可进行缺陷情况的判断。

2) 结合很好时也会出现较强的结合面回波信号,如钛复合钢板,要检测结合不良的情况比较困难。可采用根据多次反射波宽度判定的方法,或通过将回波高度与对比试块的比较,对结合情况进行判定,这种情况下,需要在检测前获得回波高度与结合情况的对应关系。图 6-27 为钛复合钢板超声波波形特点,图 6-28 为钛复合钢板对比试块上的检测波形。

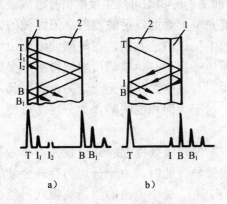

图6-27　钛复合钢板中超声波传播路径

a）从复合层一侧检测　b）从基材一侧检测

1—复合层　2—基材

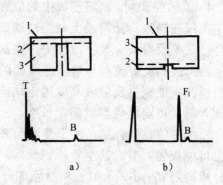

图6-28　钛复合钢板对比试块及检测波形

a）从复合层一侧检测　b）从基材一侧检测

1—检测面　2—复合层　3—基材

6.3　管材检测

6.3.1　管材的类型

　　管材的种类很多，按制造工艺的不同，可分为无缝管、焊接管、复合管等，按材料可分为黑色金属管、有色金属管和非金属管，按使用用途可分为锅炉压力容器用管、航空用管、船用管、液体输送用管等。从尺寸来分，可分为小直径管材与大直径管材，厚壁管与薄壁管等。

　　无缝管是用穿孔法和高速挤压法制造而成。无缝管中的主要缺陷有裂纹、折叠、分层、夹杂等；焊接管是将板材卷成管形后，再用电阻焊或埋弧自动焊焊接而成。焊接管焊缝中常见缺陷是裂纹、气孔、未焊透、未熔合等。焊接管的检测可考虑在原板材中缺陷的检测和焊缝缺陷的检测，在本章中不作详细介绍。本章将以不同尺寸的无缝管为主要对象，介绍不同尺寸管材的超声检测方法和特点。

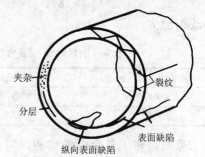

图6-29　管材中缺陷类型和

主要检测方向示意图

　　一般从超声检测的角度，将外径大于 100mm 的管材称作大直径管，外径小于 100mm 的管材称作小直径管。将壁厚与管外径之比不大于 0.2 的金属管材称作薄壁管，大于 0.2 的金属管材称作厚壁管。薄壁管与厚壁管的区分，是以折射横波是否可以到达管材内壁来区分的。

　　管材超声检测的目的是发现管材制造过程中产生的各种缺陷，避免将带有危险缺陷的管材投入使用，在役管材可能存在的疲劳裂纹也可采用同样的检测方法进行质量监控。

6.3.2 管材超声检测常用技术

管材中的缺陷大多数与管材轴线平行，因此，管材的检测以沿管材外圆作周向扫查的横波检测为主。在无缝管中也可能产生与管材轴线相垂直的缺陷，因此必要时使超声波束沿管材轴线方向进行斜入射检测。对于某些管材，有时也可进行纵波垂直入射检测。

1. 管材横波检测技术基础

沿外圆作周向扫查的横波检测是管材检测的主要方式。在实际检测时，通常希望管材中存在的波型单一，形成的 A 显示波形清晰简单，以便于缺陷信号的正确判断和解释。因此常将管材检测的声束入射角选择在第一临界角和第二临界角之间，选择管材中只存在纯横波进行检测。

管材检测最重要的目的是检测内、外壁的纵向裂纹，下面讨论的是横波检测时，在管材中产生纯横波的条件下，使声束能够检测到内壁缺陷的前提条件。

如图 6-30。当超声波束以纵波入射角 α 进入管材（壁厚为 t，外径为 D），折射角为 θ。声束按锯齿形路径传播，入射到管材内壁时，入射角为 θ_1，将折射声束的轴线 PQ 延长，并由圆心 O 引垂线与该延长线相交于 q。由直角三角形 PqO 和 QqO，可推导得到下面的关系式：

$$\sin\theta_1 = \frac{\sin\theta}{\left(1-\dfrac{2t}{D}\right)} = \frac{\sin\theta}{\dfrac{r}{R}} \qquad （r \text{ 为内半径，} R \text{ 为外半径}）$$

当 $\theta_1 = 90°$ 时，声束轴线与管子内壁相切，为声束到达内壁的临界状态。此时，折射角 θ 满足下列关系：

$$\sin\theta = 1 - \frac{2t}{D} = \frac{r}{R} \qquad （6\text{-}5）$$

因此，从几何关系上推导得出的声束到达内壁的条件为：

$$\sin\theta < 1 - \frac{2t}{D} = \frac{r}{R}$$

由第一临界角公式可知，产生纯横波的条件是：

$$\sin\alpha > \frac{c_{11}}{c_{12}}$$

式中　c_{11}——入射介质中的纵波速度；

　　　c_{12}——管材中的纵波速度。

结合上面两个条件，可以得到，要在管材中得到纯横波并到达内壁，入射角必须满足以下条件：

$$\frac{c_{11}}{c_{12}} < \sin\alpha = \frac{c_{11}}{c_{S2}}\sin\theta < \frac{c_{11}}{c_{S2}}\left(1-\frac{2t}{D}\right) \qquad （6\text{-}6）$$

式中　c_{S2}——管材中的横波速度。

显然，并不是任何条件下式（6-6）均可成立，成立的条件是：

$$\frac{c_{11}}{c_{12}} < \frac{c_{11}}{c_{S2}}\left(1-\frac{2t}{D}\right)$$

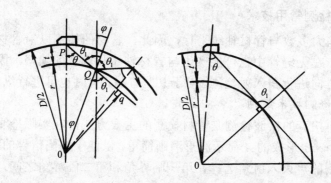

图6-30 斜角入射纵波检测时管材中横波折射角及主声束传播情况

所以，管材中为纯横波条件下，声束可到达内壁的前提条件是：

$$\left(\frac{t}{D}\right)_{临界} < \frac{1}{2}(1 - \frac{c_{S2}}{c_{12}}) \tag{6-7}$$

对于钢管，纵波速度为 5850m/s，横波速度为 3200m/s，$\sin\theta=0.55$，$\left(\frac{t}{D}\right)_{临界}=0.23$。对于铝和铜，该值稍大，约为 0.25 和 0.26。粗略地估计金属管材能否用横波检测时，通常用厚度与外径比是否小于 0.2 作为判据，小于 0.2，则认为可以检测，并称这样的管材为薄壁管。

上述结果是以声束轴线扫查到内壁为依据的。实际上，由于声束具有一定的宽度，即使声束轴线稍偏离管子内壁，扩散声束仍有可能探测到管材内壁的缺陷，但此时的灵敏度会降低。

2. 小直径薄壁管检测技术

小直径薄壁管由于外径小，曲率大，探头难以与管材表面直接耦合。同时，管壁薄，声束在管材大曲率内壁上发散较为严重，很难采用直接接触法检测，因此常采用水浸聚焦检测技术。水浸聚焦检测不仅解决了耦合难题，减少曲面引起的声束发散，提高了检测灵敏度和分辨力，而且便于实现自动化检测。

下面主要介绍小直径薄壁管材探伤参数的调整。

（1）偏心距的选择　偏心距是小直径薄壁管材检测的重要参数，决定着声束的入射角，对声束在管材中传播方式和能量分布，对管材中缺陷检测灵敏度有直接影响。检测时将管子外壁与水接触而内部中空，如图 6-31，调整探头位置，使管子外壁表面反射信号最高，管壁多次反射次数最多，则入射声束垂直于管材表面，声束中心线通过管子圆心。沿与管轴线垂直的方向平移探头，以使入射声束相对于入射点的法线成一定夹角，移动的距离称为偏心距 x。

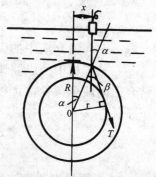

图 6-31　偏心距的选择

偏心距选择的原则是使管壁内为纯横波且横波能够到达管材内壁。前面已经介绍了满足这一条件的前提是壁厚/外径之比值要足够小，满足薄壁管条件。在这个前提下，要求入射角满足式（6-6）。

由图 6-31 可知，$\sin\alpha = \dfrac{x}{R}$，则：

$$\frac{c_{水}}{c_{L管}} < \frac{x}{R} < \frac{c_{水}}{c_{S管}}\frac{r}{R} \tag{6-8}$$

以钢管为例，将 $c_{水}=1500\text{m/s}$，$c_{l钢}=5850\text{m/s}$，$c_{s钢}=3230\text{m/s}$，代入上式，偏心距的选择条件为：

$$0.251R < x < 0.458r$$

（2）折射角的计算　确定了偏心距，折射角也随之确定。实际检测中偏心距的调整通常采用这样的方式，采用内外壁刻有人工伤的对比试验样管，用适当的速度转动管子，同时根据计算得到的偏心距范围，将探头在该范围内慢慢移动，使内、外壁人工伤回波高度达到大致相同，此时的偏心距即为满足检测条件的偏心距。根据调定的偏心距 x 可算出声束入射角 α 和横波折射角 β：

$$\sin\alpha = \frac{x}{R} = \frac{2x}{D}$$

$$\sin\beta = \frac{c_{S2}}{c_{l1}}\sin\alpha$$

需要注意的是，实际检测时，应以内、外壁人工伤回波高度较低者的回波高度作为报警闸门水平，如果由于种种原因不能使内、外壁人工伤回波大致相同并相差较大时，则应使用两路报警电路分别设定报警电平。

（3）水距的确定和探头焦距的选择　根据水浸检测的基本要求，如要求检测的最大声程为 S，为了避免荧光屏上二次界面回波信号出现在管材内壁缺陷和外壁缺陷回波信号之前，干扰缺陷信号的识别和记录，水距 T 应满足：

$$T \geqslant S\frac{c_{l水}}{c_{s管}} \tag{6-9}$$

同时，考虑声能在水中的衰减，为了达到较高的检测灵敏度，水距也不宜选择过大。

另外，水距的确定和探头焦距的选择还需考虑折射角扩散的问题：

在水浸法检测中，折射角的扩散现象比用有机玻璃斜楔接触法检测更为严重。有机玻璃中的纵波速度为 2730m/s，而水中的纵波速度只有 1500m/s，根据折射定律 $\sin\beta = \dfrac{c_{S2}}{c_{l1}}\sin\alpha$ 可知，超声波束在水中的入射角稍有变化，在金属管材中的横波折射角就会有较大的变化。因此常采用聚焦探头来解决声束的扩散问题。如图 6-32 所示，先调节聚焦探头的水层距离，使聚焦声束在水中的焦点落在与声束中心轴线相垂直的管子直径上，然后再平移适当的偏心距，此时聚焦声束中心轴两边的对称声束具有相同的入射角

（$\alpha_1 = \alpha_3$），是检测的理想状态。一般焦距 F 应满足：

$$F \geq T + \sqrt{R^2 - x^2} \qquad (6\text{-}10)$$

式中　T —— 水层距离；

　　　R —— 管子外半径；

　　　x —— 偏心距。

*（4）聚焦声束宽度的影响　水浸聚焦检测时，入射到管壁中的横波声束具有一定的宽度，在管壁中作周向传播时，在内外表面上交替反射，从而形成检测的三角形区。处于三角形区的径向缺陷，可通过将入射声波反射到管表面再返回探头而被检出。在管材外径和壁厚一定的情况下，调整折射角和偏心距，可以使（$h_o + h_i$）=t，即检测覆盖整个壁厚。如图 6-33 所示。

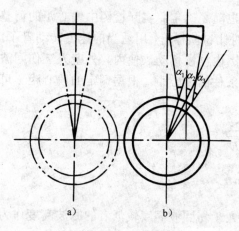

图6-32　水距和焦距的选择

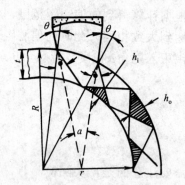

图6-33　管材聚焦声束宽度的影响

*（5）点聚焦与线聚焦检测比较　在管材实际检测中，使用较多的检测方式有点聚焦和线聚焦两种。不论是点聚焦还是线聚焦方式，声束在管材截面上的轮廓都是一样的，如图 6-34 所示。点、线聚焦探头焦点形状的差别使其在管材轴向上的声束轮廓是不同的，如图 6-35 所示。点聚焦探头在管材上形成的是点状聚焦区，线聚焦探头在管材上形成的是沿轴线延长的线状聚焦区。正是由于点、线聚焦探头声束在管材中分布的不同，使两种方法具有各自的特点。

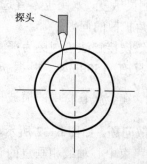

图6-34　点、线聚焦声束在管材截面上轮廓

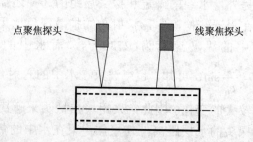

图6-35　点、线聚焦声束在管材轴向上的轮廓

从检测灵敏度来看，点聚焦、线聚焦探头对不同长度人工伤（纵向伤）的检测灵敏度存在差异，并且与焦点尺寸和人工伤长度之比有关。

通常适合于小直径薄壁管检测的点聚焦探头焦点尺寸较小，一般人工伤长度远大于点聚焦探头的焦点尺寸，声束的反射面积主要取决于探头的焦点尺寸，随着人工伤长度的增加，检测灵敏度变化很小。因此，在使用点聚焦检验时，可以将人工伤的长度制作得长一些，以方便伤波的调整。另外当标准人工伤长度远大于所用探头的焦点直径时，利用点聚焦探头检测管材在一定范围内可以检测到比标准伤长度短的缺陷，从而利于较小缺陷的检出。但是如果缺陷的深度较浅，长度较长，由于点聚焦探头焦点尺寸小，使声反射面积小，会造成仪器设备不报警的情况，在检测中应考虑到此类缺陷漏检的可能性。另外在检测效率上，由于点聚焦探头的焦点尺寸较小，在自动检测时，步进量较小，检测效率较低。

线聚焦探头则不同，人工伤的长度对其反射幅度影响很大，这是由于线聚焦探头声束在轴线方向上有较大长度，这时人工伤的反射幅度主要取决于伤本身的长度。因此，在使用线聚焦检验时，人工伤长度的制作应较准确，否则会影响检验灵敏度的调整。另外，利用线聚焦探头检测管材时，当标准人工伤长度小于所用线聚焦探头在管材轴线的声束尺寸时，对于长度小于标准伤的缺陷不敏感，但对于长度大于标准伤的缺陷比点聚焦检测敏感。在检测效率上，由于线聚焦探头的焦片在管材的纵向上有一定的长度，因此，在自动检测管材时，可以增大步进量以提高检测效率。

图 6-36a 和图 6-36b 分别为一焦点直径约 0.5mm 的点聚焦探头和一线聚焦探头，检测不同长度人工伤的反射幅度曲线。

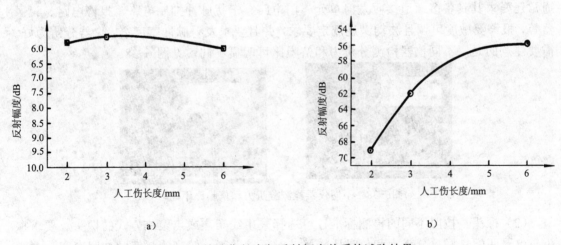

图6-36 缺陷伤长度与反射幅度关系的试验结果

a）点聚焦 b）线聚焦

*3. 自动检测设备简介

根据小直径薄壁管的特点和检测需要，通常采用水浸聚焦检测技术，使用自动检测设备进行自动化检测。图 6-37 为管材自动检测设备结构示意图。

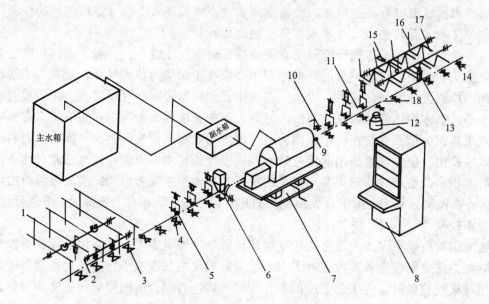

图6-37　管材自动检测设备结构示意图

1—上料台架　2—上料装置　3—进料辊道　4—上料、上球开关　5—前定心轴　6—堵球装置　7—探头架

8—检测仪　9—落球开关　10—落球装置　11—后定心轴　12—标记装置　13—翻料装置　14—出料辊道

15—分选装置　16—合格品收集槽　17—不合格品收集槽　18—翻料开关

自动检测设备主要由以下各部分组成：

（1）超声检测仪　用于管材自动检测的 A 型超声检测仪除满足一般检测仪要求外，通常还要求其具备多通道接收发射单元、门电路、干扰脉冲抑制电路、报警电路、记录器等，报警灵敏度可调且波动满足规定要求，并且要求发射脉冲宽度窄，仪器分辨力好。需要注意的是，不同仪器检测分辨力和信噪比可明显不同，见图 6-38。

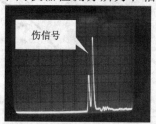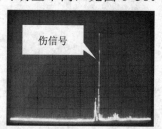

图6-38　不同仪器检测分辨力和信噪比不同

（2）探头　按照不同的检测标准，可选择采用线聚焦或点聚焦方式的探头。要求探头与仪器匹配良好，分辨力和信噪比较好。对于薄壁管，较高的频率脉冲宽度窄，分辨力好。通常，检测壁厚 0.5～6mm 的钢管和钛合金管时，探头频率可为 5～10MHz。此外聚焦探头的焦点直径也是影响小直径薄壁管检测效果的重要参数，一般应选择焦点直径小于壁厚二分之一的探头来进行，以保证声束进入管壁后的聚焦效果。

在自动检测装置中，通常配备多个探头，以方便实现对沿圆周正反方向、轴向正反方向等多个方向的同时检测，提高检测效率。

178

（3）机械传动装置　机械传动装置的种类很多，可以是用于带动探头运动的，也可以是使管子运动的，或者是两者结合的。水浸耦合的方式可以是全浸、局部水浸、喷水等（图 6-39）。机械传动装置应满足以下要求：

① 在运行时能保持探头与管材表面的间距一致，即探头旋转或管子作轴向与螺旋送进时彼此保持同轴。

② 旋转或送进速度均匀，且可根据需要调节。

③ 不得对管子表面产生机械损伤。

④ 机械传动装置精度应满足检测要求。

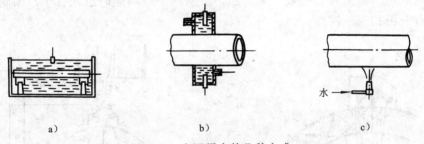

图6-39　水浸耦合的几种方式

a）全浸法　b）局部水浸法　c）喷水法

（4）参考样管　参考样管由尺寸、材料、表面状态和热处理状态与被检测管材一致的管材制作，不同的检测标准对人工伤形状和尺寸有不同规定。槽伤是常用的人工伤类型，如图 6-40 所示，槽形状可为 U 形槽、V 形槽和矩形槽。槽的方位可分为外表面纵向槽、外表面横向槽和内表面纵向槽、内表面横向槽等。

图6-40　不同类型槽伤断面形状

4. 大直径薄壁管材检测方法简介

根据缺陷取向不同，大直径管材检测同样是以周向横波检测为主，必要时进行轴向横波检测和圆周面纵波直入射检测。纵波直入射检测主要用于检测与管材轴线平行的分层缺陷，轴向横波检测与管材轴线垂直的横向缺陷。下面介绍大直径管材周向横波检测的常用方法。

（1）直接接触法检测　直接接触法检测是大直径薄壁管材最常用的方法。直接接触法检测与通常平面横波检测方法相同，只需解决探头与曲面检测面耦合的问题，以及注意曲面对声束的影响。由于管材直径大，曲率小，探头相对来说比较容易与检测面稳定地接触。为了达到较好的耦合效果，一般将探头斜楔加工成与管材外表面相吻合的曲面，或采用充水间隙扫查法。

为对整个壁厚范围进行全面扫查，按管材横波检测基础部分介绍的内容选择合适的横波折射角，选择时尽可能使管材内外壁上的人工伤回波高度基本相同，并根据检测要求将人工伤反射波调整到规定的高度。为避免缺陷取向的影响，扫查一般应沿圆周两相反方向各扫查一次。仪器的测量范围调整至少应能显示内、外壁上的人工伤位置。曲面会引起折射角的扩散，使声的传播复杂化，影响检测波形的正确判断（6-41）。使用小尺寸晶片的探头或聚焦探头可减少扩散的影响。接触法检测时要注意耦合剂的影响。由于管材表面可能存在表面波，探头前方的耦合剂可能形成反射回波，因此发现回波信号后，应注意擦去探头前方的耦合剂，如回波信号消失，则回波是由表面波产生的，而非缺陷回波。

（2）双探头横波接触法　两个探头相背并列，同时发、收超声波，同时得到管材中一个缺陷的两个信号（图 6-42）。两个缺陷波的中间有一个参考波，可用于监控耦合情况，以及判断超声波是否已扫查一周。超声波从两个方向同时进入管子，因此该方法不需要在反方向再扫查一次。

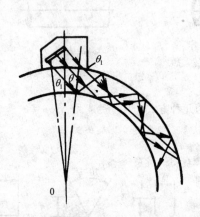

图6-41　曲面引起的折射角扩散示意图

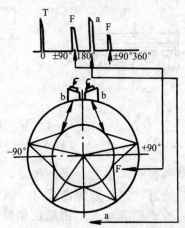

图6-42　双探头横波接触法

a—参考波　b—发收探头

*5. 厚壁管检测方法

对于厚壁管，横波声束无法到达管材内壁，因此通常用横波实现整个管壁横截面的检测是很困难的。

（1）变形横波斜射法　以钢管为例，管子水浸法纯横波检测的最小入射角为 14.8°，当入射角小于该角度时进入管壁的有折射横波，也有折射纵波。折射横波不接触管子内壁，只在外壁上反射。如图 6-43 所示，取入射角为 12.7°，则进入管材后纵波折射角为 60°。当折射纵波入射到外壁上时，折射纵波在外壁上发生波型转换，产生反射横波，反射角为：

$$\beta_t = \arcsin\left(\frac{c_{S钢}}{c_{L钢}}\sin 60°\right) = 28.3°$$

此时，$\left(\dfrac{t}{D}\right) < \dfrac{(1-\sin\beta_t)}{2} = \dfrac{1}{2}(1-\sin 28.3) = 26.3\%$，横波射到内壁上可用于内壁缺陷的检测。从入射纵波在水-钢界面反射和透射能量分配曲线可知，纵波按 60° 入射时，如果对透入水中的超声能量忽略不计，经纵波-横波-纵波的声压往复反射率可为 97%。入射角小于此值，声压往复反射率就会减小，灵敏度降低。可见对于钢管来说，变形横波

斜射法适用于壁厚和管外径比为下列情况的管材：$23\% < \dfrac{t}{D} < 26.3\%$。

（2）纵波斜射法　　在被检管材尺寸使变形横波检测法也难以采用的情况下，可采用纵波斜射法。选择第一临界角以下的小角度入射，进入管壁的超声波型既有纵波也有横波，但后者强度很弱，检测主要以纵波为主。纵波斜射法的缺点是检测时显示的除折射纵波外，还存在折射横波在内壁上产生的多次反射回波，波形比较复杂。同时，由于变形横波具有较高能量，因此纵波斜射法与变形横波检测法相比，检测灵敏度较低。

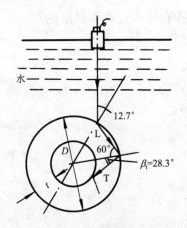

图6-43　变形横波斜射法示意图

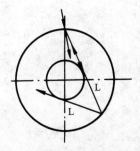

图6-44　纵波斜射法示意图

复 习 题

1．棒材中的主要缺陷类型有哪些？缺陷有什么特点？

2．棒材检测常用的超声检测技术有哪些？

3．棒材检测时入射面的发散作用对检测有哪些影响？

4．纵波垂直射入棒材中形成的波形有什么特点？

5．采用有机玻璃斜楔探头检测棒材时，如何区分固定波、表面裂纹信号和耦合剂产生的干扰信号？

6．棒材检测时通常要求声束在棒材中是发散还是收敛的？为什么？

7．板材有哪些种类？其缺陷特点是什么？

8．中厚板材常用的检测技术有哪些？

9．中厚板材中分层缺陷和尺寸较小的夹杂物的反射信号特征有什么区别？

10．中厚板材缺陷位置确定和当量尺寸评定时应注意哪些问题？

11．中厚板材水浸法检测时水距应如何调整？

12．板材穿透反射法常在什么情况下采用？该方法有哪些局限性？

13．什么是兰姆波？兰姆波的声速有什么特点？

14．激励兰姆波常用方法是什么？与一般纵波、横波检测时的要求有什么不同？

15．如何从板端反射波形的变化区分横波和兰姆波？

16．兰姆波检测薄板时，检测参数应如何调整？

17．兰姆波检查薄钢板发现缺陷反射信号时，可用哪些方法确定反射处的位置？

18．兰姆波的反射波高与缺陷面积有无直接关系？为什么？

19．复合板检测有什么特点？

20．管材检测最常用的超声检测技术是什么？用于检测哪类缺陷？

21．从超声检测的角度，如何区分薄壁管与厚壁管？

22．小直径薄壁管材探伤参数应如何调整？

23．点聚焦与线聚焦检测比较有什么不同？各有什么优点和局限性？

第7章　焊接接头检测

7.1　焊接接头类型及特点

许多金属结构都是采用焊接的方法制造的。超声检测是对焊接接头质量进行评价的重要检测手段之一。为了能够合理地选择检测条件，并对检测结果作出正确的评判，要求检测人员了解有关的焊接基本知识，如焊接接头形式、焊接坡口形式、焊接方法和焊接缺陷等。

7.1.1　焊接加工

1.　焊接过程

焊接是通过加热或加压或两者并用，用填充材料或不用填充材料使两个分离的材料达到原子结合的一种加工方法。焊接工艺有熔焊和压力焊两类。超声检测的主要对象是熔焊焊缝。

熔焊过程实际上是一个冶炼和铸造过程，首先利用电能或其他形式的能产生高温使金属熔化，形成熔池，熔融金属在熔池中经过冶金反应后冷却，将两母材牢固地结合在一起。常用的焊接方法有焊条电弧焊、埋弧自动焊、气体保护焊、电渣焊、等离子弧焊、激光焊和电子束焊等。

焊条电弧焊是使电极和母材之间产生电弧，靠电弧的高温熔化焊条和部分母材来连接母材的焊接方法。焊条中的焊芯就是传导焊接电流的电极和焊缝的填充金属，而焊芯上涂覆的一定厚度的药皮，则会在高温时分解产生中性或还原性气体，作为保护层，防止空气中的氧、氮进入熔融金属。药皮的作用还有，在焊接过程中可对焊缝金属起脱氧、脱硫作用，向焊缝渗入合金元素，缓和焊缝金属凝固和冷却速度等。焊条电弧焊是超声检测焊缝的主要对象。

埋弧焊是利用液体焊剂作保护层，利用焊剂层下的电弧加热并熔化金属进行焊接，一般适用于厚钢板结构、大型容器的焊接。电渣焊是利用电流通过液态熔渣时产生的电阻热熔化母材和填充金属进行焊接，形成的柱状晶体尺寸有时达到数毫米，因此需要经正火处理来细化。气体保护焊是利用氩气或二氧化碳等保护气体作保护层的电弧焊方法。

2.　接头形式

焊接接头形式主要有对接、角接、搭接和 T 型接头等几种，如图 7-1 所示。对接接头常用于板的焊接，T 型接头常见于建筑结构中梁柱结合和装配部件的角焊。角接接头常见于箱形部件的边角焊接。搭接接头则常见于角焊的板材结合。

超声检测最常用于对接接头，其次是角接和 T 型接头。

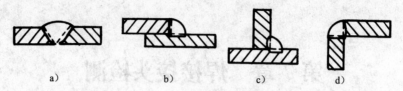

图7-1 焊接接头形式

a）对接接头 b）搭接接头 c）T型接头 d）角接接头

3. 坡口形式

为保证两母材施焊后能完全熔合，焊前应把接合处的母材加工成一定的形状，这种加工后的形状称为坡口形式。根据板厚、焊接方法、接头形式和要求不同，可采用不同的坡口形式。常见对接和角接接头的坡口形式如图 7-2 所示。V 形坡口各部分的名称如图 7-3 所示。V 形坡口焊接接头各部分的名称如图 7-4 所示。

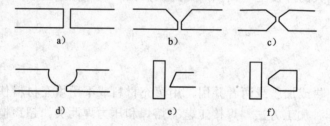

图7-2 焊接坡口形式

a）直边 b）V 形 c）X 形 d）U 形 e）单 V 形 f）K 形

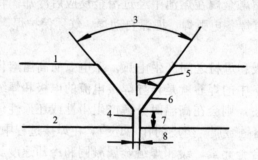

图7-3 V 形坡口各部分名称

1—表面 2—背面 3—坡口角 4—根部面（钝边）5—倾斜角 6—坡口面 7—根部高度 8—根部间隙

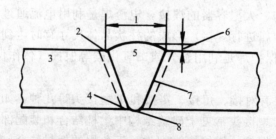

图7-4 V 形坡口焊接接头各部分名称

1—焊缝宽度 2—焊道缝边 3—母材 4—根部 5—焊缝金属 6—余高 7—热影响区 8—焊趾

7.1.2　焊接接头中常见缺陷

所谓焊接接头包括焊缝金属和与之相邻的母材热影响区。焊接接头的缺陷包括外部缺陷和内部缺陷。

外部缺陷有焊缝尺寸不符合要求、未焊透、咬边、焊瘤、表面气孔、表面裂纹等，通常采用目视检测、磁粉检测、渗透检测等方法对这些缺陷进行检测。

焊接接头中常见内部缺陷有气孔、夹渣、未焊透、未熔合和裂纹等，如图 7-5 所示。超声检测主要目的是为了检测出焊接接头中存在的内部缺陷。

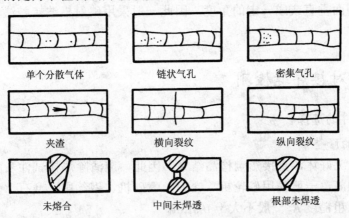

图 7-5　焊接中常见缺陷

1. 气孔

气孔是在焊接过程中焊接熔池高温时吸收了过量的气体或冶金反应产生的气体，在冷却凝固之前来不及逸出而残留在焊缝金属内所形成的空穴。产生气孔的主要原因是焊条或焊剂在焊前未烘干，焊件表面污物清理不净等。气孔大多呈球形或椭圆形。气孔分为单个气孔、链状气孔和密集气孔。

2. 未焊透

未焊透是指焊接接头部分金属未完全熔透的现象。产生未焊透的主要原因是焊接电流过小，运条速度太快或焊接规范不当（如坡口角度过小，根部间隙过小或钝边过大等）。未焊透分为根部未焊透、中间未焊透和层间未焊透等。

3. 未熔合

未熔合主要是指填充金属与母材之间没有熔合在一起或填充金属层之间没有熔合在一起。产生未熔合的主要原因是坡口不干净，运条速度太快，焊接电流过小，焊条角度不当等。未熔合分为坡口面未熔合和层间未熔合。

4. 夹渣

夹渣是指焊后残留在焊缝金属内的熔渣或非金属夹杂物。产生夹渣的主要原因是焊接电流过小，速度过快，清理不干净，致使熔渣或非金属夹杂物来不及浮起而形成的。夹渣分为点状和条状。

5. 裂纹

裂纹是指在焊接过程中或焊后，在焊缝或母材的热影响区局部破裂的缝隙。

按裂纹成因分为热裂纹、冷裂纹和再热裂纹等。热裂纹是由于焊接工艺不当在施焊时产生的。冷裂纹是由于焊接应力过高,焊条焊剂中含氢量过高或焊件刚性差异过大造成的。冷裂纹常在焊件冷却到一定温度后才产生,因此又称延迟裂纹。再热裂纹一般是焊件在焊后再次加热(消除应力热处理或其他加热过程)而产生的裂纹。按裂纹的分布还可分为焊缝区裂纹和热影响区裂纹。按裂纹的取向可分为纵向裂纹和横向裂纹。

焊缝中的气孔、夹渣是立体型缺陷,危害性较小。而裂纹、未熔合是平面缺陷,危害性大。在焊缝探伤中,由于余高的影响及焊缝中裂纹、未焊透、未熔合等危险性大的缺陷往往与检测面垂直或成一定的角度,因此一般采用斜射横波接触法,在焊缝两侧进行扫查。

7.2 中厚板对接焊缝检测

7.2.1 检测条件的选择

1. 检测面的修整

试件表面状况好坏,直接影响检测结果,因此,应清除焊接试件表面飞溅物、氧化皮、凹坑及锈蚀等。一般使用砂轮机、锉刀、喷砂机、钢丝刷、磨石、砂纸等对检测面进行修整,表面粗糙度 R_a 一般不大于 $6.3\mu m$。

焊缝两侧检测面的修整宽度应至少等于探头的移动区。可根据母材厚度、所用探头的 K 值(或折射角 β)和探头的尺寸(A)确定(如图 7-6 所示)。

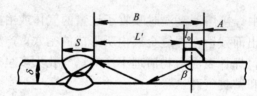

图7-6 检测面修磨宽度的确定

以 P 表示跨距,则:

$$P=2\delta\tan\beta=2\delta K \tag{7-1}$$

式中 K —— 探头的 K 值;

   δ —— 试件厚度;

   β —— 折射角。

通常,要求探头移动区 $B \geqslant L'+A$。对于一次波法检测,$L'=0.5P-l_0$,l_0 为探头前沿长度。对于二次波法检测,$L'=P-l_0$。

在上述基本原则之下,关于检测面修整宽度的具体计算方法,各标准中有不同的规定。如 GB 11345—1989《钢焊缝手工超声检测方法和探伤结果分级》和 JB 4730.3《锅炉、压力容器及压力管道无损检测第三部分:超声检测》中规定,采用一次反射法(二次波法)检测时,探头移动区应大于 1.25P,采用直射法(一次波法)检测时,探头移动区应大于 0.75P。因此,检测面的修整宽度应不小于上述要求。

2. 检测条件的选择

（1）检测方向和检测面的选择　检测方向和检测面的选择是为了保证不同取向、不同位置的缺陷能够被检测出来。根据不同的质量要求，可选择不同复杂程度的检测方式；根据焊缝的厚度，可以选择不同折射角的探头；根据要求检测的缺陷类型，可以选择不同检测技术和检测方向。

1）检测方向和检测面选择的总原则

① 质量要求越高的焊缝，要求的声束入射方向越多，以尽可能发现不同取向的缺陷。其中检测方向最少为一种角度单面单侧检验，要求较高时，可用两种角度单面双侧或双面单侧检验，并附加串列式扫查，也可要求将余高磨平，以及增加用于检测横向缺陷的平行扫查、斜平行扫查等。

② 厚度大的焊缝，要求从多个方向或角度入射，以保证声束对整个焊缝的覆盖，并检测不同取向的缺陷。如：可采用两种角度双面双侧检验。

2）检验级别。不同标准中，根据质量要求规定了不同的检验级别，并对检测面和检测方向给出了原则性的规定。

例如，在 GB 11345—1989 中，根据焊缝质量要求将检验等级分为 A、B、C 三级，检验的完善程度和难度系数按 A、B、C 顺序逐级增高。各等级的检验范围要求为：

A 级检验采用一种角度的探头，在焊缝的单面单侧进行检验，而且只对允许扫查到焊缝截面进行探测，一般不要求探测横向缺陷；当母材厚度大于 50mm，则不得采用 A 级检验。

B 级检验原则上采用一种角度的探头，在焊缝的单面双侧进行检验，而且应该对整个焊缝截面进行探测；当母材厚度≥100mm 时，应采用双面双侧检验；受几何条件限制，可在焊缝的双面单侧采用两种角度探头进行检验；条件允许时，还应探测横向缺陷。

C 级检验至少要用两种角度的探头，在焊缝的单面双侧进行探测，并且要用两种探头角度从两个扫查方向探测横向缺陷；当母材厚度大于 100mm 时，则要采用双面双侧探测；此外，还要求对接焊缝的余高要磨平，以便探头在焊缝上作平行扫查；焊缝两侧斜探头扫查经过的母材部分要用直探头作检查；母材厚度≥100mm，窄间隙焊缝母材厚度≥40mm 时，一般要增加串列式扫查。

按照 GB11345—1989 的推荐，为了发现纵向缺陷，一般应按图 7-7 和表 7-1 选择检测面。

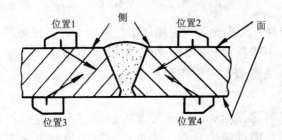

图7-7　焊缝的检测方向和检测面

表 7-1　检测面及 K 值选择

板厚/mm	探　伤　面			探　伤　法	使用折射角或 K 值
	A	B	C		
≤25	单面单侧	单面双侧（位置 1 和 2 或 3 和 4）或双面单侧（1 和 3 或 2 和 4）		直射法及一次反射法	70°（K2.5，K2.0）
>25～50					70°或 60°（K2.5，K2.0，K1.5）
>50～100				直射法	45°或 60°；45°和 60°，45°和 70°并用（K1 或 K1.5；K1 和 K1.5，K1 和 K2.0 并用）
>100	双面双侧				45°和 60°并用（K1 和 K1.5 或 K2.0 并用）

3）检测横向缺陷常采用的几种方式：

① 平行扫查：在已磨平的焊缝及热影响区表面以一种（或两种）K 值探头用一次波在焊缝两面作正、反两个方向的全面扫查，如图 7-8a。

② 斜平行扫查：用一种（或两种）K 值探头的一次波在焊缝两面双侧作斜平行探测。声束轴线与焊缝中心线夹角小于 10°，如图 7-8b。

③ 交叉扫查：对于电渣焊中的人字形横裂，可用 K1 探头在 45°方向以一次波在焊缝两面双侧进行探测，如图 7-8c。

在其他标准中，根据质量要求的不同，对不同的厚度区间，规定有不同数量的角度和探测面。如：JB4730.3 中对于 B 级和 C 级均规定了更严格的检测方向和检测面要求。

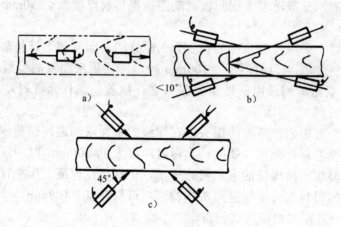

图7-8　焊缝横向缺陷的检测

a）平行扫查　b）斜平行扫查　c）交叉扫查

（2）探头参数的选择　探头参数的选择包括检测频率的选择和折射角或 K 值的选择。

焊缝的晶粒比较细小或板厚较小时，可选用较高的频率，一般为 2.5～5.0MHz。对于板厚较大、衰减明显的焊缝，应选用较低的频率。如：铝焊缝衰减较小，通常采用频率为 5MHz 的探头。

探头折射角或 K 值的选择应从以下三方面考虑：使声束能扫查到整个焊缝截面；使声束中心线尽量与主要危险性缺陷垂直；保证有足够的检测灵敏度。一般的焊缝都能满足使声束扫查整个焊缝截面。只有当焊缝宽度较大、K 值选择不当时才会出现有的区域扫查不到的情况。

因此，一般斜探头 K 值可根据试件厚度、焊缝坡口形式及预期探测的主要缺陷种类来选择。通常薄试件采用大 K 值，以避免近场区探伤，提高定位定量精度。厚试件采用小 K 值，以便缩短声程，减小衰减，提高检测灵敏度，同时还可减少打磨宽度。

焊缝坡口形式和尺寸的影响如图 7-9 所示，用一、二次波单面探测双面焊接头时，一次波只能扫查到 d_1 以下的部分（受余高限制），二次波只能扫查到 d_2 以上的部分（受余高限制）。其中 $d_1 = \dfrac{a + l_0}{K}$，　$d_2 = \dfrac{b}{K}$。

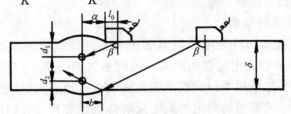

图7-9　探头 K 值的选择

为保证能扫查整个焊缝截面，必须满足 $d_1 + d_2 \leqslant \delta$，从而得到

$$K \geqslant \frac{a + b + l_0}{\delta} \tag{7-2}$$

式中　a——上焊缝宽度的一半；

　　　b——下焊缝宽度的一半；

　　　l_0——探头的前沿距离；

　　　δ——试件厚度。

对于单面焊，b 可忽略不计，这时，

$$K \geqslant \frac{a + l_0}{\delta}$$

关于缺陷种类的考虑，主要是根据各种缺陷的产生部位、缺陷的取向，保证声束可以到达缺陷部位，且声束入射方向尽量与缺陷主反射面垂直。如为检测坡口面未熔合，应根据坡口的角度选择折射角或 K 值，使声束尽量与坡口面垂直。

按照 GB 11345—1989 的推荐，K 值可大致按表 7-1 进行选择。其他标准中推荐的角度与表 7-1 基本一致。

（3）耦合剂的选择　在焊接接头超声检测中，常用的耦合剂有机油、甘油、浆糊等。目前实际检测中用得最多的是机油与浆糊。从耦合效果看，浆糊同机油差别不大，但浆糊有一定的粘性，可用于不同方位的焊缝检测，且易于清洗，特别适用于垂直面或顶面检测。铝焊缝检测时，注意不宜适用碱性耦合剂，因为碱对铝合金有腐蚀作用。

7.2.2　检测仪器的调整

1．时基线的调节

首先应测定探头的入射点和 K 值，入射点可在 CSK-IA 试块上测定，K 值应在与被检试件相同材料的试块上测定。

第 4 章中介绍了三种横波斜探头调节水平基线的方法，即声程调节法、水平调节法和深度调节法。在用 K 值探头进行焊缝检测时，用后两种对计算缺陷位置较为方便。当板厚小于 20mm 时，常用水平调节法。当板厚大于 20mm 时，常用深度调节法。声程调节法多用于非 K 值探头。近年来数字式仪器在焊缝检测中应用较广，因其可自动给出缺陷的各位置参数，通常也采用声程调节法。

需注意的是，调节时基线的试块应选择与被检试件声速相同的材料制作，如：铝焊缝检测时，应选用铝试块进行调整。

2. 距离—波幅曲线的绘制

描述某一确定反射体回波高度随距离变化关系的曲线称为距离—波幅曲线。它是AVG 曲线的特例。焊缝检测中常用的距离—波幅曲线如图 7-10 所示。国内外关于焊缝检测方法的标准，几乎都采用类似的距离幅度曲线进行检测灵敏度的调整和缺陷幅度当量的评定。绘制距离—波幅曲线所用的人工反射体类型和尺寸各标准中有所不同。

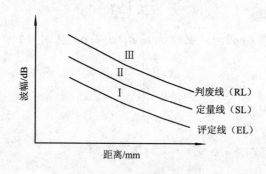

图7-10　距离—波幅曲线示意图

按照 GB11345—1989，距离—波幅曲线由定量线、判废线和评定线组成。评定线和定量线之间（包括评定线）称为 I 区，定量线与判废线之间（包括定量线）称为 II 区，判废线及其以上区域称为Ⅲ区。距离—波幅曲线所代表的灵敏度如表 7-2 所示。其中基准线 DAC 是以 ϕ3mm 横孔绘制的距离—波幅曲线。

CB/T—3559《船舶钢焊缝手工超声检测工艺和质量分级》采用的也是 ϕ3mm 横孔作为测量距离—波幅曲线用的试块中人工反射体。JB 4730 标准则采用了 ϕ2mm 长横孔和 ϕ1mm×6mm 短横孔两种人工反射体，并规定了不同的距离—波幅曲线灵敏度。各标准中分区的方式是相似的。

表 7-2　GB11345 规定的距离—波幅曲线的灵敏度

DAC　板厚/mm　级别	A	B	C
DAC	8～50	8～300	8～300
判废线	DAC	DAC-4dB	DAC-2dB
定量线	DAC-10dB	DAC-10dB	DAC-8dB
评定线	DAC-16dB	DAC-16dB	DAC-14dB

实用中，距离—波幅曲线有两种形式。一种是用 dB 值表示的波幅作为纵坐标、距离为横坐标，称为距离—dB 曲线。另一种是以毫米（或%）表示的波幅作为纵坐标，距离为横坐标，实际检测中将其绘在示波屏面板上，称为面板曲线。

实际检测中，距离—波幅曲线通常是利用试块实测得到的。这里仅以 RB-2 试块为例介绍距离—波幅曲线的绘制方法。

（1）距离—dB 曲线的绘制

1）测定探头的入射点和 K 值，并根据板厚按水平、深度或声程调节时基线。

2）探头置于 RB-2 试块，选择试块上孔深与被检件厚度相同或相近的横孔（或孔深与被检件厚度二倍相同或相近的横孔）作为第一基准孔，使声束对准第一基准孔，移动探头，找到第一基准孔的最高回波。

3）调节增益旋钮和衰减器旋钮，使第一基准孔回波达基准高度（例如达垂直满刻度的 60%），此时，衰减器应保留比评定线高 10dB 的灵敏度（例如，评定线为 $\phi 3mm - 16dB$ 时，衰减器应保留 26dB 的灵敏度）。记下第一基准孔深 h_1 和衰减器读数 V_1。

4）调节衰减器，依次测定其他各孔（比第一基准孔浅的各孔），并记下 h_2、V_2，h_3、$V_3 \cdots h_i$、V_i。

5）以探测距离（孔深或声程、或水平距离）为横坐标，以波幅（dB）为纵坐标，在坐标纸上标记出相应的点，将标记的各点连成圆滑线，将最近探测点到探测距离"0"点间画水平线。该曲线即为距离—dB 曲线的基准线。

6）根据规定的距离—波幅曲线的灵敏度级别，在坐标纸上分别画出判废线、定量线、评定线，并标出波幅的 I 区、II 区、III 区，则距离—dB 曲线制作完成。

距离—波幅曲线制作完成后，应用深度不同的两孔校验距离—波幅曲线，若不相符，则应重测。

（2）面板曲线的绘制　实际检测中，对于现场操作，面板曲线使用更为方便，可根据屏幕上的缺陷波高直接确定缺陷当量和区域。面板曲线的制作步骤如下：

1）测定探头的入射点和 K 值，根据板厚按深度、水平或声程调节时基线。

2）将探头放到试块上，在探测的所有孔中选取能产生最高回波的孔作为第一基准孔，调节增益旋钮和衰减器旋钮，使第一基准孔回波高度为垂直满刻度的 80%，并将波峰标记在荧光屏前的辅助面板上（此时，衰减器应保留比评定线灵敏度高 10dB 的余量）。

3）固定增益和衰减器旋钮，依次探测其他横孔，找到最高回波，并在面板上标记相应波峰对应的点。将各标记点连接成圆滑曲线，即 $\phi 3mm$ 横孔距离—波幅面板曲线的基准线。如图 7-11 所示。

4）根据规定的距离—波幅曲线的灵敏度级别，将仪器增益旋钮分别提高基准线与判废线、定量线、评定线之间相差的分贝数，则该线即代表相应的各线。

3. 检测灵敏度的调节

焊缝检测灵敏度的调节，同样是为了保证所要求检测的信号具有足够高的幅度，在荧光屏上显示出来。为此，在标准中通常规定检测灵敏度不低于评定线的灵敏度。

在探测横向缺陷时，应将各线灵敏度均提高 6dB。

灵敏度调节的具体方法有以下三种：

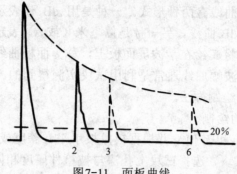

图7-11　面板曲线

（1）用对比试块调节灵敏度　对比试块的材质、表面粗糙度等应和被检试件相同或相近,其中人工反射体与由相关标准规定的用于制作距离—波幅曲线的人工反射体一致。人工反射体的声程应大于或等于检测时所用的最大声程。

将探头放到试块上，声束对准选定的人工反射体，移动探头，使人工反射体的回波达到最高。调节增益旋钮，使最高回波达到所要求的基准高度。再用衰减器增益检测灵敏度所规定的分贝值（如：评定线要求$\phi 3mm$横孔$-16dB$，即在$\phi 3mm$横孔调到基准波高的基础上，提高$16dB$），则灵敏度调节完毕。

（2）用面板曲线调节灵敏度　用对比试块先校验面板曲线。然后，用衰减器增益基准线与评定线的分贝差，即完成了灵敏度调节（若母材与对比试块存在耦合损失差，应按 4.5.1 节的方法测出传输修正值，在调好灵敏度的基础上，用衰减器旋钮再增益测得的分贝值）。

（3）用距离—dB 曲线调节灵敏度　用对比试块先校验距离—dB 曲线。根据母材厚度，在距离—dB 曲线上查出横坐标值与母材厚度（一次波探伤）或与二倍母材厚度（二次波探伤）相对应的评定线上的 dB 值。将衰减器旋钮读数调节到查得的 dB 值，则完成了灵敏度调节（若母材与对比试块存在耦合损失差，则与面板曲线方法一样应进行传输修正）。

7.2.3　扫查方式

焊接接头的扫查方式多种多样，除了前后扫查、左右扫查、环绕扫查和转角扫查四种基本扫查方式外,还有锯齿形扫查、斜平行扫查、串列扫查、V 形扫查、交叉扫查等等特殊的扫查方式。运用不同的扫查方式，实现不同的探测目的。

通常检测纵向缺陷时，将探头放在焊缝一侧，声束方向垂直于焊缝轴线,沿锯齿形路线进行扫查（如图 7-12 所示），目的是发现焊缝中的缺陷。扫查时，探头要作 $10°\sim 15°$ 的转动，以便发现与焊缝倾斜的缺陷。相邻两次探头移动的间距保证至少有探头宽度 10%的重叠。

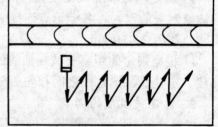

图7-12　焊接接头的锯齿形扫查

焊接接头检测中的前后扫查、左右扫查、环绕扫查和转角扫查四种基本扫查方式如

图 7-13 所示。当用锯齿形扫查发现缺陷时,可用左右扫查和前后扫查找到回波的最大值,用左右扫查来确定缺陷沿焊缝方向的长度,用前后扫查来确定缺陷的水平距离或深度。用转角扫查是为了判断缺陷的方向。用环绕扫查是为了判断缺陷的形状。扫查时, 如果缺陷回波高度无明显变化, 可以判断为气孔等点状缺陷。

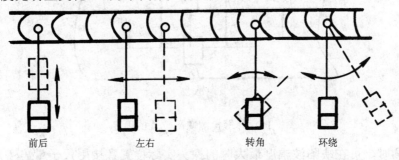

图7-13　焊接接头四种基本扫查方式

如前所述, 斜平行扫查、平行扫查和交叉扫查均是为了发现横向缺陷。

在厚板焊缝超声检测中,与检测面接近垂直的内部未焊透、未熔合等缺陷用单个斜探头很难检出。此时, 可采用两种 K 值不同的探头检测, 以增加检出不同取向缺陷的可能性。有时还要采用串列式扫查以发现位于焊缝中部的垂直于检测面的缺陷,如图 7-14 所示(参考 3.4.2 节)。

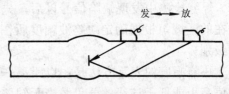

图7-14　串列式扫查

焊缝检测时, 通常需要采用多种扫查方式相结合才能取得较好的检测效果。

7.2.4　缺陷的评定

焊接接头缺陷的评定包括缺陷位置的评定、缺陷幅度的评定和缺陷指示长度的评定。超声检测发现缺陷以后, 首先要判断缺陷的位置是否位于焊缝中, 之后对缺陷幅度进行评定, 确定缺陷幅度在距离—波幅曲线上所在区域, 并对缺陷指示长度进行测定。缺陷的幅度区域和指示长度确定之后, 需要结合标准中的规定, 评定焊缝的质量级别。

1. 缺陷位置的确定

焊缝中发现缺陷以后, 可根据缺陷回波在时基线上的位置, 采用 4.5.3 节中所介绍的方法, 确定缺陷的水平位置与垂直深度。但焊缝缺陷的定位还需考虑一个特殊的问题, 就是要确定缺陷是否在焊缝中。

在平板对接焊缝探伤时, 一般情况下, 探头不在焊缝上, 声束经过的路径中有很大部分是通过母材的, 因此, 有时荧光屏上出现的缺陷回波并不是焊缝中的缺陷。如果将此缺陷回波误认为是焊缝中的缺陷, 就会给焊缝质量评定及焊缝返修带来错误。所以, 在焊缝探伤缺陷定位时首先要确定缺陷是否在焊缝中, 具体可采用如下方法:

首先采用 4.5.3 节中的方法, 确定缺陷到探头入射点的水平距离 l_f。用直尺测量出缺陷波幅度最大时探头入射点到焊缝边缘的距离 l 及焊缝的宽度 a。如果 $l < l_f < l+a$, 则缺陷在焊缝中。如果 $l_f < l$ 或 $l_f > l+a$, 则缺陷不在焊缝中, 不属于焊接缺陷(见图 7-15)。

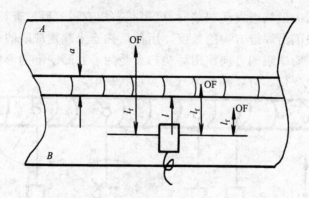

图7-15　焊缝检测缺陷位置的确定

实际检测时，可在缺陷波幅度最大时的探头实际位置直接用尺子量出 l_f 所对应的缺陷位置，从而直接判断缺陷是否在焊缝中。

2. 缺陷幅度的确定

焊缝检测中发现缺陷信号以后，先要确定缺陷信号的最大幅度在距离—波幅曲线上所在的区域。根据确定缺陷波幅度所在区域，以及测定的缺陷指示长度，才能评定缺陷的级别。

缺陷幅度的表示方法是：以距离—波幅曲线上某一条线为基准，用缺陷信号的最大峰值高于或低于该线的分贝数表示缺陷的幅度。如：缺陷信号高于定量线上同深度处的幅度 3dB，可称缺陷幅度为定量线＋3dB；若定量线幅度为 ϕ3mm 横孔-10dB，则缺陷幅度也可表示为 ϕ3mm 横孔-7dB。

（1）用距离—dB 曲线确定缺陷幅度大小和所在区域　在探测中，当发现缺陷回波时，找到缺陷的最高回波，测出缺陷最高回波达基准高度的 dB 值 V 和缺陷的距离 h。在距离—波幅曲线图中找出横坐标为 h、纵坐标为 V 的点。如果该点在基准线以上，说明缺陷的幅度大于基准孔的幅度，用 $\phi d+\Delta dB$ 表示；该点如果在基准线以下，表明缺陷的幅度小于基准孔的幅度，用 $\phi d-\Delta dB$ 表示。

由该点在曲线图上的位置可以直接确定缺陷所在的区域。

（2）用面板曲线确定缺陷幅度大小和所在区域　例如，基准孔的孔径为 ϕ 3mm，按 GB11345 的 B 级检验，则判废线为 ϕ 3mm-4dB，定量线为 ϕ 3mm-10dB，评定线为 ϕ 3mm-16dB。

检测时，按评定线调节仪器灵敏度进行检测，发现缺陷信号后，若缺陷峰值幅度低于参考线，则说明缺陷波低于评定线，可以不予考虑。若缺陷波高于参考线，则用衰减旋钮将缺陷波调至参考线，根据衰减的 dB 值求出缺陷的幅度和区域。当缺陷回波与评定线的分贝差等于或大于 12dB 时，该缺陷在 III 区；当缺陷回波与评定线的分贝差等于或大于 6dB 而小于 12dB 时，该缺陷在 II 区。例如：衰减值为+4dB，则缺陷幅度为 ϕ 3mm-12dB，在 I 区；衰减值为＋8dB，则缺陷幅度为 ϕ3mm-8dB，在 II 区。

3. 缺陷指示长度的测量

缺陷指示长度的测定可参照第 4 章的相关内容进行，第 4 章中所介绍的 6dB 法、端点 6dB 法、绝对灵敏度法等均可用于焊缝缺陷指示长度的测定。

各个标准中规定了允许采用的测长方法。GB11345—1989 规定：当缺陷波只有一个高点时，用 6dB 法测其指示长度（见图 4-11）。当缺陷波有多个高点，用端点峰值法测其指示长度。端点峰值法的示意图见图 7-16 所示。JB4730 中，除单个高点时仍采用 6dB 法之外，规定了多个高点时采用端点 6dB 法测试指示长度，并规定了反射波峰位于 I 区的缺陷，以波幅降到评定线的绝对灵敏度法测定指示长度。

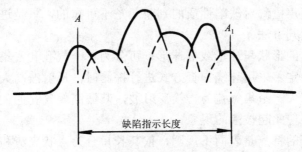

图7-16　端点峰值测长法示意图

*7.2.5　缺陷性质的估判与非缺陷回波的判别

1. 缺陷的动态波形

超声检测中发现缺陷时，随着探头的移动，不同形态的缺陷，其回波高度的变化轨迹是不相同的。缺陷反射波幅度随探头运动距离变化的曲线称为缺陷的动态波形。通过观察动态波形，可以为缺陷的形状以至缺陷的性质的评估提供辅助信息。

横波斜探头进行焊缝检测时，用于缺陷性质评估的四种基本的探头扫查方式是前后扫查、左右扫查、环绕扫查和转角扫查。因此，缺陷的动态波形也有四种形式。几种典型形状缺陷的动态波形如图 7-17 所示。

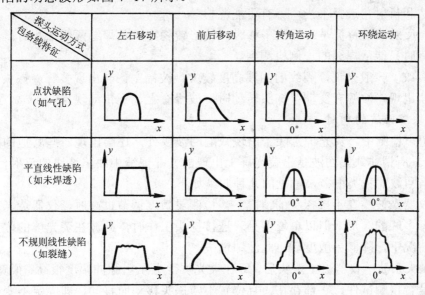

图7-17　典型缺陷的动态波形

由图 7-17 可见，点状缺陷最主要的特征是左右移动距离短，幅度下降快，环绕运动幅度不变；线形或面形缺陷的特点是左右移动幅度变化小，环绕运动幅度下降快；不规则线形或面形缺陷的动态波形则会呈现出多峰的特点。

2. 缺陷性质的估判

焊接接头超声检测发现缺陷后，应在不同的方向对该缺陷进行探测，根据缺陷的动态波形和回波幅度高低，结合缺陷的位置和焊接工艺，对缺陷的性质进行综合判断。但是，到目前为止，超声检测对缺陷性质的判断还是不可靠的，只是进行估判。下面简单介绍对典型缺陷的估判方法。

（1）气孔 气孔的形状呈球形或椭球形，可分为单个气孔和密集气孔。单个气孔回波高度低，波形较稳定。采用环绕扫查方式进行探测时，反射波高大致相同，但探头位置稍一移动信号就消失。密集气孔为一簇反射波，其波高随气孔的大小而不同，当探头作定点转动时，会出现此起彼落的现象。

（2）夹渣 夹渣的特点是表面不规则，依其长短分为点状夹渣和条状夹渣。点状夹渣的回波信号与点状气孔相似。条状夹渣回波信号多呈锯齿状，一般波幅不高，波形常呈树枝状，主峰边上有小峰。探头平移时，波幅有变动，从各个方向探测，反射波幅不相同。

（3）未焊透 未焊透一般位于焊缝中心线上，有一定的长度。在厚板双面焊缝中，未焊透位于焊缝中部。声波在未焊透缺陷表面上类似镜面反射。用单斜探头探测时有漏检的危险，特别是 K 值较小时，漏检可能性更大。为了提高这种缺陷的检出率，应增大探头 K 值或采用串列式扫查。对于单面焊根部未焊透，类似端角反射，$K=0.7\sim1.5$ 时灵敏度较高。探头平移时，未焊透波形较稳定。从焊缝两侧检测时，能得到大致相同的反射波幅。

（4）未熔合 当超声波垂直入射到未熔合表面时，可以得到较高的回波幅度。但如果检测方法和折射角选择不当，就有可能漏检。

未熔合反射波的特征是：探头平移时，波形较稳定。从焊缝两侧探测时，反射波幅度不同，有时只能从焊缝的一侧检测到。

（5）裂纹 一般来说，裂纹的回波高度较大，波幅宽，会出现多峰。探头平移时，反射波连续出现，波幅有变动；探头转动时，波峰有上、下错动现象。

3. 非缺陷回波的判别

焊缝超声检测中，荧光屏上除了出现缺陷回波以外，还会出现一些其他的回波（非缺陷回波）。所谓非缺陷回波是指荧光屏上出现的并非焊缝中缺陷造成的反射信号。

非缺陷回波的种类很多，常见的几种归纳如下：

（1）仪器杂波 在不接探头的情况下，检测灵敏度调节过高时，仪器荧光屏上出现单峰的或者多峰的波形，但以单峰多见。连接探头工作时，此波在荧光屏的位置固定不变。一般情况下，降低灵敏度后，此波即消失。

（2）探头杂波 仪器接上探头后，即在荧光屏上显示出脉冲幅度很高、很宽的信号。无论探头是否接触试件，它都存在，且位置不随探头移动而移动，即固定不变。此种假信号容易识别。产生的原因主要有探头阻尼不充分，有机玻璃斜楔设计不合理，探头磨损过大等等。

（3）耦合剂反射波　如果探头的折射角较大，而检测灵敏度又调得较高，则有一部分能量转换成表面波，这种表面波传播到探头前沿耦合剂堆积处，也会形成反射信号。这种信号很不稳定，探头固定不动时，随着耦合剂的流失，波幅会慢慢降低。用手擦掉探头前面的耦合剂时，信号即消失。

（4）焊缝表面沟槽反射波　在多道焊的焊缝表面形成一道道沟槽，当超声波扫查到沟槽时，会引起沟槽反射。沟槽反射的位置一般出现在一次、二次波在底面或表面反射点对应的声程处或稍偏后的位置，这种反射信号的特点是不强烈、迟钝，见图 7-18。

自动焊的沟槽大小、深浅比较规则、均匀，因此，自动焊沟槽产生的沟槽回波容易识别。手工焊的沟槽大小、深浅不规则不均匀，因此，手工焊沟槽产生的沟槽回波容易和焊缝下半部的缺陷回波相混淆，难以识别。

（5）焊缝上下错位引起的反射波　由于板材在加工坡口时，上下不对称或焊接时焊偏造成上下层焊缝错位，如图 7-19 所示。由于焊缝上下焊偏，在 A 侧进行检测时，焊角反射波很像焊缝内的缺陷。当探头从 B 侧检测时，在一次波前没有反射波或测得信号的水平位置在焊缝的母材上。

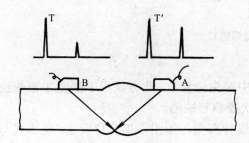

图7-18　焊缝表面沟槽的反射

图7-19　焊偏在超声探伤中的辨别

（6）焊角回波　焊缝一般都有一定的余高，余高与母材的交界处产生的回波称为焊角回波。如图 7-20 所示。

焊角回波的特点是，探头在 A 位置处会有焊角回波产生，在 B 位置处则无焊角回波产生；焊角回波高度与余高高度有关，余高高时焊角回波高度也高。如果根据最高焊角回波的位置计算出它的水平距离和垂直距离，计算出的焊角位置与工件上的实际焊角位置相同。如果用手指沾上油轻轻敲击工件的焊角处，焊角回波会上下跳动。根据焊角回波的这些特点就可识别焊角回波。

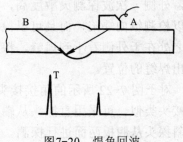

图7-20　焊角回波

在焊缝检测中，由于受检件结构特殊、表面状况和焊接状况等原因还会产生一些其他非缺陷回波。只要仔细观察工件结构、表面状况、焊接状况，精确对回波定位，认真分析回波特点，寻找反射条件，就可以识别非缺陷回波，避免误判。

7.3　T形焊缝和管座角焊缝检测

7.3.1　T形焊缝

1. T形焊缝结构及检测方法

T形焊缝由翼板和腹板焊接而成，坡口开在腹板上，如图7-21所示。

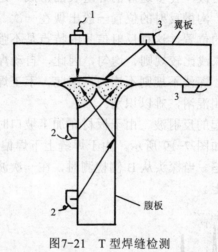

图7-21　T型焊缝检测

T形焊缝常用的检测方式有以下几种：

1）采用直探头在翼板上进行探测，如图中探头位置1。此方式用于探测T形焊缝中腹板与翼板间的未焊透或翼板一侧焊缝下层状撕裂等缺陷。

2）采用斜探头在腹板上利用一、二次波进行探测，如图中探头位置2。此方式与平板对接焊缝探伤方法相似。

3）采用斜探头在翼板外侧或内侧进行探测，如图中探头位置3。探头置于外侧时利用一次波探测，探头置于内侧时利用二次波探测。比较而言，外侧一次波探测灵敏度高，定位方便，不但可以检测纵向缺陷，而且可以检测横向缺陷。不足之处在于外侧看不到焊缝，探测前要先测定并标出焊缝的位置。

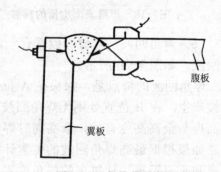

图7-22　角接接头检测

对于图7-22所示的角接接头，探测方法与T形接头类似，可采用直探头从端面探测，也可采用斜探头从腹板两面进行探测。

2. 检测条件的选择

（1）探头　采用纵波直探头时，探头的频率可选为 2.5MHz，探头的晶片尺寸不宜过大。常用的直探头有 2.5P10z，2.5P14z 等。

采用斜探头横波检测时，斜探头的频率为 2.5～5.0MHz。在腹板上检测的探头折射角根据腹板厚度来选择，见表 7-3。板厚较小时，选用大 K 值探头。

表 7-3　腹板厚度与折射角

腹板厚度/mm	<25	25～50	>50
折射角 β	70°（$K2.5$）	60°（$K2.5,K2.0$）	45°（$K1,K1.5$）

翼板外侧检测，常用折射角为 45°的斜探头。角接接头检测时，斜探头的折射角一般也为 45°。

（2）耦合剂　T形和角接焊缝检测中，常用的耦合剂有机油、浆糊等。

3．仪器的调整

1）时基线比例调整：纵波直探头检测时，利用 T 形焊缝的翼板或试块调整。横波斜探头检测时，调整方法与平板对接焊缝相同。

2）检测灵敏度调整：纵波直探头检测时，利用翼板底波或平底孔试块调整灵敏度。灵敏度要求按相关标准规定。斜探头探伤时，按平板对接焊缝的方法调节。

4．扫查

（1）确定焊缝的位置　在 T 形焊缝外侧探伤时，焊缝位置不可见，探伤前要在翼板外侧测定并标出腹板的中心线及焊缝的位置。方法如下：

斜探头在焊缝两侧移动，使焊角反射波在显示屏上同一位置出现，如图 7-23 所示。同时标记两探头前沿的位置和二者的中点，用同样的方法确定另一中点，则这两个中点的连线即焊缝中心线。根据腹板的厚度可确定焊缝的位置。

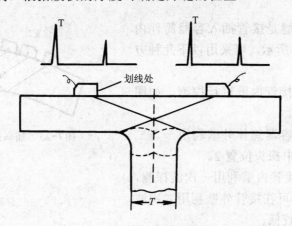

图7-23　T形焊缝中心线的确定

此外，也可用直探头来确定腹板中心线和焊缝位置。方法与斜探头类似。不同之处是两侧探头位置为底波下降一半处。

（2）扫查方式　纵波直探头检测时，探头扫查范围应覆盖焊缝及热影响区。斜探头横波检测时，探头需在腹板和翼板上作垂直于焊缝的锯齿形扫查，每次移动的间距不大于晶片直径，同时在移动过程中作 10°～15°的转动。

5．缺陷的判别

采用直探头探伤时，要注意区分底波与焊缝中未焊透和层状撕裂。发现缺陷后确定缺陷的位置、指示长度和当量大小。

斜探头探伤时，探头在焊缝两侧沿垂直于焊缝方向扫查，焊角反射强烈。当焊缝中存在缺陷时，缺陷波一般出现在焊角反射波前面，如图 7-24 所示。焊缝中缺陷位置、当量大小和指示长度的测定方法同平板对接焊缝。

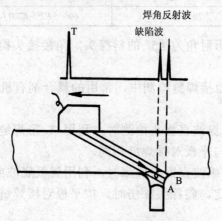

图7-24　T 型焊缝缺陷波判别

7.3.2　管座角焊缝

1. 结构特点与检测方法

管座角焊缝的结构形式有插入式和安放式两种。

插入式管座角焊缝是接管插入容器筒件内焊接而成，如图 7-25 所示，可采用以下几种方式探测：

1）采用直探头在接管内壁进行探测，如图中探头位置 1。

2）采用斜探头在容器筒体外壁利用一、二次波进行探测，如图中探头位置 2。

3）采用斜探头在接管内壁利用一次波探测，如图中探头位置 3。也可在接管外壁利用二次波探测，但后者灵敏度较低。

安放式管座角焊缝是接管安放在容器筒体上焊接而成，如图 7-26 所示，可采用以下几种方式探测：

1）采用直探头在容器筒体内壁进行探测，如图中探头位置 1。

2）采用斜探头在接管外壁利用二次波进行探测，如图中探头位置 2。

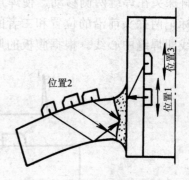

图7-25　插入式管座角焊缝

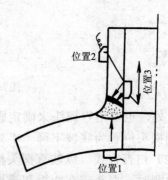

图7-26　安放式管座角焊缝

3）采用斜探头在接管内壁利用一次波进行探测，如图中探头位置 3。

由于管座角焊缝中，危害最大的缺陷是未熔合和裂纹等纵向缺陷（沿焊缝方向），因此一般以纵波直探头探测为主。对于直探头扫查不到的区域，如安放式焊缝根部，需要另加斜探头进行探测。

此外，凡产品制造技术条件中规定要探测焊缝横向缺陷的插入式管座角焊缝，应将容器筒体内壁加工平，利用大 K 值探头在筒体内壁沿焊缝方向进行正反两个方向的探测，如图 7-27 所示。

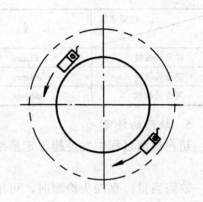

图7-27　管座角焊缝横向缺陷的探测

2. 探测条件的选择

（1）探头　在管座角焊缝检测中，探测频率为 2.5～5.0MHz。采用单直探头或双晶直探头探测时，由于容器筒体或接管表面为曲面，探头表面为平面，二者接触面小，耦合不良。为了实现较好的耦合，探头的尺寸不宜过大。一般推荐探头与工件接触面尺寸 $W < 2\sqrt{R}$，式中 R 为检测面曲率半径。

采用斜探头探测时，探头与工件接触面尺寸应满足以下要求：

$$a（或 b）\leqslant \sqrt{\dfrac{D}{2}} \qquad (7-3)$$

式中　a——斜探头接触面长度（周向探测）；

　　　b——斜探头接触面宽度（轴向探测）；

　　　D——检测面曲面直径。

（2）耦合剂　管座角焊缝检测中，常用的耦合剂有机油、化学浆糊等。检测面应打磨使之平整光洁，表面粗糙度 $R_a \leqslant 6.3\mu m$。

（3）试块　直探头检测用试块与锻件检测的平底孔试块相似。试块材质、曲率半径、表面粗糙度与受检件相同。

斜探头检测用试块与平板对接焊缝检测用试块相同。

3. 仪器的调整

（1）时基线比例调整　直探头检测时，可利用工件上或试块上已知尺寸的底面来调整。斜探头检测时，可利用 CSK-IA 或 IIW2 试块按声程调整仪器时基线比例，使最大探测声程位于仪器时基线后半部分。

（2）灵敏度调整　直探头检测时，可用试块对比法或利用工件的圆柱曲底面以底波计算法来调节。直探头检测灵敏度要求一般不低于平底孔。

斜探头检测时，按平板对接焊缝检测的方法调整。

4. 距离—波幅曲线

直探头检测时，平底孔距离—波幅曲线可在含不同埋深平底孔的试块上测试。GB11345 中规定，距离—波幅曲线的灵敏度按表 7-4 确定。

其他国内标准中规定的灵敏度与表 7-4 基本相同，有的标准只取其中一个级别的灵敏度。

采用斜探头检测时，距离—波幅曲线的测定与平板对接焊缝的方法相同。

表 7-4　GB11345—1989 规定的平底孔距离—波幅曲线灵敏度

灵敏度 ＼ 检验等级	A	B	C
评定灵敏度	ϕ3mm	ϕ2mm	ϕ2mm
定量灵敏度	ϕ4mm	ϕ3mm	ϕ3mm
判废灵敏度	ϕ6mm	ϕ6mm	ϕ4mm

5. 缺陷的评定

超声检测过程中发现超过定量线的缺陷时，要测定缺陷的位置、当量大小和指示长度。

缺陷当量：直探头检测时，可用当量计算法或试块比较法来确定。斜探头检测时，按平板对接焊缝方法测定缺陷幅度和所在区域。

缺陷指示长度：当缺陷反射波只有一个高点时，用 6dB 法测长。当缺陷反射有多个高点时，用端点峰值法或端点 6dB 法测长。

*7.4　奥氏体不锈钢焊缝检测

7.4.1　奥氏体不锈钢焊缝组织特点

奥氏体不锈钢焊缝凝固时未发生相变，室温下仍以铸态柱状奥氏体晶粒存在，这种柱状晶的晶粒粗大，组织不均匀，具有明显的各向异性，给超声检测带来许多困难。

奥氏体不锈钢焊缝的柱状晶粒取向与冷却方向、温度梯度有关。一般晶粒沿冷却方向生长，取向基本垂直于熔化金属凝固时的等温线。对于堆焊试样，晶粒取向基本垂直于母材板面，而对接焊缝晶粒取向大致垂直于坡口面，如图 7-28 所示。

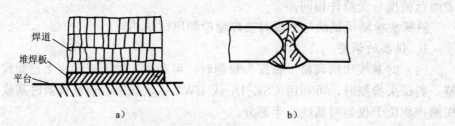

焊道
堆焊板
平台

a)　　　　　　　　　　　　　　　b)

图7-28　奥氏体晶粒取向
a）堆焊　b）对接焊缝

柱状晶粒的特点是同一晶粒从不同方向测定有不同的尺寸，例如某奥氏体柱状晶粒直径仅 0.1～0.5mm，而长度却达 10mm 以上。对于这种晶粒，从不同方向探测引起的衰减与信噪比不同。当波束与柱状晶夹角较小时，其衰减较小，信噪比较高。当波束垂直于柱状晶时，其衰减较大、信噪比较低。这就是衰减与信噪比的各向异性。

手工多道焊成的奥氏体不锈钢焊缝，由于焊接工艺、规范存在差异，致使焊缝中不同部位的组织不同，声速及声阻抗也随之发生变化，从而使声束传播方向产生偏离，出现底波游动现象，不同部位的底波幅度出现明显差异，给缺陷定位带来困难。

7.4.2 检测条件的选择

1. 探头选择

（1）波型 超声检测中的信噪比及衰减与波长有关，当材质晶粒较粗，波长较短时，信噪比低，衰减大。而同一介质中纵波波长约为横波波长的两倍，因此在奥氏体不锈钢焊缝检测中，一般选用纵波。实验证明，纵波探测奥氏体不锈钢焊缝 60mm 深度处的 $\phi 2$mm 横孔，信噪比可达到 15dB，而横波探测时信噪比为 0dB。

（2）探头角度 奥氏体焊缝中危险性缺陷的取向大多与检测面成一定的角度，为了有效地检出焊缝中这种危险性缺陷，一般需要采用纵波斜探头，利用折射纵波来进行检测。由于奥氏体不锈钢焊缝为柱状晶，不同方向检测信噪比和衰减不同。因此，纵波斜探头的折射角要合理选择。实验证明，对于对接焊缝，采用纵波折射角 β 为 45° 的纵波斜探头检测，信噪比较高，衰减较小。当焊缝较薄时，也可采用 β 为 60° 或 70° 的探头检测。

（3）频率 由于奥氏体不锈钢焊缝晶粒粗大，宜选用较低的频率，通常为 0.5～2.5MHz。

（4）探头种类 超声波脉冲宽度和波束宽度对奥氏体不锈钢焊缝的检测有一定影响。一般脉冲宽度窄，波束宽度小，信噪比较高，灵敏度也较高。因此采用窄脉冲探头和聚焦探头检测奥氏体不锈钢材料是有利的，采用窄脉冲聚焦探头效果会更好。此外，探头晶片尺寸对奥氏体不锈钢焊缝的检测也有影响。一般大晶片探头的信噪比优于小晶片探头。原因是大晶片探头波束指向性好，波束宽度小，可以减少产生晶粒散射的面积。

在奥氏体不锈钢焊缝检测中，常用的是单晶纵波斜探头和双晶纵波斜探头。前者用于探测深度较大的缺陷，后者用于探测深度较浅的缺陷。

2. 对比试块

奥氏体焊缝用对比试块的材料应与被检试件相同。JB4730 的附录 N 中建议试块中部设置一采用相同焊接工艺制成的对接焊缝，在焊缝两侧钻有横孔，以便能够测试声束经过焊缝后的距离幅度曲线。

7.4.3 仪器的调整与焊缝的检测

1. 时基线调整

用纵波斜探头检测时，时基线比例需利用如图 7-29 所示的奥氏体不锈钢制成的 IIW2 试块来调整。但调整方法与普通横波斜探头不同。这里不宜直接利用 IIW2 试块来调整。因为当纵波斜探头对准 R25mm 或 R50mm 圆弧时，由于这时入射角小于第一临界角，因此折射纵波和横波同时在试块中传播，反射到检测面后又会发生波型转换，这样示波屏上反射回波较多，难以分辨，不便调整。因而常用下述方法来调整。

以 1:1 调节时基线比例时，先用普通纵波直探头对准 IIW2 试块 40mm 厚的大平底，调整仪器使第一、二次底波 B_1、B_2 分别对准水平刻度 40、80，如图 7-29a。再换上纵波斜探头对准 IIW2 试块上的 R50mm 圆弧，调节延迟旋钮，使第一个最大回波 B_1 对准 50 即可，如图 7-29b。

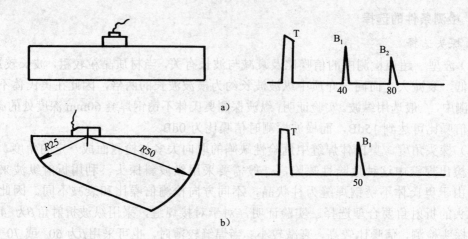

图7-29　用纵波斜探头时基线比例调整

2. 灵敏度调整

奥氏体不锈钢焊缝检测时，一般利用材质、几何形状、焊接工艺与工件相同的参考试块上的长横孔来调整。长横孔的直径有$\phi 2$、$\phi 3$、$\phi 4$、$\phi 6$等几种，具体尺寸由设计图技术要求确定，或委托单位与检测单位协商确定。

3. 检测

利用纵波斜探头探测工件时，一般采用焊缝双面双侧一次波而不用二次波。因为折射波中同时存在纵波和横波两种波，在工件中传播至底面反射后会产生波形转换，使得波型更为复杂，因而，一次波之后，示波屏上杂波多，灵敏度低，判伤困难。即使利用一次波探测，缺陷判别与定位也比横波检测时困难，检测时要引起注意。

4. 缺陷评定

缺陷评定的方法与普通钢制对接焊缝相似，但需注意折射横波的影响，着重观察时基线上较早出现的回波。

<h1 style="text-align:center">复 习 题</h1>

1. 焊缝中常见缺陷有哪几种？各有什么特点？
2. 焊缝超声检测为什么常采用横波？
3. 横波检测焊缝时，应如何选择探头的 K 值？
4. 为了进行超声检测，应如何进行检测面的修整？
5. 纵向缺陷和横向缺陷的检测各采用哪些方法？
6. 什么是距离—波幅曲线？距离—波幅曲线有哪些用途？
7. 试说明利用 RB-2 试块制作距离—dB 曲线和面板曲线的方法？
8. 焊缝横波检测灵敏度应如何调节？
9. 焊缝超声检测有哪些扫查方式？各用于什么目的？
10. 焊缝检测发现缺陷后，如何确定缺陷的位置？

11．焊缝检测缺陷大小的评定以什么方式进行？

12．焊缝检测中如何对缺陷的性质进行估判？

13．焊缝检测中如何识别非缺陷回波？

14．T 型焊缝结构有什么特点？

15．T 型焊缝常用什么方法检测？

16．管座角焊缝的结构有什么特点？

17．管座角焊缝应如何进行检测？

18．奥氏体不锈钢的组织有什么特点？对超声检测有哪些影响？

19．奥氏体不锈钢焊缝常用什么方法检测？

20．用纵波斜入射检测奥氏体焊缝时，时基线的调节方法与横波检测有什么不同？

21．铝焊缝检测与钢焊缝检测有什么不同？

*第8章 复合材料与胶接结构检测

8.1 复合材料检测

8.1.1 复合材料类型及特点

1. 复合材料的组成和结构

复合材料是一种多相材料，由两种或多种性质不同的材料组成，其主要组分是增强材料和基体材料。不同性质的材料组分结合在一起，使复合材料具有不同于各单独组分的性能。根据基体材料的不同，复合材料可分为聚合物基复合材料、金属基复合材料和无机非金属基复合材料三大类。由高性能连续纤维和树脂基体（聚合物的一种）组成的先进复合材料，是目前在国防工业中用量最大的复合材料。由于其具有高比强度和比模量以及良好的抗疲劳性能和成形工艺性能，在航空航天工业中应用于结构件的制造。本章主要讨论先进树脂基复合材料的超声检测技术。

先进树脂基复合材料使用的增强材料主要为玻璃纤维、碳纤维和芳纶纤维等。基体材料有环氧树脂、聚酰亚胺、聚酯等。这种复合材料的一个重要特点是材料制造和制品成形是同时进行的，可实现各种形状制件的一次成形。其制成构件的类型主要有固体层板和夹层结构。

固体层板是由两层或两层以上的薄层材料粘接而成的产品。其形状可制成薄板，也可以制成其它各种形状。作为增强材料的纤维，可以按不同方向排布，其尺寸和形状也可以改变，从而可以设计制作具有不同性能的复合材料。

夹层结构是以固体层板作为蒙皮，与芯体材料粘接在一起制成的产品。芯体材料可有多种类型，如蜂窝芯（如图 8-1 所示）、泡沫材料等。夹层结构外形可为平板，也可制成各种型面。夹层类型可为一层芯体加两层蒙皮的 A 型结构，或两层芯体加三层蒙皮的 C 型结构。

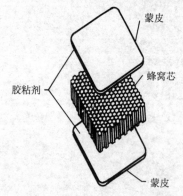

图8-1 蜂窝夹层结构示意图

2. 复合材料制造工艺

树脂基复合材料的制造，实际上是与制件的成形同时完成的。复合材料制件的成形方法很多，在航空航天复合材料制件中，常用的有热压罐层压法、RTM 法和缠绕法。不论哪种方法，为了将作为增强材料的纤维结合在树脂基体中，并制成一定形状的构件，均要将纤维以一定的方式排列或编织起来。就像织布有不同织法，复合材料中的纤维也可以以单向排列或交叉成一定角度的方式编织或缠绕,同时将液态树脂浸渍到纤维之间;在以一定的方式将浸渍了树脂基体的纤维固定为所需的形状之后,还需采用加热加压或其它方式使树脂固化,形成具有高强度的固体制件。

热压罐层压法是成形外形结构复杂的先进复合材料的典型方法。这种方法需预先制作预浸料,即预先浸渍了树脂的片状纤维料。把预浸料按制件的尺寸、形状和铺层要求切裁为规定的形状和尺寸,按纤维的各种规定角度在模具上逐层铺迭至规定的厚度,然后经覆盖薄膜、形成真空袋再送入热压罐中加热加压固化而成。

缠绕法则适宜于制造回转体构件,其典型工艺是用专门缠绕机把浸渍过树脂的连续纤维或布袋,在严格的张力控制下,按照规定的线型,有规律地在旋转芯模上进行缠绕铺层,然后固化和卸除芯模,获得制品。

RTM法也适用于制造外形结构复杂的制件,只是它的成形方法与热压罐法不同,需要制作一个可以封闭的模具腔体,在模具的模腔内预先放置增强预浸体材料和镶嵌件,闭模后将树脂通过注射泵注入到模具中浸渍增强纤维,并加以固化,最后脱模制得成品。

3.　复合材料常见缺陷

由上述复合材料构件的制造工艺可以看出,在复合材料构件的整个制造过程中,均存在着一些可能影响其质量的因素。许多工艺变量的微小差异会造成结构内部的各种缺陷,使产品质量呈现明显的离散性。这些缺陷严重地影响着构件的力学性能和整体完整性。无损检测方法用于构件缺陷的检测,可对制成品中的缺陷进行评估,以对构件的完整性进行确认。

树脂基复合材料的常见缺陷有分层、孔洞、密集气孔、夹杂、纤维断裂、纤维和树脂比值不正确、纤维和基体结合不佳、裂纹、固化状态不佳、厚度变化、脱粘、缺胶等。其中可用超声波进行检测缺陷有分层、孔洞、密集气孔、夹杂、纤维断裂、厚度变化、脱粘等。

局部的裂纹、分层和较大的气孔是复合材料中较为严重的局部损伤。当存在残余应力、缺口效应和截面减少效应时,其影响更为严重。其中分层为层板中不同层之间存在的局部的明显分离;大的气孔则是由树脂间存在的空气和树脂中挥发物所形成的孔洞。

气孔含量又称孔隙率,是指内部包含的微型密集孔隙(通常呈球形,直径为 $5\sim20\mu m$)的含量。这些孔隙存在于纤维的丝间、束间和层间。气孔含量的增加会引起层间抗剪强度迅速下降。

另外,在铺层时或预浸料制作时混入外来物,则会形成夹杂。预浸料制作或缠绕工艺中树脂含量不均,则可能引起制成层板厚度变化。脱粘是指夹层结构中胶粘剂或蒙皮与芯体的分离。

由于复合材料构件多为薄板类结构,缺陷多与表面平行,沿平面延伸分布,因此,超声检测方法是用于复合材料缺陷检测的最主要的方法。对于固体层板类结构,超声检测的主要目的是检测分层、裂纹、气孔等内部缺陷。对于夹层结构,则除了上述层板内部缺陷之外,很重要的一个目的是检测蒙皮与芯体之间的脱粘。本节主要介绍层板内部缺陷的检测方法,脱粘的检测将在下一节胶接结构的检测中讨论。

8.1.2 复合材料超声检测常用技术

1. 复合材料超声检测特点

① 树脂基复合材料与金属材料相比，声速明显降低（纵波声速小于 3000mm/s），因此，相同探头对于复合材料可分辨的厚度小于其对金属材料的分辨厚度。这一点对于复合材料的检测是有利的，因复合材料制件常为薄板形式，为了采用垂直入射纵波脉冲反射法对分层缺陷或夹层结构蒙皮下的脱粘进行检测，需要较高的近表面分辨力。

② 树脂基复合材料衰减系数明显大于金属材料，因此，为了检测同样厚度的材料，复合材料检测通常采用较低的频率。而且，可检测的总厚度也远远低于金属材料。

③ 复合材料中的缺陷多为面积型的缺陷，且缺陷面积常大于声束直径，因此，适合于利用 C 扫描得到直观的缺陷轮廓，以便于对缺陷面积进行测量，判定其是否符合标准要求。

④ 复合材料直接成形为结构所需形状，进行超声检测时，其外形轮廓常为三维曲面。为了沿试件的表面进行整个试件的超声自动扫查，需要使探头与试件表面保持一定的间距和相对角度，因此，常需要应用三维型面自动跟踪扫查技术建立特殊的检测设备。

⑤ 树脂基复合材料具有一定程度的吸水性，而有些复合材料构件的使用不允许材料内部含有水分，因此，常常不允许采用水浸法进行自动检测，只能采用局部喷水或空气耦合等方式实现声波的传导。同时，在检测前需目视检查受检件有无边缘分层、孔隙等，并密封边缘分层处，防止浸水。

复合材料超声检测常用垂直入射的脉冲反射法或穿透法，耦合方式有水浸法、喷水法或接触法。其中，接触式脉冲反射法、喷水式脉冲穿透法和水浸式脉冲反射板法是针对树脂基复合材料缺陷检测的三种最常用超声检测技术。

2. 专用对比试块的制作

复合材料的物理性质存在较大的离散性，因此，复合材料检测用的对比试块必须采用与受检件的原材料、铺层及固化工艺、厚度和表面状态相同的材料制作。

试块中人工伤的尺寸由构件的技术要求决定。复合材料本身不是一种均质材料，其中增强体对材料中损伤的扩展起到一定的抑制作用，因此，小缺陷对材料使用的影响比金属材料要小，其要求检测的最小缺陷幅度比相似结构的金属材料大的多，如，对于航空航天主要结构件的检测要求，金属材料通常要求缺陷幅度当量小于 $\phi 2mm$ 平底孔，而对于复合材料，要求检测的最小缺陷通常在 $\phi 4mm$ 以上。

试块的主要类型有以下几种：

（1）平底孔试块 在制作好的一定厚度的试块材料上，采用与金属材料中相似的方式加工不同埋藏深度的平底孔。图 8-2 为平底孔试块形式的示意图。孔的数量与埋深可根据受检件厚度确定。这种试块通常在脉冲回波法检测板厚度 10mm 以上的复合材料时应用。

（2）外贴型对比试块 从与受检件相同的样件上截取适当部位作为试块材料，采用厚度小于 0.5mm 的聚四氟乙烯薄膜（或其它不透声材料薄膜），将薄膜剪切为一定尺寸的圆形或长方形模拟缺陷，用透明胶带粘贴到试块上。图 8-3 为外贴型对比试块人工缺陷排布示例。薄膜缺陷尺寸可按照标准规定制成大小不同的系列，以用于检测系统灵敏度的调整与测试。这种试块只能用于穿透法检测，使用时通常使声束从贴有缺陷的一侧入射。

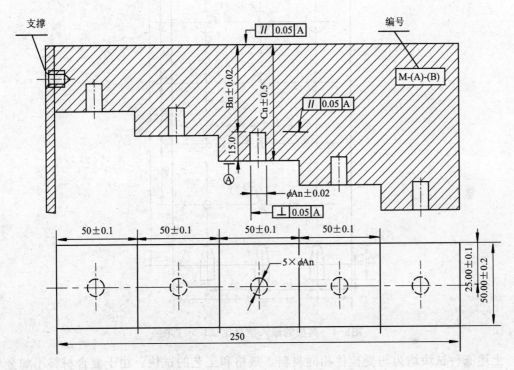

图8-2　平底孔型复合材料对比试块示意图

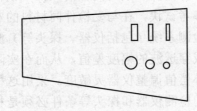

图8-3　外贴型对比试块人工缺陷排布示例

（3）嵌入型对比试块　这种试块的特点是将人工缺陷置于复合材料的不同铺层之间，因此，既可以用于脉冲反射法检测，也可以用于脉冲穿透法检测。试块中人工缺陷的制作与材料的成形同时进行，制作方式有两种，第一种是在铺层到不同厚度时，嵌入不同尺寸的两层厚度为 0.02～0.05mm 的聚四氟乙烯薄膜，成形后在试样内部形成类似分层的缺陷；第二种是在试样边缘不同铺层处，嵌入厚度为 0.10～0.15mm 的不锈钢楔形垫片，材料固化后取出垫片，用粘合剂封口，形成人工缺陷。图 8-4 为一典型试块的规格图。其中间圆形缺陷是嵌入聚四氟乙烯薄膜制成，边缘楔形缺陷为嵌入不锈钢片制成。这种试块通常用于板厚度 10mm 以下的情况。

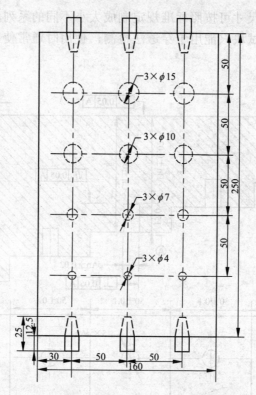

图8-4　典型的嵌入型对比试块示意图

　　上述三种试块均为与受检件相同材料、规格和工艺的试块。由于复合材料不如金属材料稳定，使用一段时间后，就可能发生老化或性能变化，从而不再符合对比试块的要求，需要重新制作对比试块。在需要长期对同样的大批量试件进行检测的情况下，可采用性能稳定的材料制成代用参考试块，在与受检件同材料的对比试块制成后，根据确定的检测工艺，用实际使用的检测系统（包括仪器、探头等）测出对比试块的反射波或穿透波与参考试块相应反射波或穿透波的幅度差值，从而在实际检测时使用代用参考试块的反射波或穿透波加上相应补偿值调整仪器灵敏度。采用这种方式特别要注意的是，测试补偿值与实际检测时采用的检测仪器和探头等条件必须是相同的。而且，检测仪器和探头均应经过定期校验，证明其性能的稳定性。

　　常用代用参考试块材料为有机玻璃。对于脉冲反射法采用的平底孔试块，可在有机玻璃试块中加工同样规格的平底孔作为参考反射体。对于穿透法使用的外贴型和嵌入型试块，则只需加工与受检件同厚度的有机玻璃块，用穿透超声波的幅度作为参考值。

　　3. 接触式脉冲反射法

　　接触式脉冲反射法常用于层压板结构内部缺陷的检测。因接触式脉冲反射法受始波影响，近表面分辨力相对较差，盲区较大，对厚度 10mm 以下的层压板常常难以应用。但采用特殊探头与仪器组合，有时可以达到很小的盲区，则不受厚度的限制。

　　检测面的选择应考虑材料的铺层工艺，使声束轴线尽可能与分层与裂纹可能延展的方向相垂直。探头的工作频率可根据材料的衰减强弱以及材料厚度，在 0.8～10MHz 的频率范围内选择。衰减越大，材料越厚，则可用的频率越低。厚度 10mm 以上的板材，采用的频率通常小于 5MHz。实际工作中，对于新材料或新工艺，通常需要在实际材料和结构上通过试验确定所需的检测频率。

检测灵敏度的调整方式通常采用试块比较法，将探头置于试块上对应于要求检测的最小缺陷的人工伤处，调整仪器，使该人工伤的反射波达到显示屏满刻度的 80%。

扫查方式和扫查间距的要求与通常纵波脉冲反射法检测时相同。扫查过程中，通过观察底面回波之前有无反射波出现以及底波的异常降低判断缺陷的存在。

当缺陷尺寸小于探头直径时，可用试块对比法评定缺陷的当量尺寸。当缺陷尺寸大于探头直径时，可采用以下方法评定：将探头置于试块上埋深相同的、孔径大于探头直径的平底孔（设孔径为 ϕ）上，调整超声检测仪使该孔反射波达到显示屏满刻度的 80%，沿孔的直径找出反射波高下降至 40% 的两点，测出其间距，设为 A；在仪器调整不变的情况下，沿缺陷延伸方向测出缺陷两端反射波高度下降至显示屏满刻度的 40% 的两点的间距 B，则缺陷尺寸 d 为：

$$d = B - (A - \phi) \tag{8-1}$$

此外，也可采用相对 6dB 法，确定缺陷的轮廓尺寸。

根据缺陷波幅度和底波幅度的相对关系，以及底波降低时是否存在高杂波等情况，可以结合经验对缺陷的性质和类型进行一定程度的判断。如：缺陷波很高而底波消失时，通常为大面积分层缺陷；有杂乱但幅度不高的信号而底波降低时，可能存在密集孔隙等等。气孔与夹杂类缺陷难于通过波形区分，因此具体检测时不能明确判定。图 8-5 是脉冲反射法检测不同缺陷时的典型 A 扫描图形。

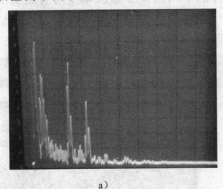
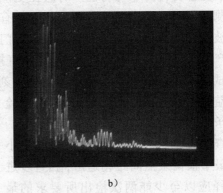

a)　　　　　　　　　　　　　　　　　b)

图8-5　脉冲反射法检测复合材料中缺陷的典型波形

a）分层　b）孔隙

4. 喷水式脉冲穿透法

喷水式脉冲穿透法通常用于较薄的固体层板和蜂窝夹层结构的检测。图 8-6 为喷水式脉冲穿透法检测方式的示意图。检测时两个探头相对放置、一收一发，因此，需要采用可控制双探头联合运动的喷水式机械扫查装置，并采用 $X-Y$ 记录仪或 C 扫描方式显示与记录。喷水扫查设备由喷水器、探头支架、受检件支撑装置、扫查控制机构组成。必须保证两探头轴线始终在同一条直线上，并使探头与受检件表面大致垂直。

可选用平探头或聚焦探头，安装在喷水器中使用。图 8-7 为典型喷水器。喷水器腔体内部不应有气泡，水压应适当，使水柱保持稳定。

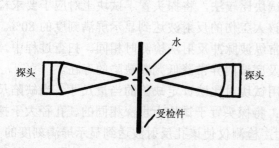

图8-6　喷水式脉冲穿透法检测方式的示意图　　图8-7　典型喷水器的结构示意图

扫查前应进行喷水器姿态的调整，以及水层距离的调整。使用平探头时，应使受检件处于发射及接收探头声场内声压较高的区域(可取为近场距离附近)；使用聚焦探头时，应使受检件处于发射及接收探头的聚焦区。

穿透法检测灵敏度的调整，可根据受检件的材质和要求检出的最小缺陷，用外贴型或嵌入型对比试块，即：将探头对准试块中指定缺陷时，穿透波幅度应降落至显示屏的规定刻度以下。采用报警闸门监控穿透波时，调节报警灵敏度，使在扫查时能对受检件要求检出的最小缺陷报警和记录。采用 C 扫描记录时，需将闸门设置在穿透波的位置，对穿透波的幅度进行成像。

由于复合材料的非均匀性，有时在受检件的不同部位穿透波幅度可有较大变化，在确定检测规程时，需在受检件各部位选择有代表性的点，记录穿透波幅度变化情况，确定穿透波变化的允许范围，并将其与报警门限的调节相结合。

在产品研制阶段或单件产品时，通常直接采用产品或试件的穿透波幅度调节灵敏度。即：将试件穿透波幅度调到显示屏的规定刻度（如：80%）后，再提高一定的增益量。这一增益量需通过试验研究确定，并在检验规程中予以规定。

扫查速度的选择应与要求检出的最小缺陷和最小横向采点间距相适应；扫查步进量的选择应以至少能两次检出所要求的最小缺陷为准。

扫查中发现缺陷，应反复核实缺陷的存在及范围大小，然后测定此时穿透波的幅度分贝值，进行记录。

图 8-8 是穿透法检测复合材料的典型 C 扫描图，图中有多个不同形状与尺寸的人工模拟分层缺陷，缺陷处为穿透波幅度较低的区域，完好区为穿透波幅度较高的区域。

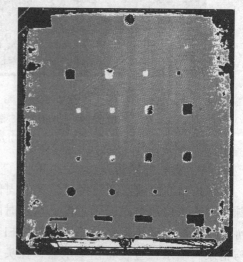

图8-8　穿透法检测复合材料的典型 C 扫描图

采用喷水式脉冲穿透法时，缺陷平面尺寸不能象脉冲反射法那样进行当量评定，只能以穿透波幅度的变化以及 C 扫描记录的图像对缺陷范围进行粗略的评估。对小于水柱直径的缺陷，可将缺陷处穿透波幅度与对比试块中缺陷处的穿透波幅度进行比较。对大于水柱直径的缺陷，可按水柱外缘在受检件上标定缺陷的大致范围，用加大穿透波幅度的方法来鉴别缺陷的分层性，因为分层缺陷几乎可以完全阻断声波的通过，在提高增益后，缺陷处仍无透射波；也可仿照反射法中大于声束直径的缺陷尺寸的评定方式，将试块中人工缺陷的扫描图像尺寸与实际缺陷图像尺寸进行比较计算。由于复合材料中缺陷情况较为复杂，穿透法又难以对缺陷性质进行评估，有时，也采用设定绝对灵敏度的方法，设定一定的门槛值，将所记录图像中幅度低于该值的部分作为缺陷区域，测出该区域的面积或长宽尺寸，作为缺陷尺寸，再根据受检件检测要求，对受检件是否合格进行评判或作出处理。

喷水穿透法难以确定缺陷的深度，对所发现的缺陷，可用超声测厚仪或高分辨力的超声检测仪与探头组合，对缺陷深度和性质进行辅助判断。也可对缺陷部位进行声速和衰减系数的测量，若发现声速显著下降，且衰减剧增，则该区域多属疏松或密集孔隙。

5. 水浸式脉冲反射板法

水浸式脉冲反射板法适用于平面薄板类试件，图 8-9 为该方法检测的示意图。检测时试板完全浸入水中，超声波穿过试板入射到反射板，反射回波再次穿过试板后被探头所接收。探头通过水浸机械扫查装置实现对试件的扫查，采用 C 扫描方式记录缺陷图像。为了保证声束沿原路返回被探头所接收，反射板需与试板平行，并垂直于声束方向。因此，这种方法适合于检测平板。另外，对于圆筒形试件，可在圆筒空心内放置一同心的圆棒或圆筒，作为反射体，也可实现反射板法检测。

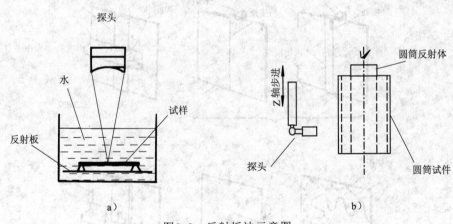

图8-9 反射板法示意图

a）平板试件 b）圆筒试件

反射板法检测通常采用聚焦探头，检测中需对探头姿态进行调整以使发射声束轴线与反射板垂直。水程距离的调整应使探头的聚焦区位于试板内。水程的计算见下式：

$$S = F - \frac{1}{2} \cdot \frac{c_2}{c_1} \cdot \delta \tag{8-2}$$

式中　S —— 水程距离；

　　　F —— 探头在水中的焦距；

　　　c_1 —— 水中声速；

　　　c_2 —— 试板中声速；

　　　δ —— 试板厚度。

试板与反射板之间的距离应使两者的反射波在显示屏上能清晰分开。

反射板法灵敏度的调整方法与穿透法类似，C 扫描检测时闸门放置在反射板回波上，提取反射板的信号进行成像。显然，缺陷对反射板回波幅度的影响与穿透法是相同的。因此，缺陷的评定方法也与穿透法相同。

8.2　胶接结构检测

8.2.1　胶接结构类型及特点

1. 胶接结构类型

胶接结构是以胶粘剂连接或加强材料的结构件。根据被连接的材料不同，胶接结构可分为金属－金属连接、金属－非金属连接和非金属－非金属连接。根据连接结构的不同可分为板－板胶接和蜂窝胶接结构。

板－板胶接是在金属或非金属实体材料整个接触面上施加胶粘剂，将两者连接为一体的胶接形式。图 8-10 显示了用于飞机结构部件中的典型胶接形式。

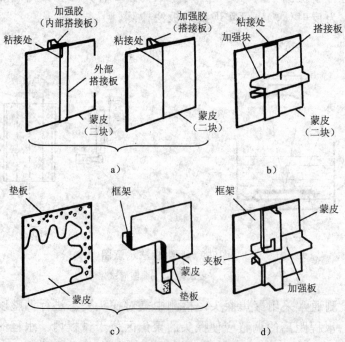

图8-10　几种飞机结构件的典型胶接形式

a）蒙皮拼接板　b）突起的加强板　c）胶接垫板　d）剪力夹板

蜂窝胶接结构如图 8-1 所示，是将蒙皮板材与蜂窝芯体用胶粘剂连接为一体。其主要类型有金属蒙皮—金属蜂窝、树脂基复合材料蒙皮—非金属蜂窝两种。

胶接结构的无损检测主要是对胶接层的粘接质量进行评价，通过检测，发现胶接层的各种缺陷以及可能造成制件损坏和影响使用寿命的因素，以对制成的胶接件作出合格与否的结论，或进行修补或减寿使用等处理。

2. 胶接结构常见缺陷

（1）板—板胶接结构的主要缺陷　胶接结构制造过程中可能出现的缺陷很多。其中板—板胶接的主要缺陷有气孔、脱粘、疏松、胶缝过厚或不均匀、胶缝过薄、弱粘接、胶缝过烧、胶缝过软及外来夹杂物等。其中可用超声波检测的主要有气孔、脱粘、疏松及外来夹杂物等。

气孔指胶层中胶粘剂未正常填充的区域，其产生位置是随机的，可有各种形状和尺寸。产生气孔的一个原因是压力不足使胶缝过宽，从而胶粘剂填充不足；另一个原因是固化温度上升太快引起挥发物阻塞。

脱粘缺陷是指两侧材料未被粘上的区域，根据其间隙大小可分为紧贴型脱粘和间隙型脱粘。紧贴型脱粘的产生原因多为胶接件表面制备不当或被污染。间隙型脱粘的产生原因多为夹紧压力不均匀或胶接件变形。紧贴型脱粘目前尚难以用无损检测方法发现。

疏松是胶缝中相互聚集的微小孔隙群，对强度的影响与其分布的范围和严重程度有关。其产生的原因有胶缝过厚、胶粘剂中含有过多空气、胶粘剂粘接前干燥不完全、胶粘剂易挥发组分含量高以及低沸点组分挥发等。

胶粘剂中含有小的外来夹杂物通常不造成损害，但若夹杂物造成局部缺胶则会降低粘接强度。

（2）蜂窝结构的主要缺陷　蜂窝结构制造过程中产生的主要缺陷有芯格进水、芯压垮或断裂、芯格压缩、节点分离、发泡胶下陷或脱落、弱粘接、脱粘、气孔、疏松等。其中发泡胶下陷或脱落、脱粘、气孔及疏松均为适合于采用超声方法检测的缺陷。

8.2.2　胶接结构超声检测常用技术

超声检测方法主要适合于检测胶接结构中的间隙型缺陷。脉冲反射法或穿透法均可有效地检出此类缺陷，疏松类缺陷更适于采用穿透法进行检测。根据构件的结构形式，可采用垂直入射的脉冲反射法或穿透法，耦合方式有水浸法、喷水法或接触法。其中，接触式或水浸式脉冲反射法、喷水式脉冲反射法或穿透法、水浸式脉冲反射板法均是可以选用的检测技术。

1. 胶接结构对比试块的形式与制作方法

胶接结构检测用对比试块应在材料、厚度、类型、表面加工、外形、内部结构组成及制造工艺等方面均与受检部位相同。试块中应含有与要求检测的缺陷尺寸相对应的人工缺陷。

1）模拟孔洞与脱粘缺陷制作试块的方法

① 先制作无缺陷的试块，再从试块背面钻铣出所需尺寸的平底孔，控制孔深使使孔底在胶接面上。用于水浸法检测时应对孔进行适当的封堵以免孔底进水。

② 将一侧试板或蜂窝芯加工出下陷 0.5～1mm 的一定面积的槽，去除相应位置的胶粘剂，进行胶接。这种方法由于胶粘剂可能会流入缺陷部位，制作的缺陷尺寸不一定准确，且不适于制作直径很小的缺陷。

③ 在胶接面放置两片厚度不大于 0.05mm 的隔离膜，如聚四氟乙烯薄膜，固化后形成脱粘缺陷；或在边缘插入厚度不大于 0.1mm 的不锈钢垫片，固化后抽出并密封开口处。

上述第 1、2 种方法制作的试块适用于脉冲反射法检测，第 3 种方法制作的试块既可用于脉冲反射法也可用于穿透法。

2）模拟疏松缺陷制作试块的方法可采用以下方法：

① 在缺陷处涂胶液，当溶剂未完全挥发时进行装配固化。

② 使用预固化后呈多孔状态的胶膜代替正常胶膜。

2. 板－板胶接结构的检测技术

板－板胶接结构对超声检测技术的适用性较广，接触式或水浸式脉冲反射法、喷水式脉冲反射法或穿透法、水浸式脉冲反射板法均可采用，可根据具体构件的厚度与形状选用。对于形状复杂的构件水浸自动扫查难以进行，则可采用接触式脉冲反射法；对于平面或简单曲面，在水浸自动扫查设备的辅助下，可以采用水浸或喷水脉冲反射法或穿透法进行检测；对于平面件，还可以采用水浸式脉冲反射板法进行。图 8-11 为喷水式脉冲反射法与穿透法的示意图。

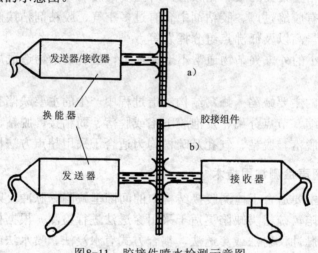

图8-11　胶接件喷水检测示意图

a）脉冲回波法　b）穿透法

由于胶接结构多为薄板胶接，采用反射法时需要仪器与探头的组合分辨力较高，因此也可能选择较高的检测频率（如：10MHz），特别是金属薄板胶接件，要分辨出底波和胶接面的反射波，更需要系统具有高分辨力。

采用水浸或喷水自动扫查时，通常采用 C 扫描成像技术，此时，多采用聚焦探头。焦点位置放在胶接面处。反射法时，可将闸门置于胶接面反射波处，提取缺陷回波成像；有时对于薄板分辨力不够时，也可提取底面反射波成像，此时图像特点与缺陷评定方式与穿透法相似。平面薄板采用反射板法时，提取反射板的反射信号。穿透法检测时，则提取穿透波信号幅度进行成像。检测灵敏度的调整、扫查与缺陷评定的方法与要求与上节中复合材料层压板检测相似。

3. 蜂窝胶接结构的检测技术

蜂窝胶接结构由于胶接面实际上仅为蜂窝壁与蒙皮接触的部位,界面反射信号和穿透信号均是不断变化的,脱粘处仅从 A 扫描图形的观察难以判断。因此,蜂窝结构的超声检测均需通过 C 扫描成像判断正常或异常区域,可用的超声检测技术只有水浸式或喷水式脉冲反射法以及喷水式脉冲穿透法。

为了提高成像的纵向与横向分辨力,通常采用高频水浸聚焦探头进行反射法检测。穿透法有时也采用平探头检测。穿透法检测要求蜂窝结构两面近似平行。

检测灵敏度的调整可在对比试块上通过图像的扫描确定,应使试块中指定缺陷清晰显现。在 C 扫描图像中可显示出蜂窝结构时,也可以蜂窝结构清晰显示作为灵敏度与闸门调整的尺度。

缺陷的评定方法与其他结构的检测不同,只能从图像中测量出异常区域的面积与长宽尺寸。图 8-12 为蜂窝结构检测的典型 C 扫描图像。

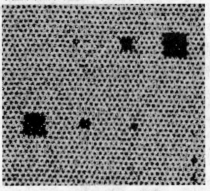

图8-12　蜂窝结构检测的典型 C 扫描图像

复 习 题

1. 复合材料的组成和结构有什么特点?

2. 树脂基复合材料中常见缺陷有哪几种?哪些可用超声的方法进行检测?

3. 复合材料超声检测的特点有哪些?

4. 对于固体层板和夹层结构来说,超声检测的目的各是什么?

5. 复合材料检测常用对比试块有哪几种类型?各适合哪种检测技术?

6. 穿透法检测复合材料时灵敏度的调整方法有哪些?

7. 喷水穿透法中如何进行缺陷评定?

8. 反射板法常用于哪种类型的复合材料检测?

9. 胶接结构主要类型有哪些?常见缺陷是什么?

10. 胶接结构检测的主要目的是什么?常用对比试块制作方法有哪些?

11. 胶接结构常采用什么方法检测?

第9章 超声检测标准、规程与质量控制

前面各章已对超声检测整个过程涉及的各种技术问题进行了详细的讨论，对影响检测结果的各种因素也进行了分析。为了保证检测人员能够正确地操作仪器，完成检测任务，达到预期的检测目的，除了做好人员的培训、仪器的校验等工作以外，还需编制适当的检测技术文件，将技术问题的考虑与确认结果以文件形式固定下来，以作为人们从事相同检测工作时共同的准则与依据，指导操作人员正确地完成检测过程，使检测结果具有可靠性、可重复性和可比性。

控制超声检测过程的一系列技术文件，包括各种标准与规范、检测规程与检测工艺卡等。通常标准给出某种超声检测技术或某类产品超声检测的通用技术要求，其使用范围可是全国各行业，也可以是某行业内部，或某企业内部。检测规程则是依据标准编制的针对某种或某类产品的检测程序要求，通常仅在企业内部使用。检测工艺卡则是更为具体的针对某一产品的详细检测要求。因此，标准、检测规程和检测工艺卡对检测对象的限定性是逐级增强的，所以，检测工艺参数的限定程度也是逐级增加的。

本章将就标准、检测规程和检测工艺卡分别进行介绍，并在最后就超声检测质量控制的要点进行说明。

9.1 超声检测标准

9.1.1 超声检测标准的用途和分类

根据我国对于标准的定义："标准是对重复性事务和概念所作的规定，它以科学、技术和实践经验的综合成果为基础，经有关方面协商一致，由主管机构批准，以特定形式发布，作为共同遵守的准则和依据。"可见，标准是一种特定的文件。其主要作用是作为人们从事某种特定工作（如：制造一个产品，编制某种文本，进行一项检测）时共同遵守的准则和依据。

与超声检测相关的标准，其目的也是为了给人们进行超声检测工作提供共同遵循的原则，保证检测过程的正确实施和检测结果的正确评判，因而是超声检测质量控制的重要依据。不同检测单位共同遵守同一标准时，超声检测标准又可作为产品质量仲裁的依据。按标准的不同用途，可将超声检测标准分为以下几种主要类型：

① 术语标准：超声检测术语标准是对超声检测相关术语名称的规定和含义的解释。它的主要用途是使人们用科学的统一的语言编写与超声检测相关的文本，以避免发生理解上的误差，也便于进行纠纷的仲裁。

② 设备与器材标准：这部分标准中有规定超声检测仪、探头和试块等产品本身技术要求的标准，也有关于超声检测仪和探头的性能测试方法、以及标准试块和对比试块的

制作和检验方法的标准。这些标准用于超声检测用器材的标准化和质量控制。

③ 检测方法标准：超声检测方法标准是对超声检测过程各要素的控制规定，是保证超声检测可靠性的主要技术文件，也是超声检测质量控制的主要依据。方法标准有通用性的检测技术标准，也有针对某类产品的检测技术标准。

④ 验收标准：超声检测验收标准规定了代表超声检测结果的一系列特征指标，依据这些指标，可对被检件的质量状态作出结论。多数情况下，验收标准不是一份独立的标准，常常是某种或某类材料技术条件或产品标准的一部分，是对被检对象的一系列质量要求之一。

上述各类标准中，检测方法标准和验收标准是与超声检测过程直接相关的标准，是编制超声检测规程的主要依据。检测方法标准是对超声检测过程的全面要求，用于保证超声检测过程能够提供用于产品验收的准确结果。验收标准不是对超声检测过程的要求，而是对被检对象的要求，但被检对象的验收标准是检测技术选择的依据之一，也是检测结果评定的依据之一。因此，验收标准也是对超声检测过程有直接影响的标准。本章将对这两类标准进行详细的讨论。

*9.1.2　国防工业相关超声检测标准简介

1. 我国国防工业相关超声检测标准

我国的超声检测标准主要有国家标准（GB）、国家军用标准（GJB）、各行业的标准（如：机械标准（JB）、航空工业标准（HB）、航天工业标准（QJ）、兵器工业标准（WJ）、船舶工业标准（CB）、核工业标准（EJ）等）。此外，还有各企业内部标准，由企业内部自行编号。

（1）国家标准（GB）　国家标准由国家质量监督检验检疫总局/国家标准化管理委员会领导下的全国无损检测标准化技术委员会（代号：SAC/TC 56）组织制定。按照《中华人民共和国标准化法》的规定，对需要在全国范围内统一的技术要求，应当制定国家标准。因此国家标准是适用范围最广的标准。二十世纪末期开始，为了适应我国贸易体制向国际贸易体制接轨的要求，促进国际交流，以及适应中国加入世界贸易组织（WTO）的新形势，国家标准的制定方式多是直接采用国际标准（如 ISO 标准）。国防工业中常用的超声检测国家标准有：

GB/T12604.1《无损检测术语　超声检测》

GB/T 18694《无损检测　超声检验　探头及其声场的表征》

GB/T 1786《锻制圆饼超声波检验方法》

GB/T 4162《锻轧钢棒超声波检验方法》

GB 5193《钛及钛合金加工产品超声波检验方法》

GB/T 5777《无缝钢管超声波检验方法》

GB/T 12969.1《钛及钛合金管材超声波检验方法》

GB/T 2970《中厚钢板超声波检验方法》

GB 11345《钢焊缝手工超声波探伤方法和探伤结果分级》

上述标准中，GB/T 12604.1、GB/T 18694 等属于与被检产品无直接关联的通用性的基础标准，常被各检测方法标准引用；GB 11345 和其他几项材料检测方法标准则是针对一般变形金属和钢焊缝的通用标准，在国防工业产品无特殊超声检测要求时，用于国防工业企业进行原材料采购时的材料验收检验和一般钢焊缝的检验。

（2）国家军用标准（GJB） 国家军用标准是针对国防工业的特点，在国防工业不同行业中有一定通用性的标准。超声检测的国家军用标准数量较少，目前已制定的有：

GJB 1580《变形金属超声波检验》

GJB 3384《金属薄板兰姆波检验方法》

GJB 1038.1《纤维增强复合材料无损检验方法　超声波检验》

GJB 3538《变形铝合金棒材超声波检验方法》

其中 GJB 1580 和 GJB 1038.1 没有与之对应的国家标准，GJB 3384 和 GJB 3538 与某些国家标准有所重叠，但对于国防工业产品有不同于国家标准的要求。

此外，在一些材料标准中，作为附录，也包含有专用的超声检测方法标准，如：GJB 494《航空发动机压气机叶片用 TC11 钛合金棒材》、GJB2220《航空发动机用钛合金饼、环坯规范》。这些标准通常比通用性的国家标准的要求更严格更具体，虽然是针对某一行业产品的标准，但因其需要在与民用企业的订货合同中被引用，并共同执行，因而，也制定为国家军用标准。

（3）行业标准 行业标准主要针对各行业的特殊产品或特殊要求，如：用于航空工业的标准（HB）、用于航天工业的标准（QJ）、用于兵器工业的标准（WJ）、用于船舶工业的标准（CB）、用于核工业的标准（EJ）等。无损检测的机械行业标准（JB）是较为特殊的行业标准，由于金属材料与零件的加工几乎均可归类为机械行业，而金属材料与零件又是超声检测的主要对象，因此，超声检测的机械行业标准具有广泛的通用性，也常被国防工业各行业采用。国防工业中所采用的主要超声检测行业标准有：

JB/T 9214《A 型脉冲反射式超声波系统工作性能测试方法》

JB/T 10061《A 型脉冲反射式超声检验仪通用技术条件》

JB/T 10062《超声检验用探头性能测试方法》

JB/T 10063《超声检验用 1 号标准试块技术条件》

QJ 1274《玻璃钢层压板超声波检验方法》

QJ 2252《高温合金锻件超声波检验方法及质量分级标准》

CB/T 3559《船舶钢焊缝手工超声波检验工艺和质量分级》

CB/T 3907《船用锻钢件超声波检验》

HB/Z 33《变形高温合金棒材超声波检验》

HB/Z 34《变形高温合金圆饼及盘件超声波检验》

HB/Z 35《不锈钢和高强度结构钢棒材超声波检验说明书》

HB/Z 36《变形钛合金棒材超声波检验说明书》

HB/Z 37《变形钛合金圆饼及盘件超声波检验说明书》

HB/Z 59《超声波检验》

HB/Z 74《航空铝锻件超声波检验说明书》

HB/Z 75《航空用小直径薄壁无缝钢管超声波检验说明书》

HB/Z 76《结构钢和不锈钢航空锻件超声波检验说明书》

WJ 1922《小口径炮弹钢质药筒超声波自动检验方法》

WJ 1956《火药性能试验方法　双基单孔管状药柱超声波检验》

WJ 2589《大口径炮弹弹体超声波检验》

WJ 2545《火炮身管接触法超声波探伤》

WJ 2561《火炮身管水浸超声波检测》

　　由各行业标准的名称可以看出，行业标准直接针对本行业的特殊材料及产品，少数通用性检测标准也是针对本行业的特殊要求而制定的。关于仪器、探头和试块的通用性标准，各行业没有专门制定，通常引用机械行业标准或国家标准。

　　2. 国防工业相关国外超声检测标准

　　国外超声检测标准主要有国际标准化组织发布的国际标准，一些工业发达国家的国家标准以及一些国际上通行的有权威性的团体发布的标准。

　　(1) 国际标准和一些工业发达国家的国家标准　国际标准化组织（International Standardization Organization），简称为 ISO，是一个专门的国际标准化组织。ISO 国际标准由 ISO 各技术组织（包括技术委员会及下设的分技术委员会）负责草拟，经全体成员国协商表决通过，以国际标准形式颁布。其中的无损检测标准由代号为 ISO/TC135 的无损检测技术委员会负责，在它之下还设有多个分技术委员会。声学方法分委员会代号为 TC135/SC3。目前 ISO 标准中关于超声检测的标准不多，主要为术语和仪器、探头性能测试等基础性的标准。已颁布的部分 ISO 超声检测标准如下：

　　ISO5577:2000 Non-destructive testing—Ultrasonic inspection—Vocabulary（无损检测—超声检测—术语）

　　ISO10375:1997 Non-destructive testing—Ultrasonic inspection—Characterization of search unit and sound field（无损检测—超声检测—探头及其声场的表征）

　　ISO12710:2000 Non-destructive testing—Ultrasonic inspection—Evaluating electronic characteristics of ultrasonic test instruments（无损检测—超声检测—超声检测仪电性能的评价）

　　ISO18175:2004 Non-destructive testing—Evaluating performance characteristics of ultrasonic pulse-echo testing systems without the use of electronic measurement instruments（无损检测—不使用电子仪器评价超声检测系统的性能）

　　上述前两份标准已转化为我国相应的国家标准。关于超声检测仪性能评价的两份标准是在美国 ASTM 相应标准的基础上制定的。

　　除 ISO 标准外，欧洲标准化委员会（CEN）也发布一系列无损检测标准，以（EN）作为代号，其中一些标准被作为制定 ISO 标准的参考。

　　美国国家标准学会（American National Standards Institute），简称 ANSI，负责美国国家标准的制定。此外，英国标准（BS），日本工业标准（JIS），德国国家标准（DIN），法国标准（NF），俄罗斯国家标准（ГОСТ）均为重要的国家标准。其中一些标准对我国同类标准的制定有重要影响。

　　(2) 重要的团体标准　国际上一些重要的团体标准包括：美国材料与试验协会标准（ASTM）、美国石油学会标准（API）、美国军用标准（MIL）、美国机械工程师协会标准（ASME）、美国自动化工程师协会标准（SAE）、英国劳氏船级社《船舶入级规范和条例》（LR）等。与我国国防工业相关的超声检测标准，主要有 ASTM 标准、MIL 标准、ASME 标准和 SAE 标准。

美国材料与试验协会（American Society For Testing and Material，简称 ASTM），是美国规模最大的标准化学术团体之一。ASTM 标准质量高、适应性好，不仅被美国各工业界广泛采用，而且被美国国防部和联邦政府各机构采用。二十世纪八十年代开始，美国国防部逐步采用 ASTM 标准代替美国军用标准。ASTM 下设一百多个技术委员会，其中 E7 技术委员会是专门从事无损检测技术标准化的工作委员会，E07.06 是超声波方法分技术委员会。

E7 技术委员会编制的超声检测标准很多，在各国各团体标准中，是种类与范围最全的系列标准。总体来说，ASTM 超声检测标准主要有几种类型，一是术语标准、仪器和探头评定标准、试块制作与校验标准等基础标准；二是关于不同超声检测技术应用的基本原则，包括接触法与液浸法的超声纵波与横波检测技术，以及声速、衰减和厚度的测量方法；三是某类检测对象的通用检测规范，如焊接件、金属管材等的超声检测。除了E7 技术委员会编制的标准外，其他材料相关技术委员会也编制了一些针对具体材料的检测规范。ASTM 标准中与我国国防工业相关的标准主要有以下几项，在编制 GJB1580《变形金属超声波检验》时，较多地参考了这些标准：

ASTM E127 Practice for Fabricating and Checking Aluminum Alloy Ultrasonic Standard Reference Blocks（铝合金超声标准参考试块制作和校验方法）

ASTM E428　Practice for Fabrication and Control of Steel Reference Blocks Used in Ultrasonic Examination（超声检测用钢参考试块的制作和控制方法）

ASTM E1065　Guide for Evaluating Characteristics of Ultrasonic Search Units（超声探头特性评定指南）

ASTM E317　Practice for Evaluating Performance Characteristics of Ultrasonic Pulse-Echo Examination Instruments and Systems without the Use of Electronic Measurement Instruments（不采用电子测量仪器评定超声脉冲反射检验系统工作特性的实施方法）

ASTM E1324　Guide for Measuring Some Electronic Characteristics of Ultrasonic Examination Instruments（超声检测仪电特性测量指南）

美国军用标准体系是美国国防部为保障武器装备的设计、研制、工程、采购、制造、维护和供应管理工作而制定的一套完整的技术文件系统。美军标中关于超声检测的标准不多，较为重要的是 MIL-STD-2154《Inspection, Ultrasonic, Wrought Metals, Process for》（变形金属的超声检验）。这个标准是编制 GJB1580 的主要参考标准。

美国自动化工程师协会（Society Automotive Engineer，SAE）是美国建立较早的学术团体，也是美国最大的起草航空航天标准的学术团体。它的主要任务是在自动推进动力机械及其部件和有关设备领域，促进科学技术的发展。SAE 标准数量仅次于 ASTM 标准，居美国工业界标准的第二位。

SAE 航空航天标准分为四类：① AMS 及 MAM 为航空航天材料规范及米制的航空航天材料规范；② AS 及 MA 为航空航天标准及米制航空航天标准，用于导弹、飞机、发动机、推进器、机载设备、地面设备的设计标准和零件标准；③ ARP 为航空航天推荐实施方法，是推荐的设计和性能要求，起指导工程实践作用；④ AIR 是航空航天信息报告。SAE 标准中与我国国防工业相关的标准有以下几项,从中可以看出,SAE 标准大多与检测对象相联系。

AMS 2630B　Inspection, Ultrasonic, Product Over 0.5 Inch（12.7mm）Thick（超声波检验,厚度大于 12.7mm 的产品）

AMS 2631B　Ultrasonic Inspection, Titanium and Titanium Alloy Bar and Billet（钛合金棒材和坯料的超声检验）

AMS 2632A　Inspection, Ultrasonic, Of Thin Materials, 0.5 Inch（12.7mm）and Under in Cross-Sectional Thickness（薄材料的超声检验,截面厚度小于和等于 12.7mm）

AMS 2634B　Ultrasonic Inspection, Thin Wall Metal Tubing（薄壁金属管的超声波检验）

9.1.3　超声检测方法标准的主要内容

超声检测方法标准的类型有通用性的检测技术标准,也有针对某类产品的检测技术标准。我国标准中通用性的超声检测技术标准很少,尤其是国军标和国防工业各行业的超声检测标准,均有一定范围的针对性。如:GJB 1580—1993《变形金属超声波检验方法》是一份通用性较强的标准,它针对所有变形加工制成的金属材料,检测技术涉及纵波与横波检测,但其中关于纵波与横波检测的规定,仅适用于变形金属的检测,而不适用于树脂基复合材料和焊接件等。

方法标准的核心内容是对超声检测过程中的各影响因素提出限定性的规定,以保证检测结果的准确性与一致性。关于对产品的验收要求,通常在特定的产品质量标准或供需双方的协议中规定,但在针对某类产品的检测方法标准中,常规定一系列质量等级,以供制定产品标准时选用。

超声检测方法标准的基本组成部分,以及各部分的主要内容如下:

1．主题内容与适用范围　明确地界定出该标准所采用的检测方法或检测技术、适用的检测对象材料、规格尺寸和制造工艺,并简单概括标准各部分的内容。有时,在给出适用对象后,还进一步强调不适用的对象或规格范围。

如:GB 11345—1989 明确规定:"本标准适用于母材厚度不小于 8mm 的铁素体类钢全焊透熔化焊对接焊缝脉冲反射法手工超声波检验。"其中,界定了产品适用范围"母材厚度不小于 8mm 的铁素体类钢全焊透熔化焊对接焊缝",以及检测技术"脉冲反射法手工超声波检验"。同时,该标准又规定:"本标准不适用于铸钢及奥氏体不锈钢焊缝;外径小于 159mm 的钢管对接焊缝;内径小于等于 200mm 的管座角焊缝及外径小于 250mm 和内外径之比小于 80%的纵向焊缝"。从而,进一步明确了不适用的情况。

2．引用标准　常包括术语、人员资格鉴定、设备与器材性能的测试方法标准等,有时也包括制定该标准所依据的更大适用范围的通用性标准。

3．术语与定义　这部分规定本标准所依据的术语标准,并对通用术语标准中未包含的、但在本标准中必须加以定义方不至引起误解的术语,给出明确的定义。如:焊缝检测时"纵向缺陷"与"横向缺陷"的定义等。

4．对人员的要求　对人员的要求可包括对人员所具有的知识、能力的要求,对所持资格证书的要求,以及视力要求等。有些标准明确规定人员资格鉴定与认证所依据的标准,如:GJB 1580—2004 中规定:"从事超声波检验工作的人员应按 GJB9712 取得技术资格证书。各级人员只能从事与其技术资格等级相对应的工作。"

5．对设备和器材的一般要求　对超声检测仪和探头的要求包括：超声检测仪的性能要求和检定周期，探头特性的测试项目及检验标准、检验周期、记录的保存，辅助设备的基本要求，超声检验仪与探头配用的最低使用性能要求和检定周期等。

不同标准规定的超声检测仪和探头的性能要求和性能测试方法有所不同，在超声检测方法标准中常引用机械行业标准 JB/T 10061 和 JB/T 10062 作为性能测试方法和基本性能要求的标准，也有的标准要求按计量检定标准 JJG746《超声波探伤仪检定规程》对超声检测仪进行检定。很多标准在引用标准的基础上，还规定了附加的技术指标要求。而 GJB1580 则在使用性能要求和测试方法两方面均另有规定。

对试块的要求有标准试块的类型与检定周期，对比试块选材要求、外形、反射体的类型与分布、检验要求等。

此外，一般标准均对耦合剂的特性有一定要求。

6．关于检测技术选择的要求　对于有些检测技术单一的标准，在标准的主题内容中已标明所采用的检测技术。但许多标准中可采用多种检测技术，有时，可根据具体检测对象的情况，选择不同的检测技术，此时，需要专门对该标准所采用的检测技术及其选用要求进行规定。如：GJB1038.1 规定了纤维增强塑料超声波检验最常用的三种检测技术：接触式脉冲反射法、喷水式脉冲反射法和水浸式脉冲反射法，并列出了不同检测对象推荐采用的技术。

7．关于检测参数选择的要求　主要是检测前根据具体检测对象的情况，所进行的必要准备，常常需要落实到编制的检测规程或工艺卡中。具体内容包括：对受检件外形、表面状态、材料状态、检测时机的要求，扫查面与扫查区域覆盖的要求，声束入射方向的选定原则，横波检验时的角度要求，工作频率的选择原则，液浸法液程的选定原则，扫查速度的确定原则，扫查间距的确定方法，检验规程的编写要求等。

8．检测过程各步骤的具体要求　这部分包括仪器灵敏度的调整方法，传输修正的方法与要求，扫查方式的要求，扫查过程监控要求，缺陷位置、埋深、当量尺寸、长度的评定方法，背反射损失的评定方法与评定要求等。

9．质量分级　这部分是针对某类产品的检测方法标准的特有内容，包括质量验收等级的详细内容，与质量验收相关的其它要求等。需注意的是，方法标准中往往给出的是可供选择的多个质量等级，因此，必须要在合同、委托书或产品标准中指明验收等级。如：GJB1580 中规定了 AAA、AA、A、B、C 五个质量验收等级，因此，材料标准或零件技术条件中必须规定是按 A 级或 B 级或其它等级验收，而不能简单规定按 GJB1580 检验。

10．检测后的处理以及检验记录要求　该要求包括检验标志的有关规定，腐蚀防护的要求，检验记录的内容及保存要求，不合格品的处理规则等。

9.1.4　超声检测验收标准的形式、内容及验收评定

1．超声检测验收要求的不同形式与内容

超声检测验收标准是根据检测结果对检测对象进行评判的依据，其表现形式可以是订货合同或技术协议中的条款，也可以是设计图纸、专用技术条件中的一部分内容，还可能是订货合同、设计图纸或技术条件中引用的标准中的内容。在超声检测任务委托书

中，应指明要求的验收标准。

从验收标准的内容来看，它对不同检测对象，规定了不同的质量验收要求，如：棒材检测标准常对不同直径规定不同的验收级别，焊缝检测则常根据焊接构件的重要程度规定不同的级别。具体形式可以是选自某种方法标准中规定的质量验收等级（如 GJB1580 中的五个质量等级，或 GB11345 中规定的四个焊缝质量等级），也可以是直接规定代表检测结果的一系列指标要求（如：规定可接受的缺陷显示信号幅度、长度等）。

验收标准中常见的技术指标，是由缺陷的各项评定指标组成的，是与超声检测所能给出的信息直接相关的。

脉冲回波法的常见指标有单个缺陷的回波幅度、缺陷指示长度、多个缺陷的中心间距、缺陷面积、缺陷面积百分比、缺陷数量、底波损失、底面回波次数、相对底波高度（B_F/B, F/B, F/B_F）、单个缺陷信噪比等。

脉冲穿透法常见指标有穿透波幅度下降百分比（或分贝数）、缺陷指示长度、缺陷中心间距、缺陷面积、缺陷面积百分比、缺陷数量等。

在验收标准的叙述中，需给出各项指标对应的数值，并给出符合要求或不符合要求的限定条件。以 GJB1580—1993 为例，其中规定的质量验收等级如表 9-1 所示。表中给出了每个级别各项指标的数值，注释部分给出了各项数值的实际含义。在依据该标准对某一试件进行检测时，首先需依据该试件超声检测委托书所规定的验收级别，根据表 9-1 确定检测所需的灵敏度，当发现不连续性指示时，应对表中各项指标进行测定，按表中相应级别的要求判定该试件是否符合要求。

表 9-1　GJB1580—1993 规定的质量验收等级

等　级	单个不连续性指示[①]	多个不连续性指示[②]		长条形不连续性指示[③]		底反射损失（%）[④]	噪声
	当量平底孔直径/mm	当量平底孔直径/mm	间距/mm	当量平底孔直径/mm	长度/mm		
AAA	0.8	0.4	25	0.4	3.2		
AA	1.2	0.8	25	0.8	12.7		由供需双方商定
A	2.0	1.2	25	1.2	25	50	
B	3.2	2.0	25	2.0	25		
C	3.2	不要求		不要求			

① 单个不连续性指示其幅度超过所要求等级的当量平底孔指示幅度应属不符合要求。

② 多个不连续性指示其中任何两个指示的中心间距小于 25mm 而指示幅度超过所要求的当量平底孔幅度，应属不符合要求。

③ 任何长条形不连续性指示其幅度和长度超过所要求等级的当量平底孔指示幅度和所规定的长度，应属不符合要求。

④ 对于直探头纵波检查，背反射损失超过正常值 50%，应属不符合要求。

对于不同类型的检测对象，超声检测有不同的目的和要求，因而，超声检测验收标准也具有不同的特点。表 9-1 是对质量要求较高的锻件进行质量验收的典型标准，常用于航空航天产品的锻件检验。对于大尺寸、大厚度的船用钢锻件，允许的单个缺陷当量平底孔直径则可在 $\phi 4 \sim \phi 12$mm 的范围，此外，用于船用钢锻件验收的指标还有底波降低量 B/B_F，以及密集缺陷区个数。这里，密集缺陷区定义为"棱长为 50mm 的正方体内同时存在 5 个以上缺陷（每个缺陷的当量直径等于或大于 2mm）"。

熔焊缝超声检测的质量级别通常是由回波幅度和指示长度两个指标来代表。回波幅度的大小与规定灵敏度的距离幅度曲线相比较（参见第 7 章），幅度当量大于某一规定曲线的缺陷可直接判定为相应级别；幅度当量小于某一规定曲线的缺陷也可直接判定为某一级别；而幅度当量在中间范围的缺陷，则需根据其指示长度判定相应的级别。另外，还常有这样的规定，若能判断缺陷为裂纹性危险性缺陷，则不论幅度、长度如何均判为严重缺陷。

树脂基复合材料层压板以及胶接面的超声检测，通常允许的单个缺陷面积较大（大于 6mm），用于验收的条件常常有缺陷面积占总面积的百分比，或某一规定面积内缺陷面积的总和。当考虑材料中孔隙率的检测时，也采用底波衰减量作为验收指标。采用穿透法时，常将穿透波幅度下降量作为指标，结合低穿透部位的面积对试件进行验收评定。

除以上各种情况之外，还有一些其它典型验收条件，如：薄壁管超声检测通常采用人工伤调整灵敏度，用绝对报警幅度判定含缺陷的管材，小直径棒材检测也常采用这样的方式。

2. 验收评定与处理

在超声检测中发现缺陷指示后，应按标准规定的方法对其进行评定，得到一系列评定数据，此时，需将这些数据与验收标准的各指标进行对照，判断该试件是否符合要求。

下面举例说明依据表 9-1 的质量验收要求对试件进行评定的方法：

问题：设某铝合金棒材，按 GJB1580-93A 级进行检验，发现一沿棒材轴向延伸的长条形显示信号，幅度相当于 $\phi 1.2mm + 2dB$，长度为 27mm，另有一处幅度相当于 $\phi 2.0mm + 4dB$ 的单个显示信号。两处显示信号均位于圆棒中心，轴向距离 40mm，该棒材可否验收？

分析与判断：与表 9-1A 级要求相对照，两个缺陷的回波幅度均小于 2.0mm 平底孔当量，因此，按单个不连续性要求未超标。此时，考虑长条形不连续性和多个不连续性的要求。第 1 个缺陷幅度大于 1.2mm 平底孔当量，且长度大于 25mm，因此，不符合长条形不连续性的要求。另外，两个缺陷幅度均大于 1.2mm 平底孔当量，但其间距大于 25mm，因此，按多个不连续性要求未超标。综上所述，该棒材不符合标准中对长条形不连续性的要求，因而不可以验收。

在依据标准对试件进行评判时，除了质量验收级别的具体要求外，还需综合考虑标准中与验收相关的其它条款，对试件作出适当的处理。如：GJB1580—1993 规定，"对于机加工零件，不连续性指示超过规定要求时，只要在以后的加工中可以除去是可以容许的。这样的受检件应再次作详细检查，对不连续性详细定位，以确认可被加工掉。"因此，并不是所有超标缺陷都导致试件的拒收或判废。

对标准中未明确规定的异常情况，超声检测III级人员应能根据所掌握的知识和经验作出相应的处理，一方面防止某些危险性的异常情况，因信号未超出标准允许范围而通过验收，给将来的使用留下隐患；另一方面，也避免某些非危险因素引起试件的大量报废，从而造成经济损失。

9.2 超声检测规程与工艺卡

9.2.1 检测规程与工艺卡编制的一般要求

1. 检测规程与工艺卡

根据 GJB 9712—2002 中关于无损检测规程的定义，无损检测规程是"详细叙述某一无损检测方法对某一产品如何进行检测的程序性文件"。实际上，无损检测规程还可分为两种形式，即"无损检测规程"和"无损检测工艺卡"。

无损检测规程是叙述某一无损检测方法（或该方法的一种技术）对某类产品实施检测的基本要求的程序性文件。无损检测规程由相关方法的III级人员根据给定的标准和规范编制，其主要用途是指导II级以上资格的人员编写无损检测工艺卡。通常对大型项目或大批量同类产品，常编制有检测规程。而有些试件量较少或检测过程较简单，且有直接对应的标准可以遵循，则可依据标准直接编制检测工艺卡。

无损检测工艺卡是叙述某一无损检测方法（或该方法的一种技术）对一个具体零件或一组类似零件实施检测所应遵循的详细要求的作业文件。无损检测工艺卡由相关方法的II级以上资格人员根据无损检测规程或相关标准编制，其主要用途是为该具体零件的检测的实施提供准确的工艺指导，以保证检测实施的正确性，以及检测结果的一致性和可重复性。对于超声检测来说，针对零件的不同规格和外形，需考虑选择不同的检测工艺，因此，对于不同规格的同类工件，仍需编制各自的工艺卡。

超声检测规程和工艺卡是超声检测质量保证体系中非常重要的技术文件。由于超声检测技术的选用与检测对象的具体情况关系十分密切，而检测规程恰恰是根据企业实际情况，针对具体工件编制的，对检测工作的实施具有最直接的指导意义。

在实际检测工作中，对于每一种或每一类型的受检件均应就材料牌号、热处理状态、制造方法、表面状态、最大可能加工余量，影响其适用的不连续性种类及形成原因、最大可能取向及大小，受检部位受力方向及验收要求等，进行了解。而后，编写相应的超声检测规程及工艺卡。超声检测人员必须严格遵照检测工艺卡进行操作。

2. 超声检测规程与工艺卡的内容与编制要求

（1）超声检测规程　有些标准中，对检测规程的内容有所规定，归纳起来主要有以下各项：

1）编制规程所依据的相关文件；

2）规程所适用的被检材料或工件的范围，可包括受检件的名称、图号、材料及热处理状态；

3）验收标准或等效的技术要求；

4）实施规程的人员资格要求；

5）检测时机、工序号；

6）采用的超声检测技术；

7）实施规程所需要的超声检测仪的型号；

8）所用探头的类型、频率、尺寸、斜探头的角度等；

9）耦合剂的名称、牌号；

10）标准试块和对比试块的代号和名称；

11）被检部位及检测前的表面准备要求，可包括受检件的草图，并在图上标明各项要求；

12）校准方法，包括仪器、设备的各项调整要求；

13）扫查方式的要求；

14）缺陷评定方法的要求；

15）检测的标记和原始数据记录要求；

16）检测后的操作要求；

17）结果报告的要求；

18）规程编制者（III级人员）的签名；规程批准者的签名。

检测规程依据相应的检测方法标准编写，与方法标准相应的要求应是一致的，且其内容在很大的程度上是相同的。针对这一情况，检测规程的编写有两种不同的方式：一种是将方法标准的各项要求在检测规程中再次详细叙述，这种方式的好处是阅读检测规程时不必再翻阅所依据的标准；另一种方式是把方法标准作为引用标准，在检测规程中只写明按照方法标准的哪一条进行操作，这种方式的优点是检测规程的形式较简明。

从上面所列检测规程的各项内容来看，检测规程与方法标准相比，增加了受检件情况的内容、验收标准、检测时机、仪器型号、探头型号、对比试块型号等与受检件情况和本单位情况关系更密切的内容。如：在方法标准中规定仪器的性能要求，对探头的要求通常为较宽的频率范围和晶片尺寸范围，而在检测规程中则可根据本单位情况写明仪器和探头的型号，但可以规定多个仪器、探头和辅助设备的型号。有些方法标准中规定了可选的不同超声检测技术（如水浸法或接触法均可采用），在检测规程中，则应根据本单位的情况规定一种适用的技术。

（2）超声检测工艺卡　超声检测工艺卡应依据超声检测规程或方法标准的内容和要求进行编制，工艺卡的形式通常为表格形式，由各单位根据自身产品情况设计。表 9-2和 9-3 为超声检测工艺卡的典型格式。其内容应至少包括：

1）所依据的检测规程或标准号；

2）（一个或一批相同的）被检材料或工件的名称、产品号（或批号）、被检部位以及检测前的表面准备；

3）验收标准；

4）指定的超声检测仪、探头、对比试块、耦合剂和辅助设备的规格、型号、编号；

5）所采用的超声检测技术；

6）校准要求和扫查方式；

7）对结果判断和数据记录的规定；

8）编制者（II 级或III级人员）的签名。

与检测规程相比，工艺卡针对性更强，如：所用的设备和器材均应指定型号甚至编号，检测面也应根据具体零件的图纸以草图方式标明。调整仪器灵敏度用的对比试块的尺寸、人工伤的埋深、每个检测面或探头的覆盖范围、检测深度范围等均应给出具体数值。操作过程中对结果有较大影响的步骤，应给出具体要求。

9.2.2 检测工艺卡示例

1. 锻件检测工艺卡示例

下面举例说明锻件检测工艺卡的编写过程。

假设锻件情况：

一高温合金轧制环形件，材料牌号为 GH4169，尺寸与形状如图 9-1 所示。内、外径加工余量各为

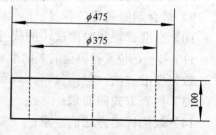

图9-1　锻件形状示意图

5mm，两端面加工余量为 10mm。合同要求按 GJB 1580—2004 的 AA 级进行验收，检测方法依据 GJB1580—2004。

图 9-2 是针对该锻件编制的检测工艺卡。其编制过程如下：

锻件超声检测工艺卡

试件名称	高温合金轧环		材料牌号	GH4169	试件规格	外径 475mm，内径 375mm，高 100mm
检测标准	GJB1580—2004				检测技术	纵波垂直入射法
检测灵敏度	φ0.8mm 平底孔			传输修正		逐件实测
时基线调节	1:1					
仪器型号	CTS—23		探　头	5P14、5MHz 双晶探头	耦合剂	甘油
扫查方式	圆周面沿轴向扫查，端面沿径向扫查		最大扫查间距	5mm	最大扫查速度	不大于 50mm/s
对比试块	成套 GH4169 距离幅度试块，孔径为 1.2mm 和 0.8mm，埋深范围 5～100mm					

验收要求：	GJB 1580—2004AA 级： 1. 单个不连续性显示幅度超过 φ1.2mm 平底孔当量为不符合要求 2. 多个不连续性指示其中任何两个指示的中心间距小于 25mm 而指示幅度超过 φ0.8mm 平底孔幅度，应属不符合要求 3. 长条形不连续性指示其幅度超过 φ0.8mm 平底孔幅度，长度超过 12.7mm，应属不符合要求 4. 背反射损失超过正常值 50%，应属不符合要求

检测面和检测方向：

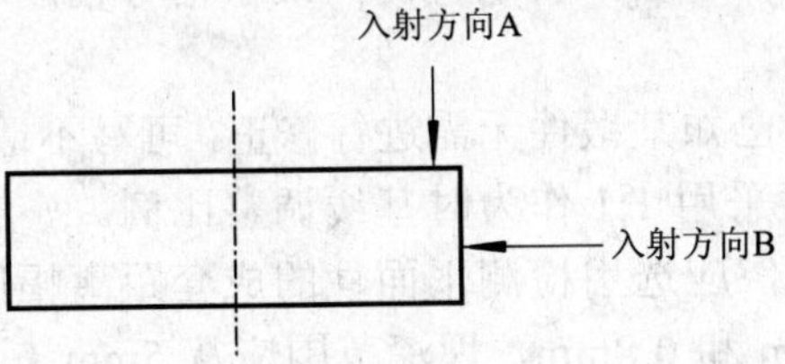

入射方向A

入射方向B

检测区域：

真径 385～465mm，深度 10～90mm。

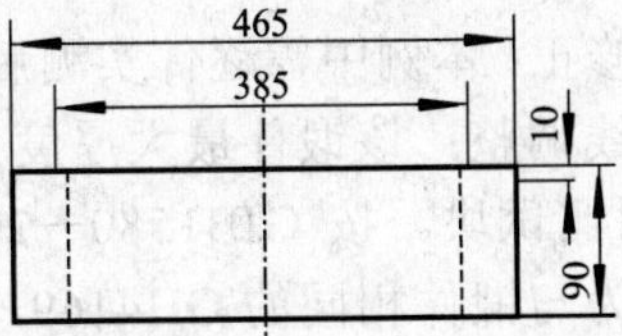

465
385
10
90

记录与标记：

1. 任何幅度大于 φ0.8mm 平底孔当量的不连续指示均应记录其幅度、埋深、指示长度和平面位置。

2. 合格件和不合格件均应作出明显标记并分开存放。

备注：					
编制	×××	审核	×××	批准	×××
年　月　日		年　月　日		年　月　日	

图9-2　锻件超声检测工艺卡示例

1）了解试件情况与检测要求，包括材料、规格、制造工艺（变形方向）、热处理状态、表面粗糙度、用途、受力方向、加工余量、要求检测的缺陷类型与部位、验收标准、依据的检测方法标准等，将相应情况填入工艺卡表格。

2）选择检测技术、检测方向和检测面。该锻件由周向轧制而成，检测面可选为圆周面和端面，主要检测方向是在圆周面的垂直入射检测。同时，考虑厚度（50mm）/高度（100mm）比大于 1:3，需在圆周面和端面两个面进行垂直入射检验。因此，该锻件采用的检测技术为圆周面和端面的纵波垂直入射检验。

下面考虑是否需要从两个端面进行纵波检测的问题。首先总厚度 100mm 的条件，按 GH4169 材料特性，单面穿透应不困难。再考虑加工余量为 10mm 的条件，采用适当的单直探头上、下表面分辨力通常也可以满足要求。因此，可以仅在一个端面进行检测。

此外，该锻件形状规则，如果具备有转台的水浸检测设备，则可采用水浸法进行检测。本例主要介绍接触法。

3）选择仪器、探头、耦合剂。仪器类型应适合于锻件检测，本例对仪器无特殊要求，普通仪器均可采用。

端面检测探头可选纵波直探头。根据该材料衰减不严重的特点，可选择 5MHz、直径 14mm 的探头（如 5P14），通常可以满足 10mm 近表面分辨力的条件，并可穿透 100mm。圆周面加工余量为 5mm，直探头可能达不到 5mm 的近表面分辨力，需增加双晶探头检测。

高温合金材料遇水不锈，耦合剂材料的选择不需考虑防锈问题，因而可采用甘油，易于清洗。

4）选择扫查方式、扫查间距、扫查速度。扫查方式：考虑冶金缺陷趋向于沿圆周方向延伸，圆周面沿轴向扫查，端面沿径向扫查。

扫查间距：因无有效声束直径的测量值，因此根据晶片直径粗略估算，要求扫查间距不大于晶片直径的二分之一，取 5mm。

扫查速度：根据 GJB1580 规定，手工目视操作，不大于 50mm/s。

5）调整仪器。检测灵敏度：GJB1580—2004AA 级，要求检测的最小信号幅度相当于 ϕ0.8mm 平底孔。

传输修正：本例中需逐件实测后进行修正。若已知某锻件无需进行修正，可写不适用。

时基线调整：该锻件最大厚度为 100mm，可采用 1:1 作为时基线调整比例。

6）对比试块。按 GJB1580—2004 的 AA 级，应选用检测平面件的成套距离幅度试块，材料为与锻件相同的 GH4169，孔径为 1.2mm 和 0.8mm，埋深范围应从 5mm（上加工余量），到 90mm 或 100mm。圆弧面因曲率半径足够大，也可采用平面试块。

7）图示。应在试件草图上标示出检测面与检测方向，以及检测区域。

8）记录、标记要求。要求记录的最低信号要求，记录的内容。合格品标记，缺陷的标记方式。

9）填写备注栏。可填写各栏目中未包括的特殊要求，如：标准中未包括的评定方式，水浸法水距的调整等。本例中无特殊要求可不填。

10）填写编制、审核栏目。编制应为II级以上人员，审核应为III级人员。

2. 焊缝检测工艺卡示例

下面举例说明焊缝检测工艺卡的编制。

现有一手工焊焊接试板，X 形坡口，材质为 Q235C，焊后未打磨余高。试板的厚度为 22mm，焊缝两侧试板宽度各为 250mm，焊缝上下两面的宽度均为 15mm。试板按 GB 11345—1989 标准中的 B 级进行检测，合格级别为II级。

图 9-3 是针对该焊缝编制的检测工艺卡。工艺卡编制过程如下：

焊缝超声检测工艺卡

试件名称	钢焊板	材料牌号	Q235C	试件厚度	22mm
坡口形式	X 形	焊接方式	焊条电弧焊	表面状态	余高未清除
检验标准	GB11345－1989	检验级别	B 级	验收级别	II级
仪器型号	CTS－23	探头型号	2.5P13 x13K2	探头前沿	小于 12mm
探头 K 值	K2 探头	标准试块	CSK-IB	对比试块	RB-2
检测面	单面双侧	耦 合 剂	机油	表面补偿	4dB
检测区域	28mm	检测方法	横波斜入射	时基线调节	水平 1:1
扫查方式	锯齿形扫查和焊缝两侧斜平行扫查			探头扫查区域	大于 110mm
最大扫查间距	不大于 13mm		最大扫查速度		不大于 150mm/s
检测灵敏度	纵向缺陷：评定线 ϕ3–16dB				
	横向缺陷：评定线 ϕ3–22dB				

探头扫查区域：

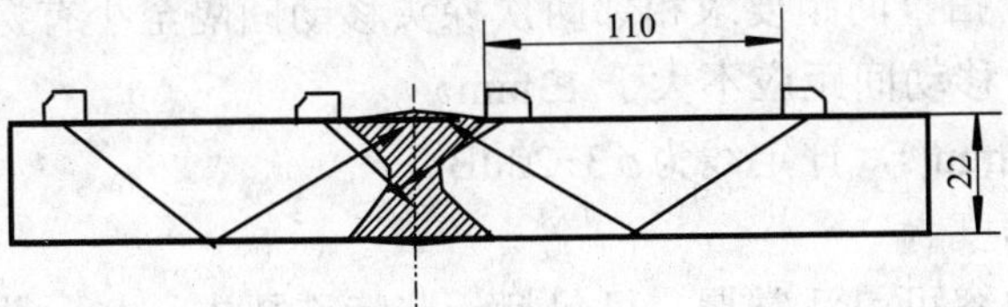

检测区域：

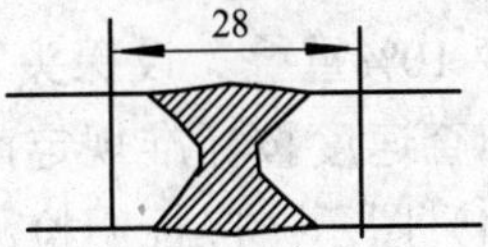

技术要求：

编制	×××	审核	×××	批准	×××
年　月　日		年　月　日		年　月　日	

图9-3　焊缝超声检测工艺卡示例

1）了解试件情况与检测要求：包括材料、规格、焊接工艺、坡口形式、热处理状态、表面状态、用途、受力方向、加工余量、要求检测的缺陷类型与部位、验收标准、依据的检测方法标准等，将相应情况填入工艺卡表格。

2）检测方法：按横波斜探头直射法和一次反射法检测。

3）检测面：检测面依据 GB 11345—1989 要求，B 级检验采用一种角度探头单面双侧检测，条件允许时，应探测横向缺陷，本例中焊缝结构无其它不适用条件。

4）扫查方式：利用锯齿形扫查方式检测纵向缺陷，焊缝两侧的斜平行扫查检测横向裂纹。

5）仪器：性能满足标准要求的常规超声检测仪，如：CTS—23 型。

6）试块：选 GB 11345—1989 规定的标准试块 CSK-IB 和对比试块 RB-2。

7）探头：斜探头频率选 2.5MHz，考虑使一次波加二次波能扫查整个焊缝区域，计算 K 值：

$$K \geqslant \frac{a+b+l_0}{T} = \frac{15+15+l_0}{22}$$

若 $l_0 < 12mm$，可选择 K2 探头，否则，需选择 K 值为 2.5 或更大值的探头。

8）耦合剂：检测钢板，耦合剂应可避免生锈，可选机油。

9）检测区域：检测区域宽度为焊缝本身加两侧各相当于母材厚度 30%，最小 10mm，最大 20mm。本例中：22mm×30%=6.6mm＜10mm，应取 10mm，检测区域为：15+2×10=35mm。

10）探头扫查区域：探头移动区打磨宽度，一般大于 $1.25P$，$P=2\delta K$。本例中为 110mm。

11）仪器时基线调节：要满足最大检验范围调至荧光屏时基线满刻度的 2/3 以上，本例中板厚 22mm，K2 探头。按水平调节可为 1：1。按深度调节可为 2：1。

12）检测灵敏度：（纵向缺陷）按 B 级检测灵敏度：评定线 ϕ3-16dB。

对横向裂纹的检测，各线均提高 6dB，评定线为 ϕ3-22dB。

13）最大扫查间距和最大扫查速度：扫查间距要求相邻两次探头移动间隔至少有探头宽度 10%重叠，设探头宽度为 16mm，移动间距应不大于 13mm。

扫查速度按标准规定，应不大于 150mm/s，评定线为 ϕ3-22dB。

14）图示：应标明检测区域、打磨宽度。

15）技术要求：这个栏目需填写的内容可灵活掌握，可包括一些特殊要求，如：关于缺陷的测定和评价的特殊规定；对缺陷位置的标记规定；对被检件准备的特殊要求，如是否去余高等；关于检测记录和报告的特殊要求等等。

*9.3 超声检测质量控制

9.3.1 超声检测质量控制的目的

进行超声检测的目的是为了发现材料或制件中影响其使用的缺陷或特性，从而对其应用于特定目的的适用性进行评价。完成一项检测任务之后，需要按照已经确定的检测标准，根据检测的结果，对材料或制件是否符合要求进行评价。

因此，提供的检测结果是否准确可靠是人们十分关心的问题。这里所说的准确的含义，一方面是检测结果符合于真实情况的程度，另一方面，是检测结果的一致性和可复性。对检测结果准确性与可靠性的要求，就是超声检测过程的质量要求。

同任何生产过程一样，超声检测过程也存在一系列影响检测质量的因素。这些因素可以归纳为人员、设备器材、技术文件、操作过程和环境几方面。通过对这些因素进行有效的规范与控制，可以最大程度地保证对材料和制件的检测能够获得准确有效的检测结果，从而对检测对象的质量或状态作出正确的评价，为保证重要产品的质量和使用安全性，为产品制造工艺的改进，提供更有意义的判据和信息。

9.3.2 超声检测质量控制的要素

1. 超声检测人员的控制

超声检测过程的各个步骤，包括检测方法的选择，仪器、探头、试块的选用，仪器的调整，扫查和结果的评定，都需要检测人员运用掌握的知识和技能按照既定的程序来完成。特别是在采用 A 型显示超声检测仪手动扫描这一最基本的检测方式的时候，由于缺陷显示不是直观的图形且缺乏实时的自动记录，对缺陷存在与否的判断及其评价与解释，完全依赖于检测人员的经验与能力。因此，检测人员的素质和技术水平对超声检测工作的质量影响极大。

按照无损检测人员管理的通用要求，从事无损检测工作的人员必须经过培训并经考核鉴定取得资格证书。而且，按照人员的能力水平，资格证书分为三个级别，每一级别人员只能从事与其资格相对应的工作。这是保证检测工作质量的一个基本的措施。

对于超声检测人员因素的控制还需要注意以下几点：

1) 各单位应保证从事超声检测的人员按时参加各级人员的培训与资格鉴定考试及更新考试，保证人员的资格证书在有效期内。

2) 由于超声检测对于不同检测对象所采用的技术差异较大，考试范围不一定符合各单位具体情况，各单位负责人应指定本单位III级人员对已取证人员进行针对特定产品的专门培训，并根据其检测特定产品的能力给予操作授权。

3) 超声检测人员应严格遵守无损检测的质量程序要求，认真负责地完成每一项工作。

4) 由于超声检测缺乏永久记录的特点，超声检测人员更需要坚持原则，不发虚假报告。

5) 超声检测人员应不断学习本职工作所需的新知识，在工作中积累经验，增长能力。

2. 超声检测设备与器材的控制

检测设备与器材的可靠性是影响检测工作质量最重要的因素之一。超声检测设备与器材包括超声检测仪、探头、电缆线、试块、耦合剂、机械扫查装置、信号采集装置及用于扫描控制与信号采集处理的计算机软件等。为了保证检测结果正确可靠，必须保证所使用的设备与器材符合检测所需的技术要求。为此，需从以下几方面加以严格控制：

1) 超声检测的设备、探头和试块等在购买或制造完成时，应按其各自的技术要求经过严格的测试，证明其符合要求，并提供合格证书。应避免购买缺乏质量保证体系的制造商制造的产品。对于非标产品，应提出科学合理的验收方法，加强验收测试。

2）使用中的设备、探头和试块应定期进行性能检定，并应有检定标识，保证在有效期内使用。

3）对于超声检测设备来说，满足标准规定的最低要求有时还是不够的，对于检测特定产品使用的仪器和探头，还需要满足产品的特殊要求。如对薄层试件要求近表面分辨力更好，对于粗晶或组织衰减大、噪声高的试件，要求具有高的灵敏度和信噪比等等。这时，还应经常对其所需要的特殊性能进行测试，以保证其满足实际检测的要求。

4）在选用仪器、探头、试块，包括耦合剂、电缆线时，均应按其特性确认其对特定产品检测的适用性。如仪器与探头频带范围是否匹配并满足要求，电缆线是否与探头匹配、水浸电缆线是否防水并抗噪声，试块与试件声特性是否一致等等。

5）考虑到不同的仪器、探头、试块，即使是同型号的，也可能存在一些性能的差异，对于检测要求特别严格的试件，应尽可能采用同一仪器和探头组合检测相同的产品，以保持检测结果的一致性。

6）对易损的探头或某些试块应进行经常的校验，并记录其变化情况，以便在其性能超出允许范围时及时更换。检测时，可对允许范围内的变化修正后使用。如：横波斜探头磨损后角度的变化，试块磨损或生锈等引起超声检测数据的改变等等。

7）在设备出现故障经修理或更换部件之后，应重新进行严格的性能测试，证明其满足要求。

3. 超声检测技术文件的控制

超声检测技术文件是正确执行检测操作，评定检测结果的依据。超声检测技术文件包括检测方法标准与验收标准、检测规程和工艺卡。技术文件的控制包括技术文件的正确制订与技术文件的正确使用，需要注意的有以下几点：

1）针对每一具体零件或一类零件，应采用的检测方法标准与验收标准多由订货技术协议、设计图纸或专用技术条件规定。因此，在编写这些文件时，应有无损检测人员参与，需仔细审核拟采用的检测方法标准和验收标准对该零件的适用性，选用适当的标准。

2）所采用的超声检测方法标准与验收标准均应是现行有效的标准版本，为此，每年应对标准的有效性进行审核。

3）超声检测规程必须根据所采用的标准和该类零件的具体情况，由超声检测III级人员制订。超声检测工艺卡必须根据检测规程或相关标准以及该零件的具体情况，由超声检测II级以上人员制订，由III级人员审核和批准。

4）检测规程和工艺卡必须符合所依据的标准，对影响检测可靠性的各要素给出明确的要求。

5）检测规程和工艺卡制订时，如发现零件中有因某些原因无法检测的部位，应提请有关部门批准，并特殊注明。

6）在没有可依据的上一级标准的情况下，应用新的检测技术时，必须经过充分的试验与验证，经评审通过后编制检测规程及工艺卡。

7）零件检测要求或条件有变化时，应及时按规定的程序更改检测规程或工艺卡。

4. 超声检测操作过程的控制

检测规程和工艺卡制定以后，即可按规定的方法进行缺陷的检测。检测过程由表面状态的准备、仪器的调整、试件的扫查、缺陷的评定以及记录与报告等步骤组成。每个步骤的操作都必须符合技术文件的规定。具体要求如下：

1）超声检测人员在进行检测前应认真阅读工艺卡，熟悉产品的情况和检测设备的情况。

2）检测前应观察工件的表面状况是否符合规程要求，去除影响检测的表面情况。必要时，应进行表面机加工以准备适当的超声检测面。局部无法去除的部位，应进行记录并在检测报告中注明，情况严重以致难以检测时，需上报有关部门处理。

3）检测用仪器、探头、试块和耦合剂应符合检测工艺卡的规定，不得任意改变。仪器的调整、扫查和缺陷的评定，均应严格按照工艺卡的规定进行。

4）检测过程中，应按规定及时作好原始记录，记录内容应真实、完整、清晰。检测后，应由II级以上人员签发检测报告。

5）检测过程中和检测后，应按规定进行仪器调整的校验，发现灵敏度降低等异常情况时，应对上一次校验后检测的所有工件重新进行检测。

6）检测中发现标准未规定的异常情况时，应进行详细记录，并报有关部门处理。

5. 超声检测环境的控制

1）为了保证超声检测仪的正常工作，超声检测现场的环境应避免强磁、高频、高温、潮湿、灰尘、腐蚀性气体、震动等条件的存在。此外，强光对检测人员观察显示屏有不利影响，有时会使检测无法进行。

2）检测现场应提供检测所需的吊车、供水、供电等设施。

3）检测现场的仪器、设备等物品以及检测产品，应分类、分区摆放并标识清晰。

复　习　题

1. 超声检测标准的作用是什么？

2. 超声检测标准、检测规程和工艺卡之间有什么关联？有什么区别？

3. 按标准的用途，超声检测标准可分为哪些类型？

4. 方法标准的用途是什么？

5. 验收标准的用途是什么？

6. 为什么方法标准中不直接写明产品验收标准？

7. 验收标准中常见的技术指标有哪些？

8. 根据超声检测结果进行产品验收时，除了验收标准的具体条款，还需考虑哪些问题？

9. 编制超声检测规程需考虑哪些因素？

10. 超声检测质量控制有那些基本要素？

参 考 文 献

1 中国机械工程学会无损检测学会编. 超声波检测. 第 2 版. 北京：机械工业出版社，2000

2 中国船级社编. 超声检测技术（Ⅱ级教材）. 北京：人民交通出版社，2001

3 《超声波探伤》编写组编著. 超声波探伤. 北京：电力工业出版社，1980

4 蒋危平等编著. 超声检测学. 武汉：武汉测绘科技大学出版社，1991

5 郭成彬等. 认识数字超声探伤仪. 无损检测，2004，26（3）：149～154

6 李家伟等主编. 无损检测手册. 北京：机械工业出版社，2002

7 日本学术振兴会制钢第 19 委员会编. 超声波探伤法. 李靖等译. 广州：广东科技出版社，1981

8 （英）J.西拉德主编. 超声检测新技术. 陈积懋，余南廷译. 北京：科学出版社，1991

9 Lafontaine Guy. Potential of Ultrasonic Phased Arrays for Faster, Better and Cheaper Enspections. The e-Journal of Nondestructive Testing, www.ndt.net, 2000，5（10）

10 （美）美国金属学会编主编. 金属手册. 第十一卷无损检测与质量控制. 第 8 版. 王庆绥等译. 北京：机械工业出版社，1988